テレワークを効率化！

Zoom（ズーム） & Slack（スラック） 完全マニュアル

八木重和　著

秀和システム

■本書の編集にあたり、下記のソフトウェアを使用しました

・Windows10

上記以外のバージョンやエディションをお使いの場合、画面のタイトルバーやボタンのイメージが本書の画面イメージと異なることがあります。また、Android端末は、機種や携帯キャリアによって画面や操作が違う場合があります。

■注意

本書の使い方

このSECTIONの目的です。

このSECTIONの機能について「こんな時に役立つ」といった活用のヒントや、知っておくと操作しやすくなるポイントを紹介しています。

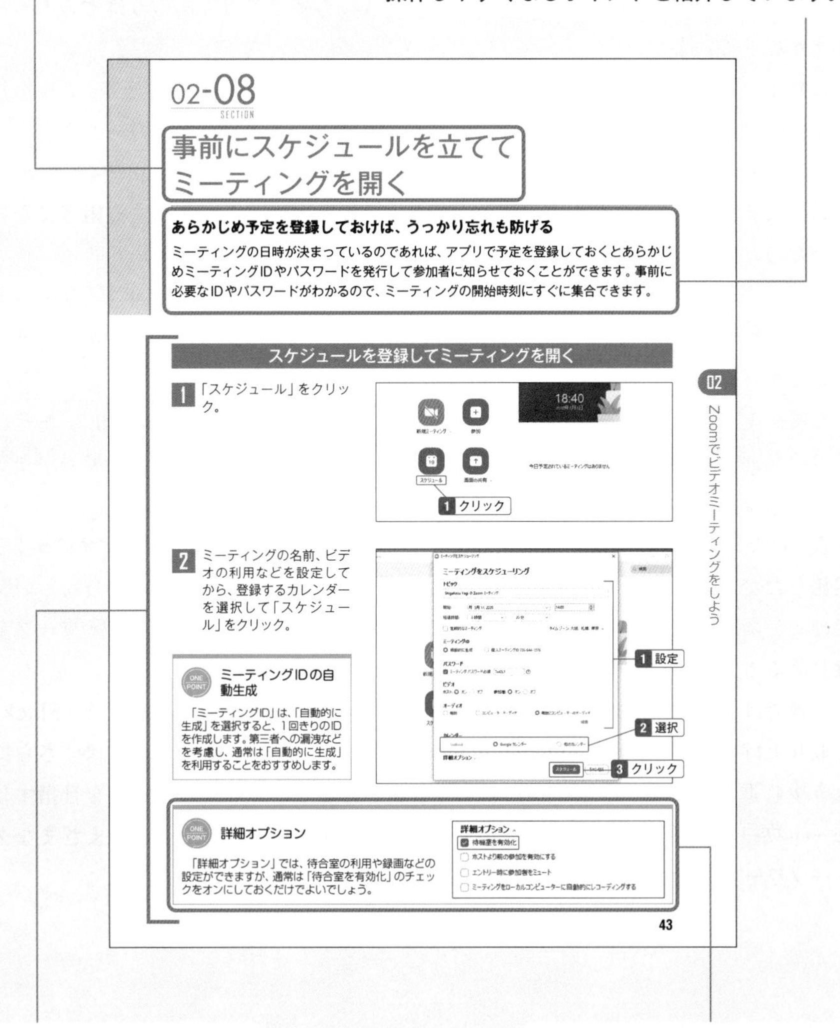

操作の方法を、ステップバイステップで図解しています。

用語の意味やサービス内容の説明をしたり、操作時の注意などを説明しています。

はじめに

「リモートワーク（＝テレワーク）」。そんな言葉は少し前まで、ほんの少しの会社や組織だけで語られていたに過ぎませんでした。それが急速に注目されるようになったのは、世界的な感染症の流行。今、歴史の教科書にも残されるであろうほどの大きな変化が起きています。

これまで会議と言えば会議室に集まるもの。連絡と言えば電話やメール。こんなビジネスの常識を見直すときがきました。以前からさまざまなリモートワークが存在していたものの、やはりまだ「会った方が話が早い」「電話した方がわかりやすい」「導入コストに合わない」、そんな固定観念が残り、リモートワークが普及する阻害になっていたことは事実です。

ところが、必要に迫られれば世の中は一気に変わるもの。わずか半年で「リモートワーク」という名前は誰でも知る言葉となり、その中でも使いやすい、わかりやすいところから導入が進んでいます。

リモートワークに代表されるビデオ会議の「Zoom」、情報共有の「Slack」。おそらくつい最近知った人がほとんどでしょう。それが瞬く間に、世界で億単位の人が使うツールとなりました。それは何より「簡単でわかりやすくて、しかもコストが安い」から。急なリモートワークへの転換ができなくても、まずは「Zoomでビデオ会議」を実施した企業は多いのではないでしょうか。「リモートワーク」はこれから新しい時代のビジネスに重要なキーワードとなることは確実です。今まさにリモートワークをはじめることが、ビジネスに乗り遅れないための必須事項かもしれません。

本書では、リモートワークのキーポイントとなる２つのアプリ「Zoom」と「Slack」を取り上げました。これらのアプリを使ったリモートワークのはじめの一歩。さらにもう少し進んだリモートワークへの切り替え、そしてビジネスの効率化を目指すリモートワークの活用法をまとめています。企業や組織にとどまらず、さまざまなグループワークの効率化と生産性の向上に一助となれば幸いです。

2020年6月
八木重和

多人数で同時にビデオ通話ができるZoom。ビジネスだけでなく、授業やプライベートでも活用されている。

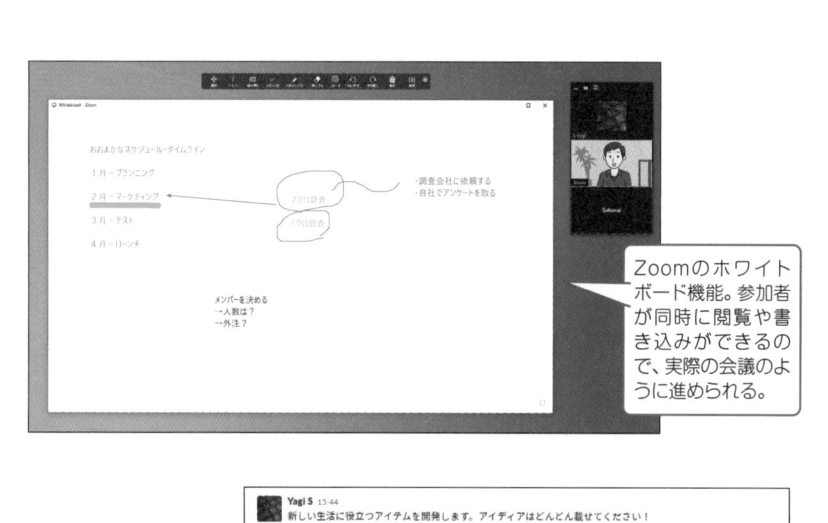

Zoomのホワイトボード機能。参加者が同時に閲覧や書き込みができるので、実際の会議のように進められる。

Yagi S 15:44
新しい生活に役立つアイテムを開発します。アイディアはどんどん載せてください！
道具、裏技、こんなときに困った、こんなものがあったら便利、なんでも書き出してヒット商品を生みましょう！

Yamauchi M 15:45
了解です！「こんなの見つけた」みたいなのも報告します！

Sato H 15:49
テレワークでビデオ会議をするときに、背景に困るんですよね...
部屋が散らかっている自分もよくないのですが......
何か簡単に背景にできるものってないですかね......

Yagi S 15:49
まさに今の問題ですね！！

検討しましょう！
佐藤さん、ありがとうございます！
こんなアイディアを出していくうちに必ずいいものが見つかります。
引き続きよろしくお願いします。

Sato H 15:52
さっそくの反応、ありがとうございます！
自分は手作りでいろいろ試してみます。
とりあえずやってみれば、何か見つかるかも......

Slackは、ビジネスでの利用に適した「チャットツール」。メールの不便さが解消され、情報共有に非常に役立つ。

目 次

Chapter

01

ビデオ会議ツール「Zoom」を始めよう

今、リモートワークでもっとも注目されているアプリが「Zoom」です。リモートワークに欠かせない「ビデオ会議」はこれまで、多くの機器を揃え、登録や接続といった手順を踏む必要がありました。そんなハードルの高い「ビデオ会議」をシンプルに、簡単に使えるようにした「Zoom」が登場し、誰でもビデオ会議をすぐに始められるようになりました。最近ではテレビ番組のリモート出演などにも幅広く利用されていますので、「Zoom」という言葉を一度は目に耳にしたことがあるかもしれません。

01-01
SECTION

Zoomとは

リモートワークで今脚光を浴びているビデオ会議システム

「Zoom」を使うと何ができるのでしょうか。「Zoom」は、リモートワークで役立つ「ビデオ会議」が手軽で便利に使えるアプリです。パソコンでもスマホでも利用でき、特別な設定は必要なくすぐにはじめられることが特徴です。

手軽に使えるビデオ会議システム

リモートワーク（テレワーク）が注目される中で、「ビデオ会議」が重要な役割を果たしています。パソコンを使ってビデオ通話を行いながら話し合う方法は、スカイプやLINEなどのメッセージアプリでもできますが、基本的に1対1の通話を前提に作られているため、「何人かが同時に会議する」ことは可能でも、通話が途切れたり誰か1人しか発言できなかったりと、必ずしも使いやすいものではありませんでした。

「Zoom」は、複数の人数で行うビデオ通話が抱えていた不満や問題点を解決し、手軽に快適にビデオ通話ができるように作られたシステムです。前述のような不便さを感じることなく、パソコンやスマホを使ってすぐにビデオ通話ができます。また、通話が途切れるといったこともなく、会議の主催者以外はID登録も不要という手軽さです。会議は必ずしもいつも同じメンバーで行うものではありません。社内会議、社外会議、チーム会議、部署内会議、役員会議……いろいろな種類の会議があります。メンバーが違う会議でも、必要な時にすぐに会議をはじめられることがZoomの大きな特徴の1つです。

▲ ミーティングの参加者を見ながら会話ができる。

セミナーや講演にも使える

Zoomの活用方法はビデオ会議だけではありません。多人数が同じ画面を共有できることを利用して、セミナーや講演にも利用できます。発言者が話す画面を聴衆が見るときも、快適に利用できます。また講演後に質疑応答の時間を設けることもできます。Zoomは「同じ場所にいなくても交流が持てる」アプリです。今、リモートワークでの利用をきっかけに、さまざまな場面で利用され、用途が広がっています。

▲ セミナーや講演では、発言者の映像を大きく表示して進める。

▲Zoomはスマホやタブレットでも利用できる。急な会議でもオフィスに戻ることなくすぐに参加できる。

「Zoom飲み会」

Zoomはビジネス向きのアプリですが、そんな中で「Zoom飲み会」なるものも登場しています。各自の自宅の部屋で各々、お酒とつまみを持ち寄りZoomに集合して行う飲み会は「お酌をしなくていい」「好きなものをつまめる」など、現代風の自由さと気軽さがうけています。

Zoomでできること

多人数でビデオ通話ができる。録音や画面の共有も可能

「Zoom」はビデオ会議のシステムですが、具体的にどのようなビデオ会議ができるのでしょうか。スカイプやLINEでもビデオ通話ならできますが、Zoomならもっと簡単で快適です。1対1のビデオ会議はもちろん、無料のプランでも最大100人が同時に参加することができます。しかも主催者以外はユーザー登録なしでかまいません。

途切れることのない会話

これまでのアプリでビデオ通話をしていると感じるのは「ときどき回線が途切れて話が聞き取りにくくなる」ことではないでしょうか。特に参加人数が多くなり、いろいろな人が絶え間なく発言すると、アプリや回線が処理しきれなくなり、話が途切れてしまいます。この大きな難点をZoomでは解決し、大人数の会話でもほぼ会話が途切れ途切れになることがありません。これは直接会って行う会議では当たり前のことだからこそ、ビデオ会議にも重要な役割を果たしています。

▲会話中には誰が話しているか、黄色の枠で表示されるため、発言者に集中することもできる。

議事録は録画・録音で保存

会議で大切な要素の１つに議事録を残すことがあります。Zoomでは、ボタン１つで会議の録画・録音をすることができ、保存することができます。一般的な会議ではICレコーダーなどを使って録音し、あとからファイルに保存したり文字に記録したりしますが、Zoomなら画面上で行った会議を聞き取りやすい音声のまま録画・録音できるので、文字に記録するときもスムーズに作業できます。

▲「レコーディング」ボタンで録画・録音ができる。

ホワイトボードも用意されている

会議で使われる「ホワイトボード」。発言内容や検討事項を書き込んで議論を進めるために欠かせない道具です。Zoomにもホワイトボードがあります。会議の参加者が自由に書き込めるボードが用意され、もちろんデータは画像として保存されます。またパソコンの画面を共有して書き込むこともできるので、表計算ソフトのデータを見せて意見を書き込み、議論を進めるといったことも簡単です。

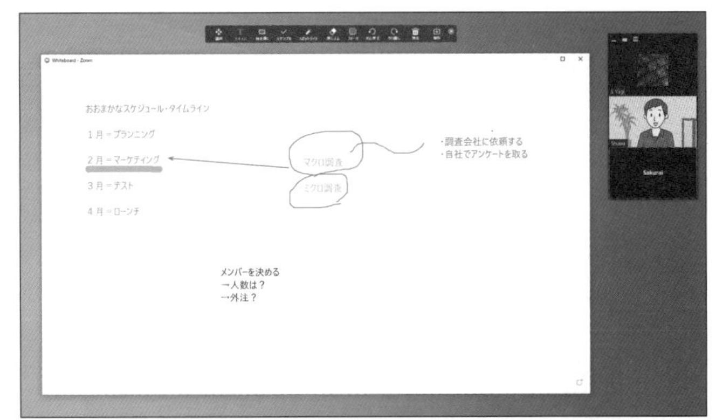

▲参加者で自由に書き込めるホワイトボードは実際の会議室のように利用できる。

Web会議の仕組み

今や広く浸透している、インターネット回線を使ったビデオ通信会議

リモートワークで使われるビデオ会議は「Web会議」とも呼ばれます。Web会議ではインターネット回線を使い、リアルタイムの映像を送り合って会議をします。インターネット上の回線を使うので、新しく回線設備を整える必要はなく、今使っているパソコンやスマホでも利用できることで広く使われています。

インターネットで相互に映像を送り合う

Web会議は、インターネット回線を使うことが特徴の1つです。これまでのビデオ会議は専用の通信回線が必要で莫大な設備投資費が必要だったり、一般の電話回線を使う場合でも通信料や専用のアプリが必要になったりするといった、とてもコストがかかるものでした。しかしWeb会議では、インターネットに接続したパソコンやスマートフォンがあれば利用でき、さらにアプリの利用が無料または定額なものになるため、小さな組織や個人でもすぐに始められます。

Web会議の基本的な構造は、パソコンやスマートフォンに内蔵もしくは接続されたカメラを使って撮影しながら、映像をインターネット回線経由で相手のパソコンやスマートフォンに送信し、相手の映像も逆方向に同時に送信します。さらに同時に送受信をする映像の数を増やせば、大勢が参加するWeb会議も可能になります。このように構造が単純なことは特別な機器が不要になる理由の1つです。

送受信する映像データの大きさを解決

インターネットはすでに広く普及しているにもかかわらず、これまでWeb会議がなかなか普及しなかった理由は通信するデータ量の大きさが問題となっていました。映像データは容量が大きく、一般的な電話回線を使ったインターネット接続ではスムーズに送ることができず、画像が止まってしまったり、回線が切れてしまったりするといった問題がありました。光回線などの高速通信が普及しても、やはりまだデータ容量の大きさの問題が立ちはだかり、「ビデオ通話の仕組みを導入するぐらいなら会って話した方がわかりやすいし早い」という考えから脱することができなかったのです。

一方で、YouTubeなどの動画配信サイトや、ツイキャス、インスタライブなどのリアルタイム動画配信が進むにつれ、映像のデータを小さくしながら流す技術が向上、安定するようになり、スマートフォンなどでもリアルタイムの映像をやりとりできるようになることで、Web会議にもあらためて視点が集まり、今、リモートワークの重要な手法の1つとして利用されるようになってきたのです。

▲Web会議の仕組みが広く使われるようになった背景には、ライブ配信の技術が進み身近になったことが挙げられる。

01-04
SECTION

Zoomはいくらかかるの？

Zoomは無料ではじめられる。大規模に使うなら有料

Zoomを使うときにかかる料金はいくらでしょうか。Zoomはアプリも会議の利用も無料からはじめられます。無料でも決して「お試し感覚」ではなく、十分に使えるだけの機能を持っています。まずは無料プランではじめてみましょう。

無料プランからはじめる

Zoomは無料からはじめられます。手持ちのパソコンやスマートフォンにインストールするアプリは無料で提供されていますし、ビデオ会議を行うときも無料でできます。

無料でできることは以下のようになり、多くの場合、これでも十分にビデオ会議が成立するでしょう。使い始めて、慣れるまでは無料で使う、あるいは有料プランが必要になった場合になってから有料に切り替える、といった使い方をおすすめします。

●無料でできる主なこと

参加者の上限	100人
会議の時間制限	1対1の会議は無制限、3人以上の会議は40分まで
登録できるホスト（主催者）の人数	1人
電話サポート	なし
カスタムメール（個人あてのメール）	なし
個人での登録	可能
議事録のクラウド保存	不可（パソコンに保存が可能）

会議を40分で「終わらせる」

どうしてもダラダラと長引いてしまう会議。日本のビジネスでは「会議が長い」ことが時折問題に上がります。生産性が低い原因ともされている長い会議ですが、Zoomの無料プランでは、3人以上の会議については40分で強制的に終了されてしまいます。

ここで「いやいや、いつもの会議を考えれば40分では足りない。有料プランに変えよう」と考えていませんか？　確かに会議の時間を短くすることは容易なことではありません。必要なことを必要なだけ議論し、積極的に中身のある発言を行い、情報を整理する、そんな取り組みが不可欠です。これを機に「40分で終わらせる会議」に挑戦して、組織の生産性を向上させるために会議の進め方を一考してみるのはいかがでしょうか。

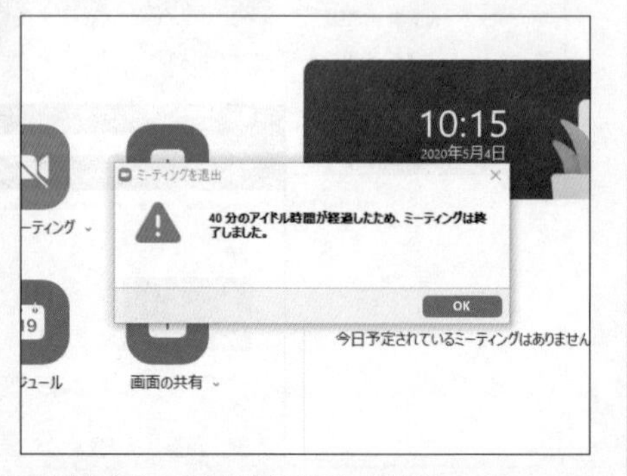

▲無料プランでは会議が40分で強制終了する。

01-05
SECTION

無料プランと有料プランの違いは？

有料プランはセミナーや長い会議向け。3種類の有料プランがある

大規模な会議やセミナー、外部の組織とのミーティングなど、本格的にZoomを使うならば有料プランで機能を追加することができます。とても廉価に利用できるので、無料プランで不足するようであれば有料に切り替えることを検討しましょう。規模に合わせたプランから選ぶことができます。

有料プランは大規模で繰り返す会議向き

Zoomは無料プランでも利用できますが、有料プランも用意されています。有料プランは3種類に分類され、「プロ」「ビジネス」「企業」があります。

無料と有料の大きな違いは、3人以上の会議で制限時間が緩和あるいは無制限になることで、無料では40分に限られる会議に対して、1時間を超えるような重要な会議でも利用できます。もう1つは議事録をクラウド保存できることです。無料版でもパソコンに保存することはできますが、クラウド保存できるようになれば、議事録を簡単に共有したり、万が一のデータ消失にもバックアップとして利用できるようになります。また有料プランではオプションの追加で「オーディエンス」という機能も使えます。いわば会議を「傍聴」する機能で、会議に発言権はないものの、聞く必要がある人を呼ぶことができます。

このほかにも有料プランにはいくつかの追加機能があります。はじめは無料でも十分ですが、必要な機能があれば、有料プランに切り替えることも検討してみましょう。

●主な機能の比較

	基本	プロ	ビジネス	企業
料金	無料	2,000円/月/ホスト	2,700円/月/ホスト	2,700円/月/ホスト~
ホスト数	1名	最大9名	10名~	100名~
参加最大人数	100	100	300	1000
ミーティング時間	40分	24時間	無制限	無制限
ミーティング時間（1対1）	無制限	無制限	無制限	無制限
ビデオ会議	○	○	○	○
レコーディングのクラウド保存	×	○	○	○
ミーティングIDの変更	×	○	○	○
ユーザー管理	×	○	○	○
スケジューラーの指定	×	○	○	○
バニティURL	×	×	○	○
ドメイン管理	×	○	○	○
カスタムメール	×	○	○	○

01-06
SECTION

Zoomに必要な機材

パソコンまたはスマートフォンと、インターネット回線

Zoomはさまざまな利用方法があります。インターネットにつながっている状態であれば、パソコン（Windows、Mac）はもちろん、スマートフォン（iPhone、Android）やタブレットでも利用でき、時と場所を選びません。

Zoomに必要なもの

Zoomを使うときには、インターネットにつながるパソコンやスマートフォンが必要です。パソコンであれば会社や自宅のインターネット回線、あるいはモバイルWi-Fiルーターなどを使ってインターネットに接続します。スマートフォンであれば、Wi-Fiに接続できる場所か、できるだけ通信回線状態のよい場所で使いましょう。

またいずれの場合も、ビデオを使った通話や会議を行うときに、自分を撮影できるカメラが必要になります。パソコンであればWebカメラと呼ばれる小型のカメラが必要です。ノートパソコンにはほぼ内蔵されていますが、デスクトップパソコンにはほぼ内蔵されていないので、別途購入して、取り付けます。また、パソコンでWebカメラがない場合、スマートフォンをカメラの代わりにするアプリもあります（SECTION03-18参照）。

会社で利用しているノートパソコンのWebカメラは、ウイルス感染時の盗撮や情報漏洩対策として使えなくなっていることもありますので、Zoomでビデオ機能を使うときには、Webカメラを使用できる状態にします。

スマートフォンであれば、本体の前面にある「インカメラ」を利用すると、自分を撮影しながら画面を見られるので便利です。

Zoomに必要な機材をまとめると、

・カメラの使えるパソコンかスマートフォン
・インターネット回線

これだけです。Zoomが手軽に利用できることがわかります。

ビデオ会議に役立つ道具

余計な音をカットしたり、部屋の様子を見せないための道具があると便利

Zoomのビデオ会議は、スマホやパソコンがあればすぐにはじめられます。ただ、それだけでは不安があることも。家の中の音を遮断するためのイヤホンマイクや、生活感がある部屋の様子を見せない背景スタンドなど、もっと便利になる機材や道具を紹介します。

周りの音が気にならないイヤホンマイク

ビデオ会議をスマホやパソコンだけで行うと、それぞれ内蔵されているマイクとスピーカーを使って音のやり取りをします。このとき、マイクには周りの音も入ってしまいますし、スピーカーの音は周りにも聞こえてしまいます。自宅からリモートワークでビデオ会議をしていて、家族の声が入り込んで恥ずかしい思いをした経験がある人も多いようです。

そこでイヤホンマイクを使いましょう。イヤホンマイクとは、イヤホンとマイクが一体になった装置で、周りを気にせずビデオ会議ができるようになります。

イヤホンマイクは最近、Bluetooth（ブルートゥース）で無線接続するワイヤレスタイプが流行していますが、ビデオ会議で使用するイヤホンマイクは従来の有線接続タイプの方が使いやすいこともあります。Bluetooth接続はデータの転送にほんのわずかの遅延があり、リアルタイムで会話をするとき、わずかですが音が遅れて届くことがあります。たとえ1秒以下、0.5秒や0.3秒でも、映像とずれることで会話しにくくなりますので、これからイヤホンマイクを使おうとするなら有線タイプを選ぶと快適に使えるはずです。

イヤホンマイクを買うときには、接続する端子を確認します。USBタイプのものや、従来のイヤホンジャックタイプのもの、スマホ専用でiPhone向けLightning端子のものなどがあり、使うパソコンやスマホに合ったものを選びます。

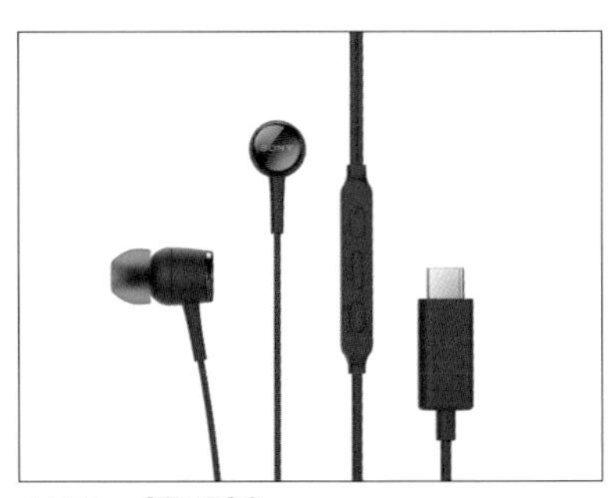

▲ソニー STH50C

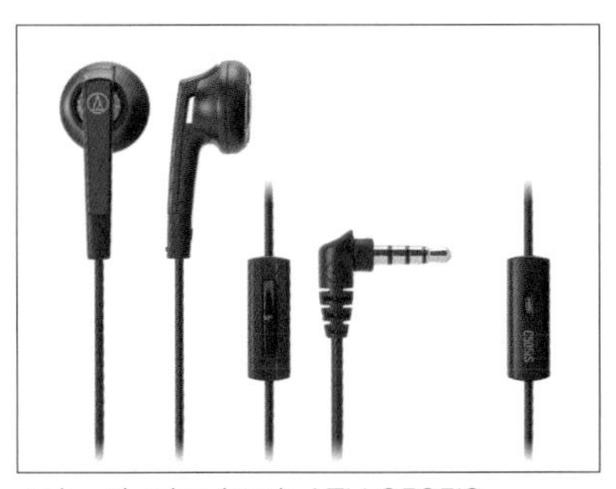

▲オーディオテクニカ ATH-C505iS

背景をなんとかしたい

自宅で行うビデオ会議で困るのは、自分の後ろに映る部屋の景色ではないでしょうか。Zoomには背景合成機能もありますが、用意されているようなきれいな情景写真を使うのはTPOによってあまり好ましくないことも。一方で、部屋に立派な書斎があって本棚や絵画を背にビデオ会議ができればよいのでしょうが、そうもいかない家庭の住宅事情もあるでしょう。

そんなときには背景に白や緑の布を垂らしてしまいましょう。布は市販されている安価なもので使えますし、自宅にシーツが余っていたらそれを使っても問題ありません。新しく用意するのは布を垂らすためのスタンドとポール。ポールは物干し竿も使えます。スタンドやポールがセットになった機材も販売されていて、10分もあれば組み立てられます。背景に何もなければ、気にすることもありませんし、ビデオ会議用の特別な場所を用意してしっかり取り組んでいるようにも見えます。また、最近では本棚がプリントされた背景用の布なども販売されていて、ビデオ会議を楽しみながら使う人も増えてきました。

背景に使う布を吊るスタンドは撮影機材の背景スタンドが使えます。両端から支えるものと、中央１本で支えるものがあり、数千円で手に入るので、ひんぱんにビデオ会議を使うなら持っていて損はないでしょう。

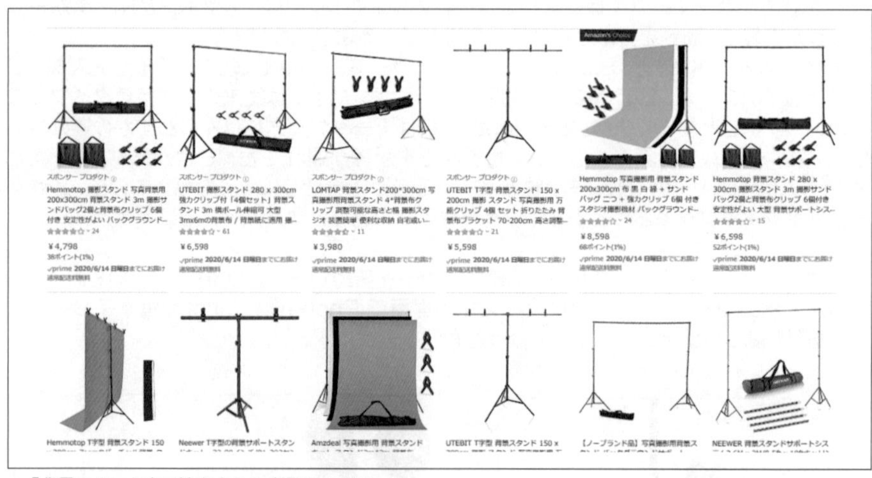

▲「背景スタンド」で検索すると多数見つかる。

暗い顔が明るくなるいわゆる「女優ライト」

ビデオ会議をしていると、光が足りないと思うことがあります。部屋のライトと自分の位置関係によって、暗く映っているときはどうしても相手にも暗い印象を与えてしまうもの。そこで自分にライトをあてましょう。

撮影用の照明に使われる機材の１つで、通称「女優ライト」と呼ばれる円形のライトがあります。一般的なライトスタンドのように光源が１か所では顔に影ができやすく、あてる角度が難しくなります。これに対して女優ライトは顔全体にまんべんなく光を当てることができ、自然な印象で映ることができます。円形であることを利用して中央にスマホスタンドを取り付けられるようなものも販売されていて、タレントや著名人をはじめユーチューバーのように自分を撮影する人にも多く利用されています。なおビデオ会議にはそれほど必要なことではありませんが、女優ライトは瞳にリング状のキャッチライト（映り込み）ができるので、特に女性には好まれている機材です。

いわゆる「女優ライト」は「リングライト」という機材で、自撮りにも便利なので通販などで多く販売されています。１台あればビデオ会議のほかにも、フリマサイトに出品するための撮影などさまざまな活用方法があるので便利です。

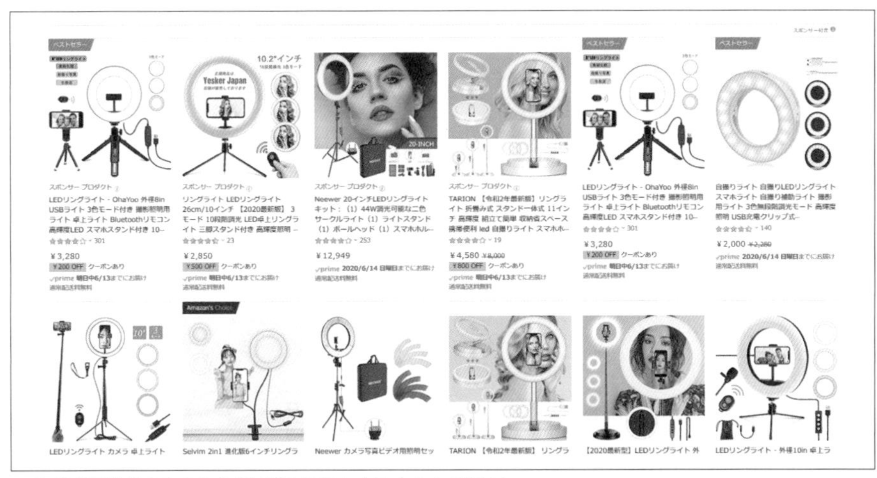

▲2,000円前後のものから10,000円以上するものまで幅広い。

高性能なウェブカメラは必要？

ウェブカメラを外付けで用意するときに、さまざまな製品からどれを選べばよいのか迷うかもしれません。もしビデオ会議で使うのであれば、それほど高性能なカメラは必要ありません。たとえば「720p」（有効垂直解像度720本・1280×720ピクセル・0.9メガピクセル＝ハイビジョン画質）程度のものでも十分きれいに映ります。

ユーザー登録する

はじめにサインアップする。偽のサイトにアクセスしないように注意

Zoomを使うときに、会議を開く立場であればサインアップしてユーザー登録する必要があります。会議を開くことがなくても、無料で登録・利用できるのでZoomを使いこなすためにユーザー登録しておくことをおすすめします。ユーザー登録にはメールアドレスが必要です。

ユーザー登録してサインアップする

1 ブラウザーを起動して以下のURLを入力し、Zoomの公式Webサイトを開く。
https://zoom.us/jp-jp/

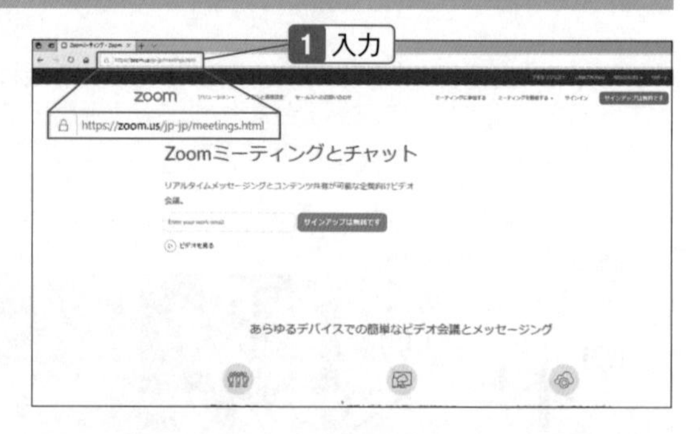

偽サイトに注意

Zoomの需要拡大に合わせて、偽のアプリをダウンロードさせようとする不正なWebサイトが存在しています。検索エンジンから「Zoom」と検索する場合でも、必ず手順1のURLを確認してください。

2 メールアドレスを入力して、「サインアップは無料です」をクリック。

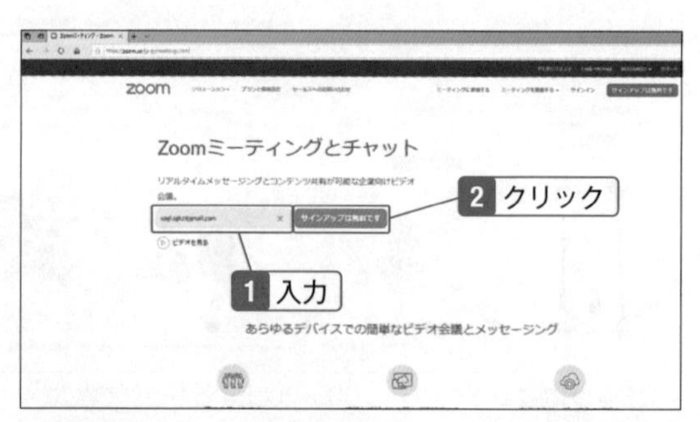

Webサイトの表示

ZoomのWebサイトは、上部にさまざまな画像が表示されます。必ずしもこの画面と同じではありませんので、「サインアップは無料です」が表示されていることと、URLを確認して進めます。

3 誕生日を入力して、「続ける」をクリック。

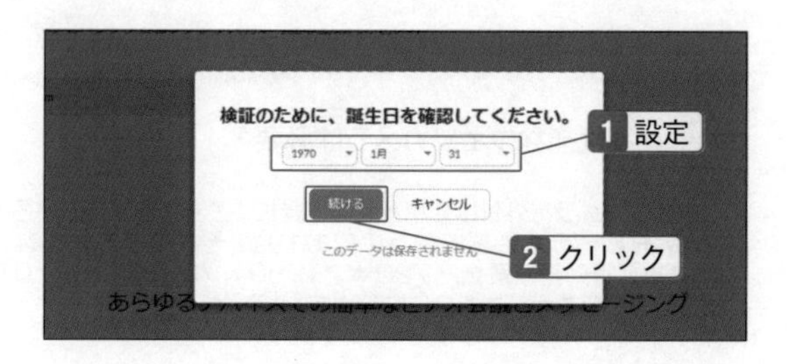

4 メールアドレスを確認して「確認」をクリック。メールを送信したことが表示された画面に切り替わるので、画面を閉じる。

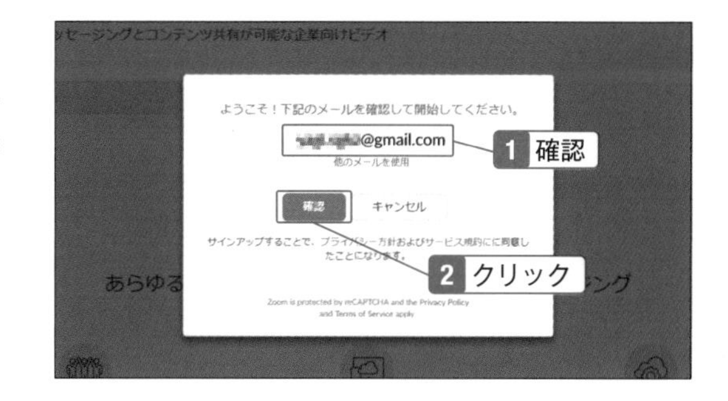

5 登録したアドレスに届くメールを確認して、「アクティブなアカウント」をクリック。

6 画面がWebサイトに切り替わり、「Zoomへようこそ」というページが開く。名前を入力。

7 パスワードを入力。パスワードの確認のため、同じパスワードを再度入力して「続ける」をクリック。

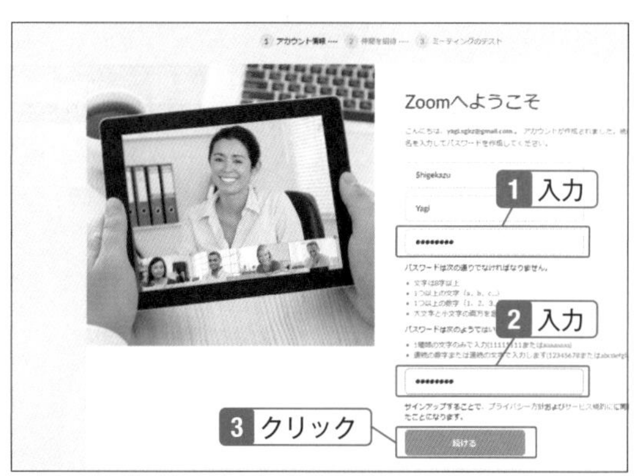

パスワードに必要な文字

パスワードは安全性を高めるため、次の条件をすべて満たす必要があります。

- **8文字以上**
- **アルファベット大文字を含む**
- **アルファベット小文字を含む**
- **数字を含む**

なお、記号を含めることもできますが、この場合も上記の条件を満たす必要があります。

8 ほかのユーザーを招待する画面が表示される。「手順をスキップする」をクリックして、今は招待をせずに進める。

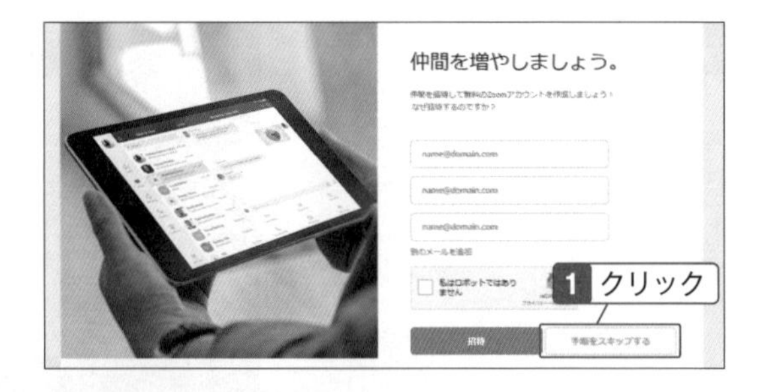

9 「テストミーティングを開始」が表示される。テストは後でもできるので、ここではアカウントの作成だけで終了する。「マイアカウントへ」をクリック。

テストせずにひとまずサインアップを完了する

サインアップを行うとそのままテストができるようになっています。テストでは音声のやりとりが正常にできるかどうかを、実際に声を出したり聞いたりして確認します。サインアップを完了したあとでも同様のテストはできるので、ここではサインアップするときにはひとまずテストをせずに完了し、あとから都合のよい時間にテストを行うようにします。

10 アカウントページが表示され、登録した情報が表示される。

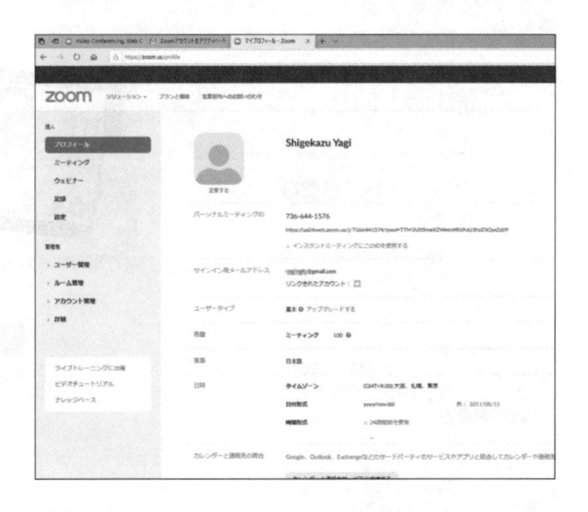

01-09
SECTION

アプリをインストールする

「ミーティングクライアント」をインストールしないと使えない

Zoomで会議を行うには、専用のアプリが必要です。アプリは「ミーティングクライアント」と呼び、公式サイトから無料でダウンロード、インストールできます。スマホやタブレットの場合は、それぞれのアプリストア（App Store / Google Play）からインストールします。

ミーティングクライアントをインストールする

1 ブラウザーで以下のURLを入力し、ZoomのWebサイトを開く。
https://zoom.us/jp-jp/

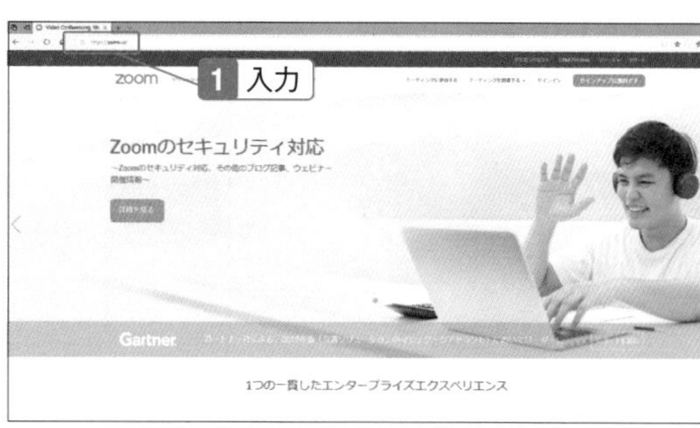

初回利用時にインストールもできる

ミーティングクライアントは、Zoomで初めてミーティングを行うときに自動的にインストールすることもできますが、あらかじめインストールしておくと安心です。

2 画面を下までスクロールして、「ダウンロード」の「ミーティングクライアント」をクリック。

3 「ミーティング用Zoomクライアント」の「ダウンロード」をクリック。

「実行」をクリック。

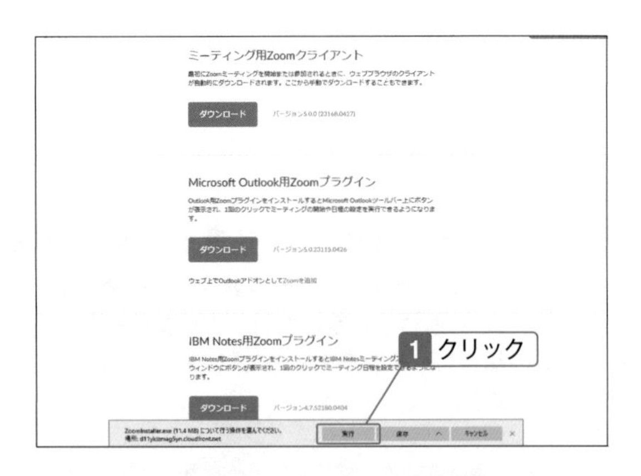

保存してから実行する

ONE POINT

ミーティングクライアントをダウンロードするとき、一度パソコンに保存してから、保存したファイルをダブルクリックしてインストールプログラムを起動することもできます。またブラウザーによって画面は異なります。

5 インストールが完了する。「×」(閉じる) をクリックして終了する。

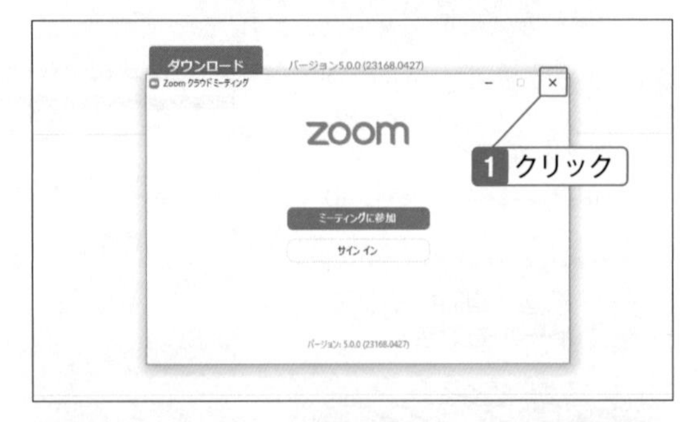

6 デスクトップにアイコンが登録される。

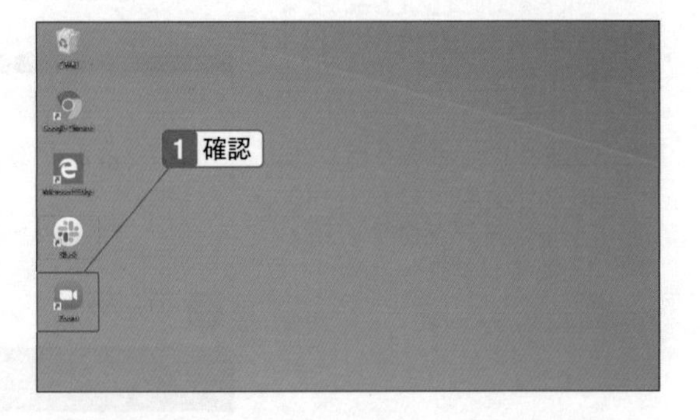

スタートメニューから起動する

Windowsのスタートメニューから起動する場合、「スタート」→「Zoom」→「Start Zoom」の順にクリックして起動します。

01-10 SECTION

アプリを起動してサインインする

スタートメニューやショートカットアイコンからアプリを起動する

Zoomを利用するときには、はじめにサインインします。サインインはサインアップで利用したメールアドレスと、サインアップのときに登録したパスワードで行います。自分専用のパソコンであれば、一度サインインした状態を保持したままにすることもできます。

サインインする

1 デスクトップのアイコンをクリックして、Zoomミーティングクライアントを起動する。

「スタート」メニューから起動する

「スタート」メニューで、「Zoom」→「Start Zoom」をクリックして起動することもできます。

2 「サインイン」をクリック。

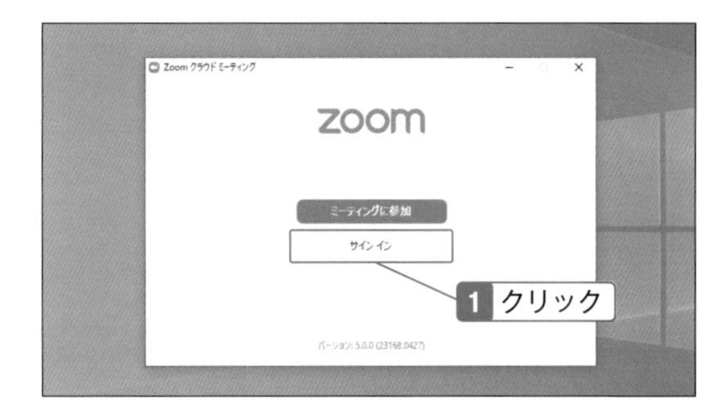

「サインイン」と「ログイン」

「サインイン」と「ログイン」は同じ意味で、Zoomでは「サインイン」と呼んでいます。どちらも一般的にユーザー情報を送信してサービスを利用することを示します。同様に「サインアウト」と「ログアウト」も同じ意味です。

メールアドレスとパスワードを入力して「サインイン」をクリック。

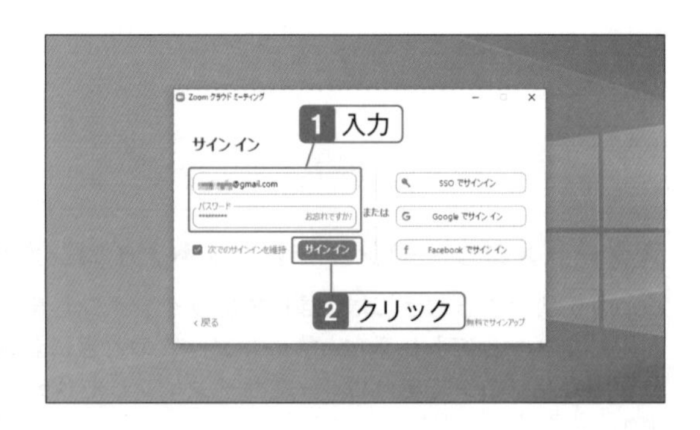

ONE POINT

メールアドレスを記憶する

「次でサインインを維持」のチェックをオンにしておくと、アプリを終了してもメールアドレスが保存され、次に起動したときに入力を省略できます。

ミーティングクライアントアプリが起動する。

ONE POINT

名前を確認

サインインした状態で右上のアイコンをクリックすると、名前とメールアドレスを確認できます。メールアドレスは一部のみ表示されます。また、初期状態では、アイコンに登録した名前のイニシャルが表示されます。

ミーティングクライアントアプリを終了する

デスクトップの通知領域にあるアイコンを右クリックして「終了」をクリック。

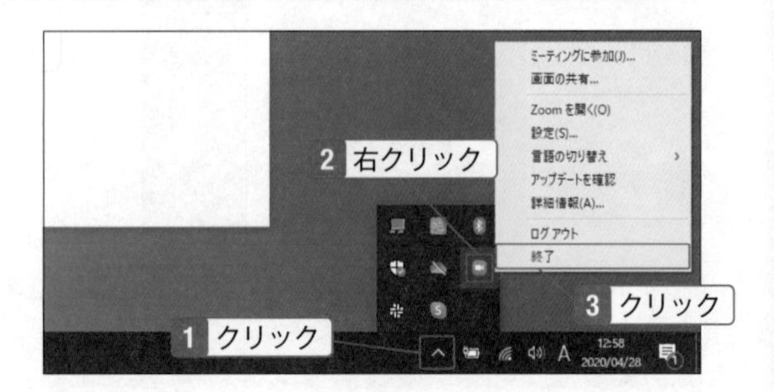

ONE POINT

アプリを閉じてもサインインされている

アプリを閉じてもサインインは維持されています。共用パソコンなどで使用する場合は、SECTION01-11の方法でサインアウトします。

01-11 SECTION

サインアウトする

自分しか使わないパソコンならサインアウトしなくとも構わない

自分のパソコンでZoomを使っているのであればサインアウトする必要はありませんが、共用のパソコンを使う場合などには利用後に必ずサインアウトします。サインアウトを忘れてしまうと、次に利用した人に無断で使われてしまう可能性もあるので注意しましょう。

Zoomからサインアウトする

1 アプリの右上にあるアカウントのアイコンをクリック。

2 「サインアウト」をクリック。

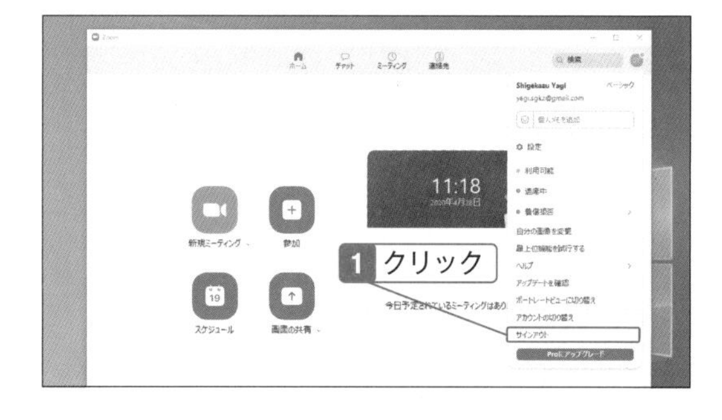

3 サインアウトする。

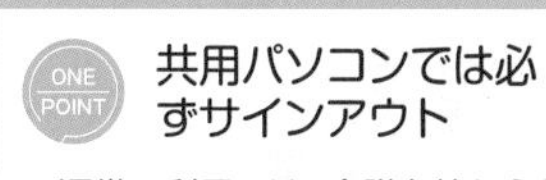

共用パソコンでは必ずサインアウト

通常の利用では、会議を終わらせてアプリを閉じてもサインインした状態が保持されます。共用のパソコンや公共利用できる環境では、必ずサインアウトしておきます。

01-12
SECTION

ミーティングのテストをする

本番のミーティング前に、音声のやりとりができるかテストしよう

Zoomでは会議を「ミーティング」と呼びます。実際にミーティングを始める前に、正常に動作するかどうかのテストを行います。テストはパソコンに内蔵されているマイクとスピーカー、カメラを使い、動作を確認します。はじめてミーティングする前に、テストをしておきましょう。

ミーティングのテストをする

1 ブラウザーを起動し、以下のURLを入力してテストページを開き、「参加」をクリック。
https://zoom.us/test

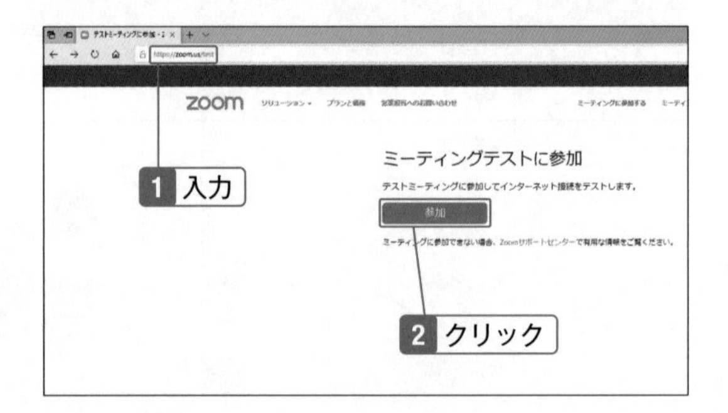

2 テストページが読み込まれる。

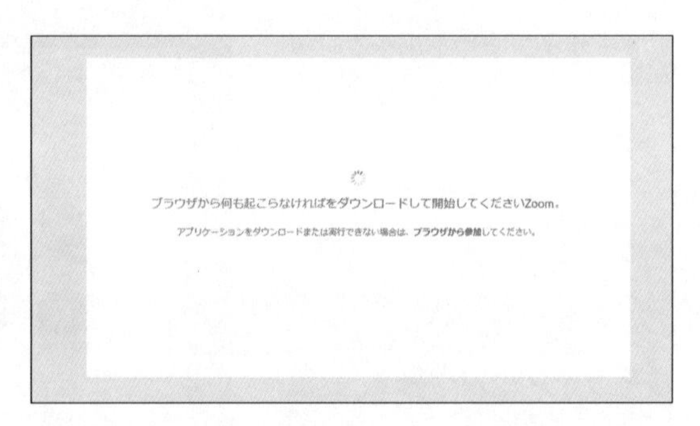

映像のテストは任意

テストでは「ビデオなしで参加」をクリックして音声だけを確認することもできます。映像のテストにはパソコンの内蔵カメラを利用しますが、会社によっては盗撮防止のため内蔵カメラを使うことを禁止している場合もありますので、カメラの使用前に、管理者への確認が必要になることもあります。

3 カメラが接続され、映像が映し出される。「ビデオ付きで参加」をクリック。

着信音が聞こえたら「はい」をクリック。

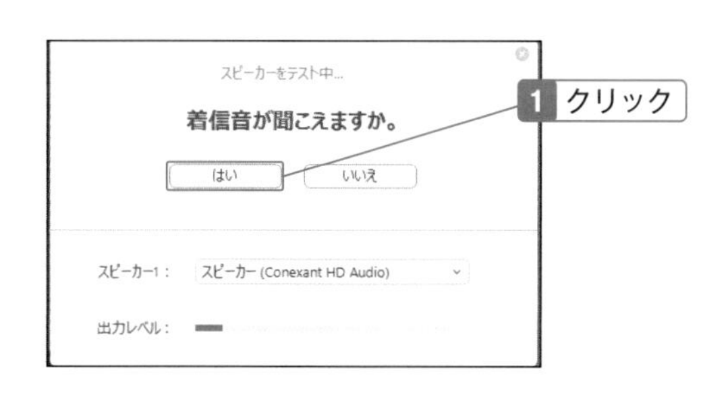

ONE POINT 映像を確認

この時点で映像が映し出されていれば、ビデオのテストはOKです。

5 マイクのテストをする。話しかけて、同じ声が聞こえたら「はい」をクリック。

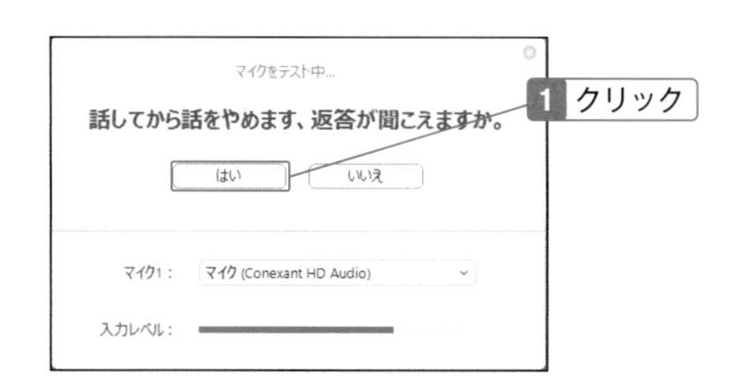

ここまで問題なければ「コンピューターでオーディオに参加」をクリック。この部分は使用する機器や環境によって異なる。

ONE POINT 「参加」は利用する機器によって変わる

「○○○に参加」部分は、使用する機器や環境によって、「コンピューターでオーディオに参加」「インターネットを使用した通話」などに変わります。

7 「コンピューターでオーディオに参加」をクリック。

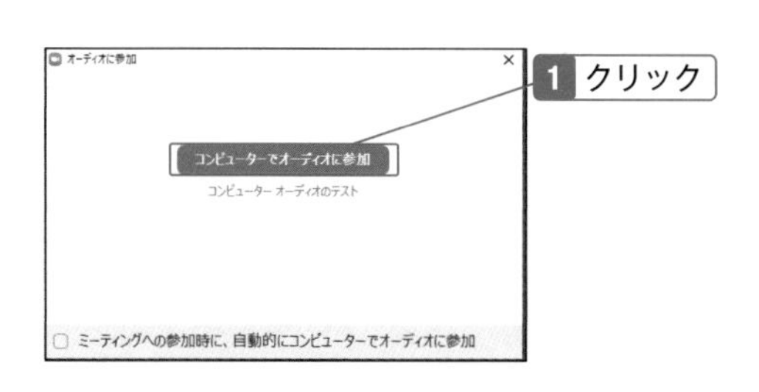

8 「退出」をクリックしてテストを終了する。

9 「ミーティングを退出」をクリック。

ONE POINT 映像と音声を使うときに必要な装置

ミーティングでは最低限、音声のやりとりが必要になります。さらにZoomでは映像を使ったビデオ会議ができます。Zoomでビデオ会議を行うためには、インターネットに接続できていることに加えて、以下の装置が正常に動作している必要があります。

- **音声を送信して相手に聞こえるようにする……マイク**
- **音声を受信して相手の声が聞こえるようにする……スピーカー**
- **映像を送信して相手に顔が見えるようにする……カメラ**
- **映像を受信して相手の顔が見えるようにする……特に必要なし(アプリ上で可能)**

したがって、パソコンであればマイクとスピーカー、カメラが接続され、正常に動作していればテストも問題なくできます。もし何かが動作していない場合、上記にあるそれぞれの状況に応じて装置を確認してみましょう。スマートフォンにはこれらの装置が内蔵されていますので、普段電話やカメラ(ビデオ撮影)、ネットが正常に使えているのであれば問題なく使えます。

Chapter

02

Zoomでビデオミーティングをしよう

Zoomはビデオミーティングに特化したアプリとも言えます。これまでのメッセージアプリやSNSサービスでもビデオ通話ができるものはありますが、Zoomはビデオミーティングのためのアプリだからこそのメリットがあり、何よりも無料で手軽に使えることが第一に挙げられます。まずはZoomでビデオミーティングをしてみましょう。その使い勝手の良さにきっと手放せないツールとなるはずです。

Zoomでできるミーティングの種類

3種類のミーティング方法がある。単発でも定期でも対応できる

Zoomでミーティングをするときには、大きく分けて3つの方法があります。それらは「今すぐはじめる」「毎回同じミーティングルームを使う」「先の予定を決めておく」という、ミーティングの開催方法によって使い分けることができ、スムーズなミーティングの開催に役立ちます。

すぐにはじめるミーティング

1つめは、すぐにミーティングをはじめる方法です。ミーティングルームを開いてから、そこに参加者を招待します。会議室のURLやパスワードは1回だけの使いきりになります。緊急のミーティングや単発のミーティングに便利な方法です。

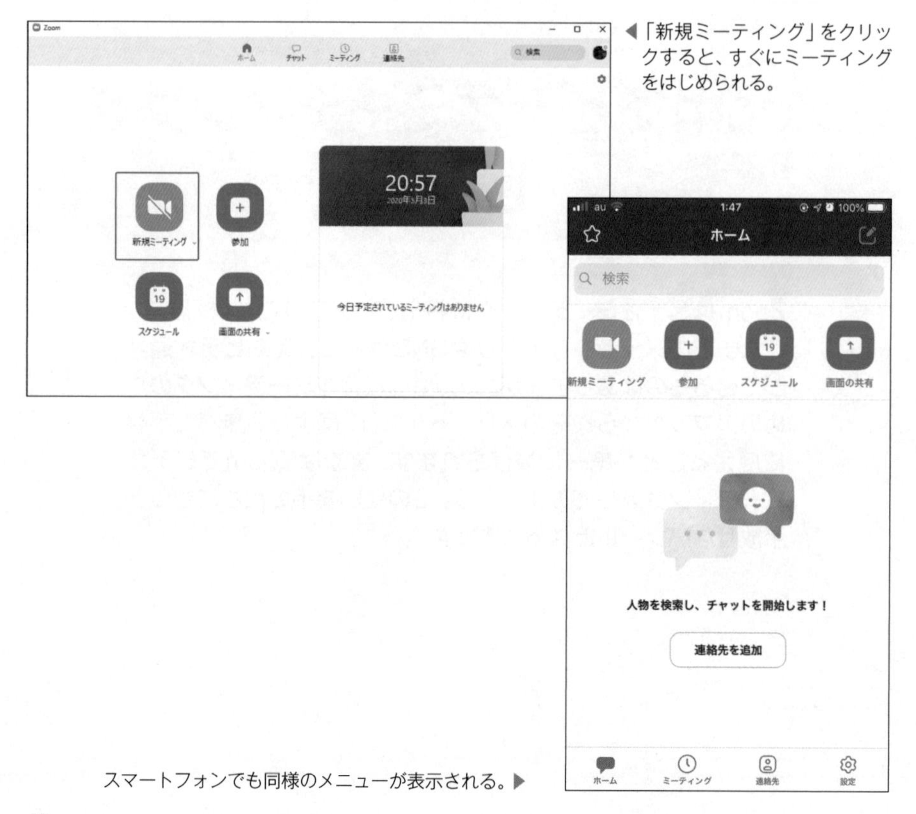

◀「新規ミーティング」をクリックすると、すぐにミーティングをはじめられる。

スマートフォンでも同様のメニューが表示される。▶

自分専用のミーティングルーム

Zoomに登録しているユーザーは、固定された1つのミーティングルームを持っています。このミーティングルームを使って開く場合、URLやミーティングID(ミーティングに参加するために必要なID)が変わらないので、定期的に参加するメンバーにあらかじめ教えておけば、都度連絡することなく利用することができます。ただしURLやミーティングIDは第三者に知られないように注意が必要です。

▲「新規ミーティング」で「マイパーソナルミーティングID(PMI)を使用」をオンにすると、自分専用の固定したミーティングIDを使ってミーティングができる。

スケジュールを決めたミーティング

ミーティングの予定を決めておき、指定した日時にミーティングを開くことができます。スケジュールを設定すると、あらかじめミーティングIDやパスワードが発行されます。これらの情報を参加者に連絡しておくと、参加者も予定を空けておき、ミーティングに参加できるようになります。

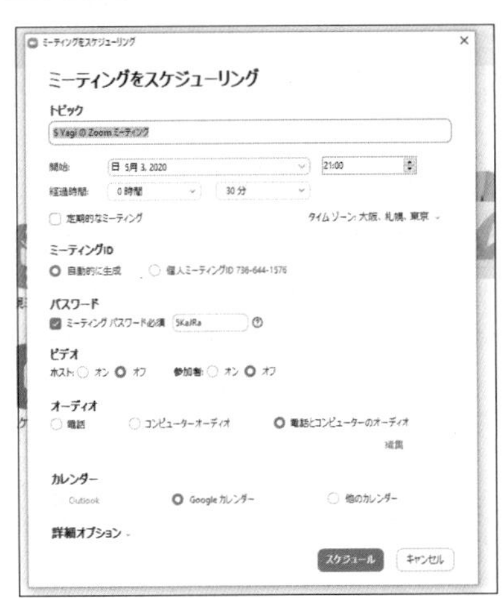

▲スケジュールを登録すると、普段使っているカレンダーアプリに予定を登録して、その時間にミーティングをはじめることを通知できる。

02-02
SECTION

ミーティング画面を確認する

参加者の映像が表示される領域と、メニュー類などで構成される

Zoomでミーティングをはじめると、画面に参加者が表示され、さまざまな操作ができるようになります。Zoomの基本的な画面を確認しておきましょう。Zoomの画面はとてもシンプルで、ミーティング中は機能が表記されたメニューボタンでほとんどの必要な操作ができるようになっています。

Zoomのミーティング画面を確認する

❶**情報**：ミーティングの情報を表示する。
❷**暗号化**：暗号化された接続であることを示す（暗号化は有料プランで利用可）。
❸**ビュー切り替え**：表示方法を変更する。
❹**全画面表示**：全画面表示に切り替える。
❺**ビデオ**：参加者の映像が表示される。横長はパソコン、縦長はスマートフォンを使用しているときの状態。左下に参加者の名前が表示される。黄色の枠は、発言中であることを示している。また、発言中と判断されなくても、発声を感知すると枠の下辺に黄色い線が表示される。
❻**ミュート**：音声のオン／オフを切り替える。
❼**ビデオ切り替え**：ビデオの使用／停止を切り替える。
❽**セキュリティ**：ミーティングルームのセキュリティ設定を変更する。通常の使用では、変更する必要はない。
❾**参加者**：ミーティングの参加者リストの画面を表示する。
❿**チャット**：チャットを開始する。
⓫**画面を共有**：ミーティング中に画面を共有する。
⓬**レコーディング**：ミーティングを録画・録音する。
⓭**終了**：ミーティングを終了する。

ミーティングの状態によって変わる画面

全員がビデオを使用している場合、それぞれのカメラの映像が表示されます。この状態を「ギャラリービュー」と呼びます。

「スピーカービュー」では、発言者が大きく表示されます。

ギャラリービューで一部の参加者のビデオがオフの場合、名前が表示されます。

ギャラリービューで一部の参加者のビデオがオフの場合で、プロフィールのアイコンを変えているときには、アイコンが表示されます。

ギャラリービューで全員のビデオがオフの場合、ミーティングルームの情報が表示されます。

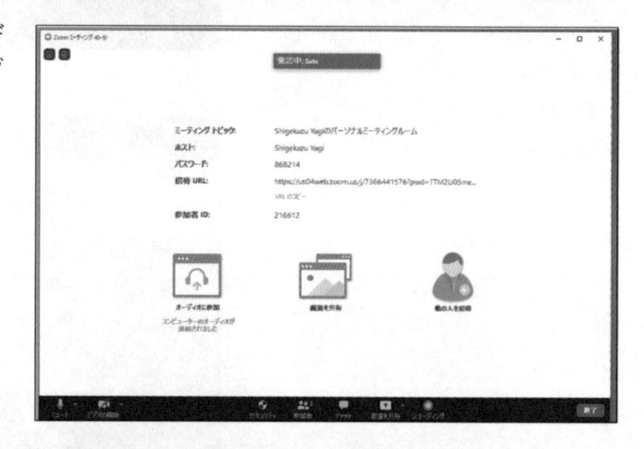

参加者リストやチャットを使うときは、画面が右側に拡張されます。

すぐにミーティングをはじめる

利用するミーティングルームは、1回限りのものになる

ミーティングが必要になったとき、すぐにミーティングルームを開いて、参加者をメールで招待します。緊急のミーティングやそのときだけの参加者グループで開くミーティングなどに利用します。招待はメールで届くので、招待された人もすぐに参加できます。

ミーティングルームを開く

1 「新規ミーティング」の「V」をクリック。

2 「ビデオありで開始」を選択する。「マイパーソナルミーティングID（PMI）を使用」のチェックをオフにする。

「ビデオあり」と「ビデオなし」

「ビデオあり」のチェックをオンにすると、ビデオ会議になります。ただし参加者がビデオの使用をオフにすれば、その参加者の映像は映りません。「ビデオあり」のチェックをオフにすると、音声だけで会議を行います。この場合もビデオをオンにしている参加者の映像は映ります。

「新規ミーティング」をクリック。

前回と同じ条件でミーティングルームを開く

「ビデオありで開始」の確認をしないで「新規ミーティング」をクリックすれば、ビデオの使用の有無について前回と同じ条件で、すぐにミーティングルームを開くことができます。

「ミーティングへの参加時に～」のチェックをオンにして、「コンピューターでオーディオに参加」をクリック。この部分は使用する機器や環境によって異なる。

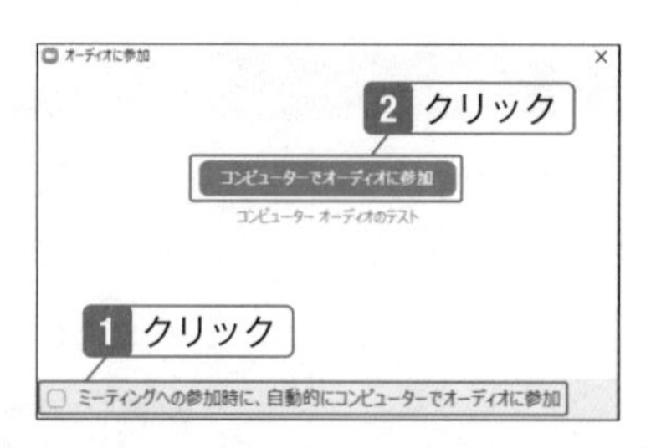

「参加」は利用する機器によって変わる

「○○○に参加」の部分は、使用する機器や環境によって、「コンピューターでオーディオに参加」「インターネットを使用した通話」などに変わります。「ミーティングへの参加時に～」のチェックをオンにしておくと、以降は確認する必要がなくなります。

ミーティングルームが開設される。

はじめの参加者は自分だけ

ミーティングルームを開いた時点では、自分だけが参加しています。ここに参加者を招待して、ミーティングを開始します。

ミーティングを終了する

ミーティングを終了するときは、主催者が終了の操作を行う

ミーティングが終了したら、ミーティングルームを閉じます。ミーティングは、ミーティングを開設した主催者が終了します。主催者がミーティングを終了すると、参加者が残っていても自動的に全員が退出します。

ミーティングを終了する

1 「終了」をクリック。

2 「全員に対してミーティングを終了」をクリック。

参加者も退出する

ミーティングを終了すると、ミーティングルームが閉じて、すべての参加者が退出になります。

02-05
SECTION

開いたミーティングルームに招待する

参加者をメールで招待する。アカウントのないユーザーも参加可能

ミーティングルームを開いたら、参加者には招待メールを送りします。メールにはURLやパスワードが記載されていて、Zoomアカウントを持っていないユーザーでもミーティングに参加できるようになります。招待メールには参加に必要な情報がすべて含まれています。

招待メールを送信する

1 「参加者」をクリック。

2 参加者のリストが開く。「招待」をクリック。

3 「メール」をクリック。

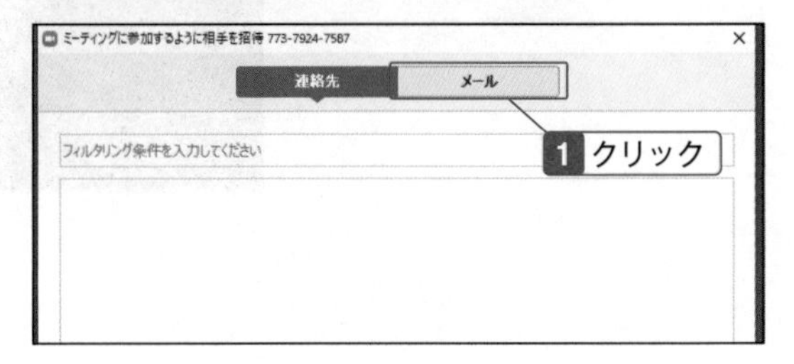

使用するメールアプリをクリック。

使用するメールアプリ

普段使っているメールを選択します。GmailとYahoo!メール以外のメールであれば、「デフォルトメール」をクリックすると、Outlookなど普段使用しているメールアプリが起動します。

必要な情報が記載されたメール作成画面が表示される。

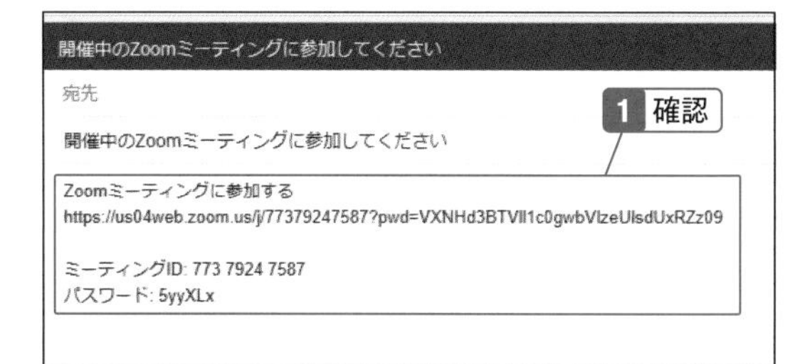

複数の送信先を指定する

メールの送信を参加者に一括で行う場合、複数の送信先を入力します。このとき、必要に応じてCCやBCCに入力します。

送信先や、追加する文章を入力して送信する。

招待者の参加を待つ

招待メールを送信したら、ミーティングへの参加を待ちます。すぐに参加を促したいのであれば、LINEなどのメッセージアプリでメールの確認と参加のお願いを連絡してもよいでしょう。

02-06
SECTION

ミーティング招待者の参加を許可する

主催者に許可されるまでは「待合室」にいることになる

ミーティングに招待された人は、招待メールに書かれているアドレスにアクセスすると、ミーティングへの参加が許可されるのを待つ状態になります。招待した人が許可することで、ミーティングに参加することができるようになります。意図しない人の参加（乱入）を防止するために、初期状態では許可が必要になります。

ミーティングへの参加を許可する

1 招待者がミーティングルームにアクセスすると、「待機中」の状態になる。

2 参加を許可する人にマウスポインターを合わせて、「許可する」をクリック。

許可した人がミーティングに参加する。

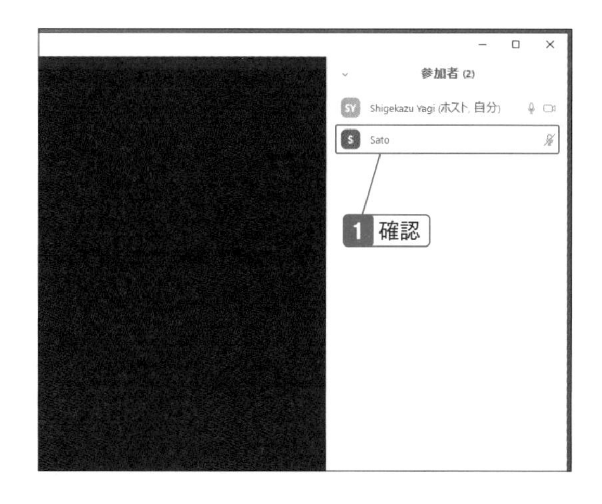

ONE POINT

待機中は「待合室」に入る

招待した人が「待機中」の状態は「待合室にいる状態」です。待合室の機能は、不正にURLやパスワードを知った人がミーティングに参加して不正行為を行うこと（通称「Zoom爆弾」）を防いでいます。設定で待合室の機能を使わないこともできますが、セキュリティを考慮し、待合室は必ず使うようにしましょう。

招待者の参加をまとめて許可する

1 複数の参加者が待合室にいるとき、「全員の入室を許可する」をクリック。

乱入を防ぐために

Zoomでミーティングに参加するとき、待合室で待機するのはセキュリティ上の対策として行われています。以前、待合室は有料プランでのみ使える機能でしたが、無料プランのユーザーがミーティング中に第三者の乱入を受ける被害が多発したため、初期設定で待合室を使うように変更されました。Zoomはユーザー登録しないでもミーティングに参加できるため、ミーティングIDやパスワードが第三者に知られてしまうと、参加できてしまいます。またミーティングIDが数値のため、ランダムに選んだ数値で侵入するという悪意ある事例もありました。

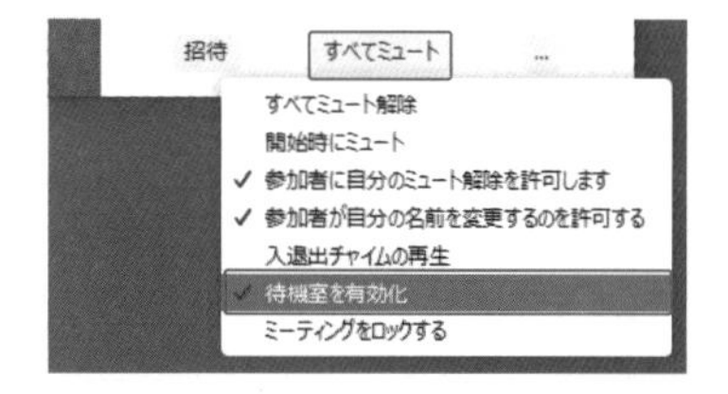

現在でも設定で待合室を使わないように変更できますが、セキュリティ対策として必ず待合室を使うようにしてください。

02-07
SECTION

自分用のミーティングルームを使う

常にオープンしている自分専用のミーティングルームを使える

Zoomに登録したユーザーには、専用のミーティングルームがあります。入室に必要なURLやパスワードを固定できるので、参加者に毎回の連絡が不要になりますが、一方でURLやパスワードを第三者に知られないように管理する必要があります。いつも同じメンバーで行うミーティングに利用するとよいでしょう。

ミーティングを開始する

1 「新規ミーティング」の「V」をクリック。

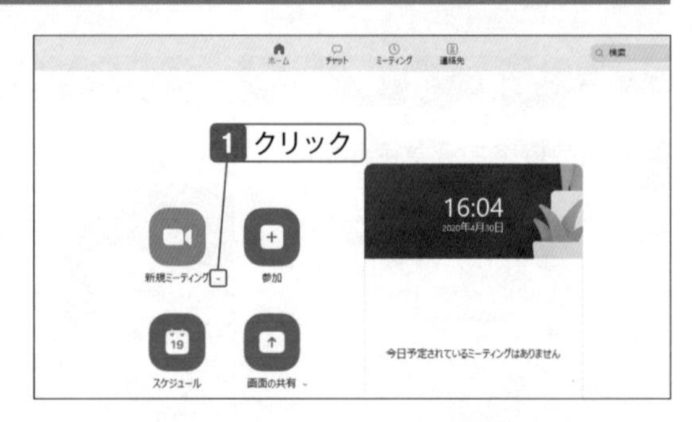

2 「マイパーソナルミーティングID（PMI）を使用」のチェックをオンにする。

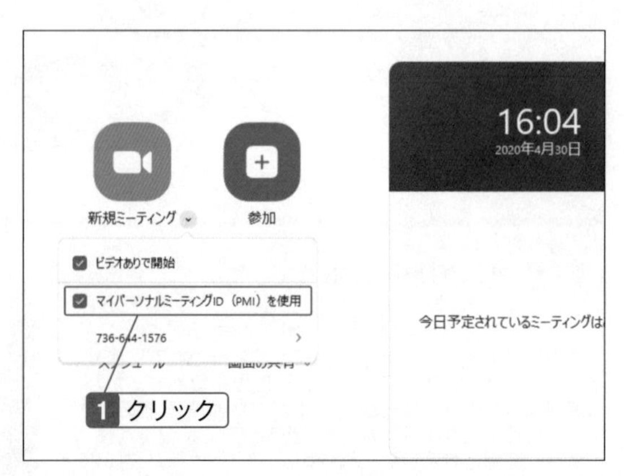

ONE POINT **マイパーソナルミーティングID（PMI）**

Zoomに登録したユーザーに与えられたミーティングルームで使う固有のIDです。10桁の数値で、このIDは変更しない限り変わらず、何度でも使えます。

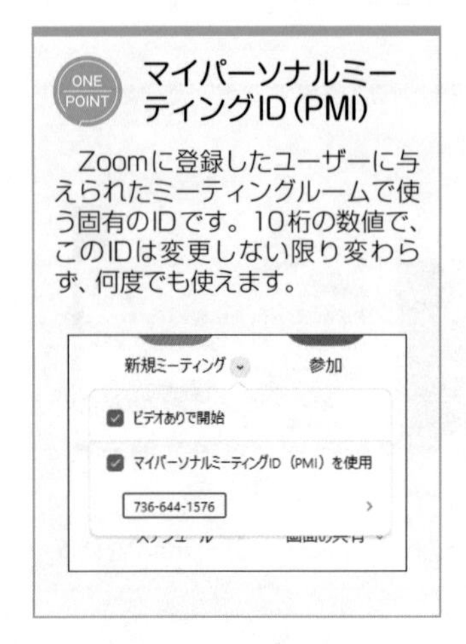

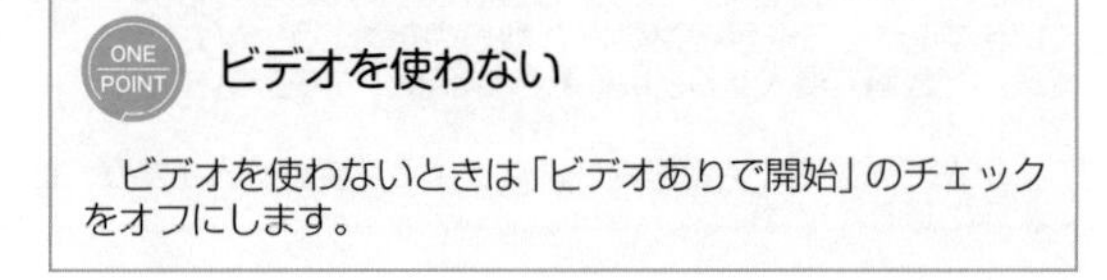

ONE POINT **ビデオを使わない**

ビデオを使わないときは「ビデオありで開始」のチェックをオフにします。

3 「新規ミーティング」をクリック。

4 「ミーティングへの参加時に～」のチェックをオンにして、「コンピューターでオーディオに参加」をクリック。この部分は使用する機器や環境によって異なる。

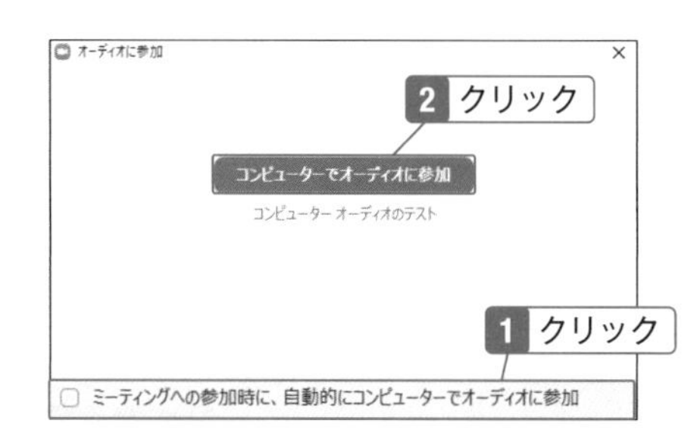

5 ミーティングルームが開始する。

「参加」は利用する機器によって変わる

「○○○に参加」の部分は、使用する機器や環境によって、「コンピューターでオーディオに参加」「インターネットを使用した通話」などに変わります。「ミーティングへの参加時に～」のチェックをオンにしておくと、以降は確認する必要がなくなります。

ミーティングの開始を通知する

自分用のミーティングルームでミーティングを開始したことを参加者にメールやメッセージアプリで連絡すると、参加者はすでに知っているマイパーソナルミーティングIDを使って参加することができます。マイパーソナルミーティングIDを教えていない参加者には、メールなどで招待します。

招待メールの内容をコピーして招待する

1 「新規ミーティング」の「V」をクリック。

2 表示されているマイパーソナルミーティングIDを選択し、「招待のコピー」をクリック。

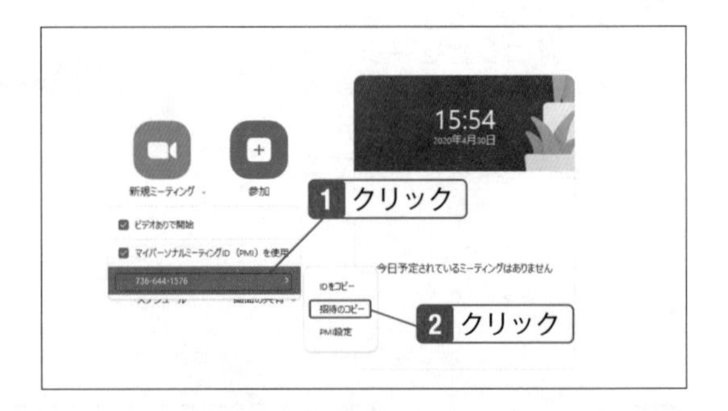

3 コピーした内容をメールなどに貼り付ける。

招待は1度だけ

自分用のミーティングルームは、いつも同じIDとパスワード、URLが利用できます。したがって、最初に参加してもらうときにだけ招待メールを送れば、以降参加者にはミーティングの開催だけ伝えるだけでミーティングを利用できます。

02-08
SECTION

事前にスケジュールを立ててミーティングを開く

あらかじめ予定を登録しておけば、うっかり忘れも防げる

ミーティングの日時が決まっているのであれば、アプリで予定を登録しておくとあらかじめミーティングIDやパスワードを発行して参加者に知らせておくことができます。事前に必要なIDやパスワードがわかるので、ミーティングの開始時刻にすぐに集合できます。

スケジュールを登録してミーティングを開く

1 「スケジュール」をクリック。

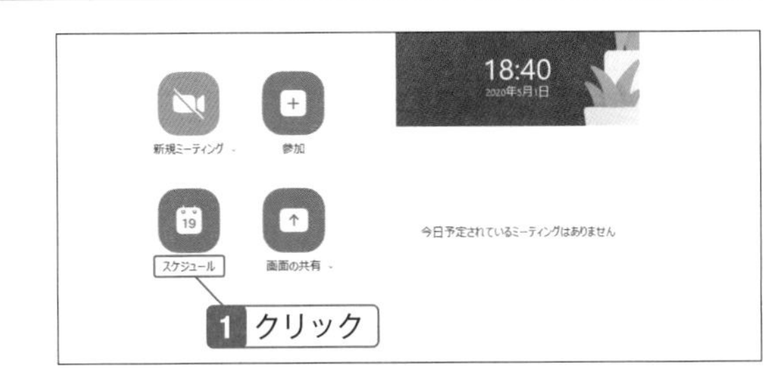

2 ミーティングの名前、ビデオの利用などを設定してから、登録するカレンダーを選択して「スケジュール」をクリック。

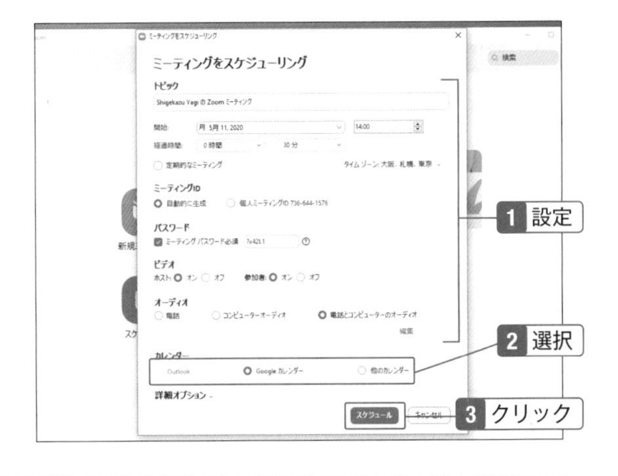

ミーティングIDの自動生成

「ミーティングID」は、「自動的に生成」を選択すると、1回きりのIDを作成します。第三者への漏洩などを考慮し、通常は「自動的に生成」を利用することをおすすめします。

詳細オプション

「詳細オプション」では、待合室の利用や録画などの設定ができますが、通常は「待合室を有効化」のチェックをオンにしておくだけでよいでしょう。

詳細オプション
- [x] 待機室を有効化
- [ ] ホストより前の参加を有効にする
- [ ] エントリー時に参加者をミュート
- [ ] ミーティングをローカルコンピューターに自動的にレコーディングする

3 カレンダーにスケジュールを登録する。

カレンダーへのアクセス許可

利用するカレンダーによって、最初に登録するときにはZoomアプリからカレンダーへのアクセスを許可する画面が表示されますので、許可します。

4 アプリの画面にミーティングの予定時刻やミーティングIDが表示される。

ミーティングを開始する

1 スケジュールを設定した時間になったら「開始」をクリックしてミーティングを開始する。

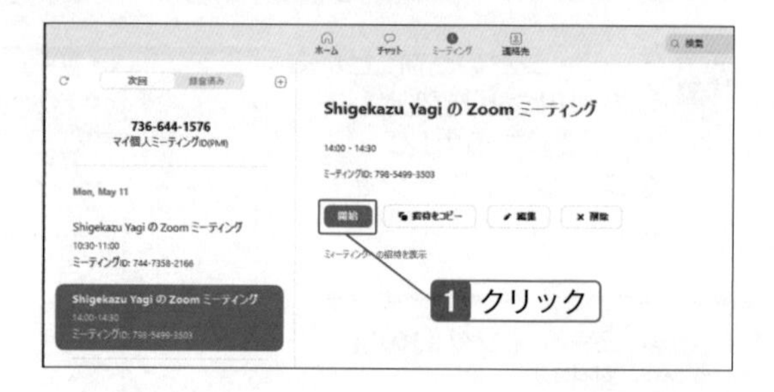

スケジュールの修正と削除

ミーティングの一覧では、登録したスケジュールの修正（編集）や削除ができます。

自動で開始されない

ミーティングをスケジュールで登録しても、その日時に自動的にミーティングが開始されることはありません。開始はホスト（主催者）が行います。

招待されたミーティングに参加する

Zoomユーザーでなくとも、登録なしで参加できる

ホスト（主催者）が開始したミーティングから招待を受けたら、参加することができます。参加するときにはユーザー登録は必要なく、ミーティングIDやパスワードがあれば参加できます。もちろんユーザー登録してサインインした状態でも参加できます。

招待メールからミーティングに参加する

1 招待のメールが届いたら、リンクをクリック。

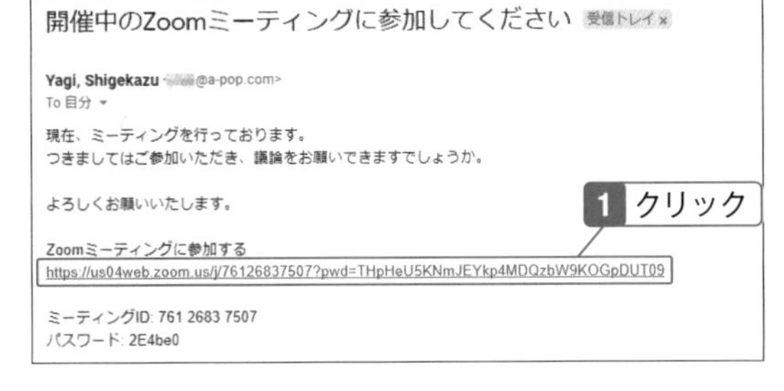

リンクからの参加

招待メールのリンクから参加する場合、ミーティングIDやパスワードの情報がリンクに含まれているため、入力の必要がありませんが、主催者が設定で変更している場合には、パスワードの入力を求められるときがあります。

2 ブラウザーに新しいタブが開き、Zoomアプリが起動する。

3 「ビデオプレビュー」が表示されたら、ビデオを使うか、使わないかを選択する。

4 待合室に入った状態になる。

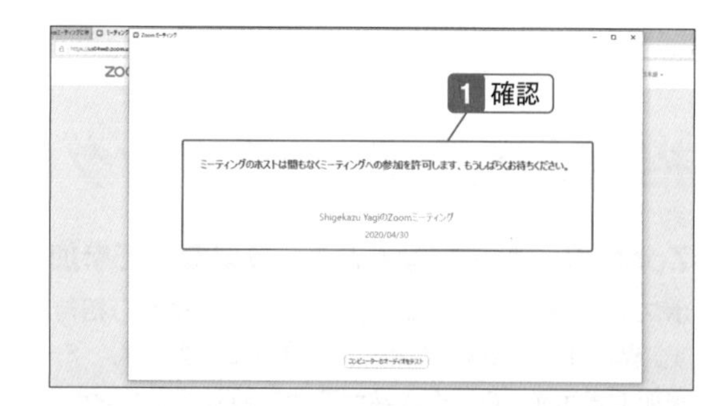

5 ホスト（主催者）で入室が許可されると、ミーティングに参加する。

ミーティングIDで参加する

1 Zoomアプリを起動して「ミーティングに参加」をクリック。

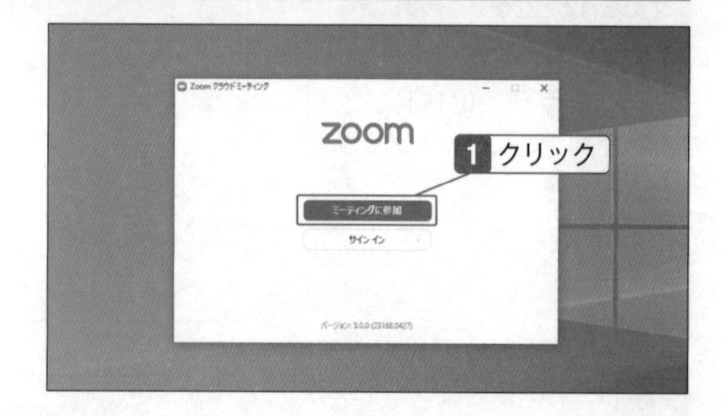

サインインした状態の場合

Zoomにアカウントを持ち、サインインした状態で起動したときには、「参加」をクリックします。

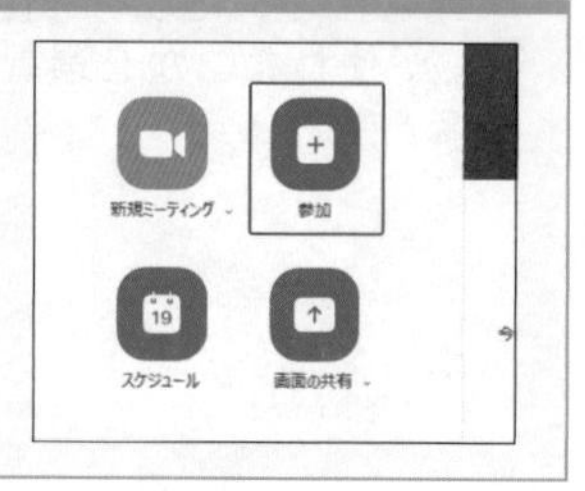

2 ミーティングIDと名前を入力して「参加」をクリック。

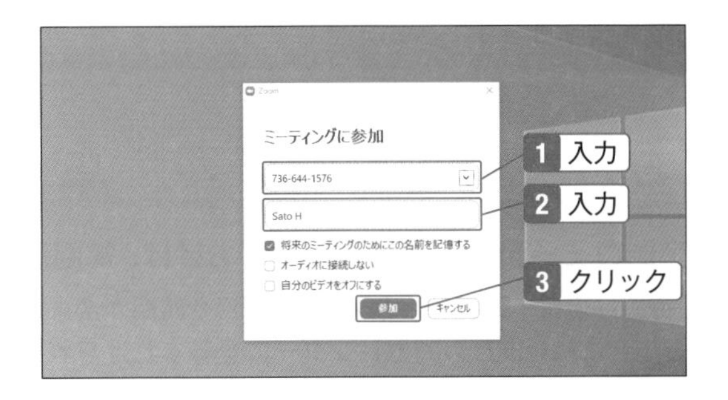

ONE POINT ミーティングの設定

ここで名前の保存やビデオの使用の有無を選択できます。「将来のミーティングのためにこの名前を記憶する」のチェックをオンにしておくと、入力した名前が次回以降にも入力された状態で起動します。「自分のビデオをオフにする」のチェックをオンにすると、ビデオを使わない状態でミーティングに参加します。

3 パスワードを入力し、「ミーティングに参加」をクリック。

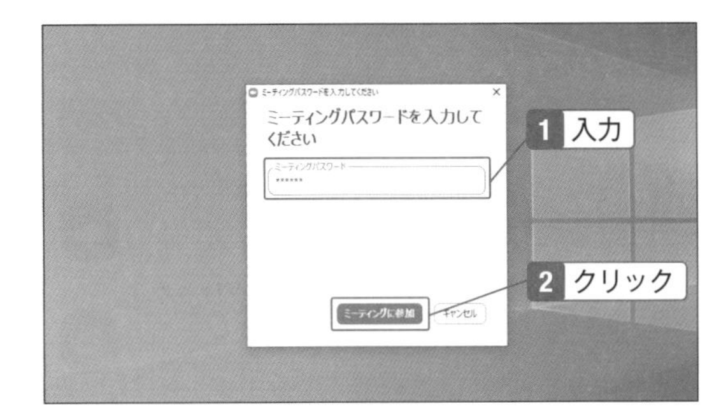

ONE POINT ミーティングIDとパスワード

使用するミーティングIDとパスワードは、ホスト（主催者）から連絡があったものを入力します。

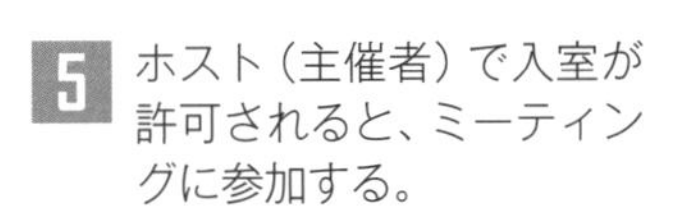

4 待合室に入った状態になる。

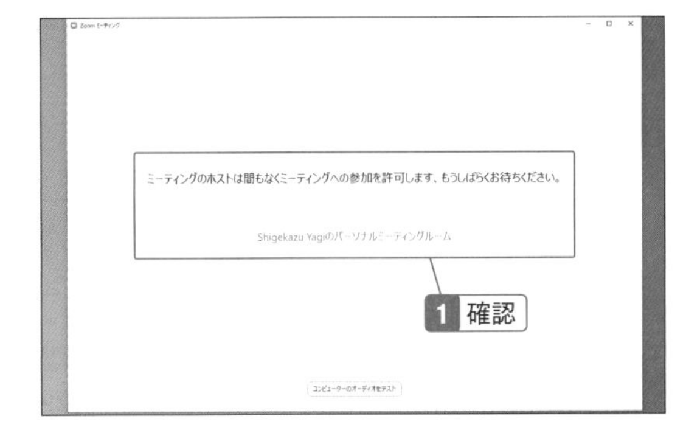

5 ホスト（主催者）で入室が許可されると、ミーティングに参加する。

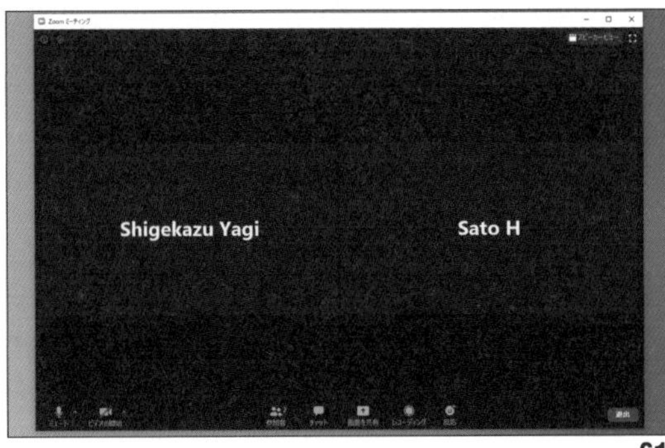

02-10
SECTION

定期ミーティングの予定を作る

定例のミーティングを登録しておけば、毎回設定しなくて済む

「毎週月曜日15:00～」のように、曜日や時間が決まった定期的に行うミーティングがある場合には、まとめてカレンダーに登録すれば忘れることがありません。なおZoomには自動的にミーティングを開始する機能はないので、カレンダーアプリで通知を受け取ってミーティングを開始します。

定期的に行うミーティングを登録する

1 「スケジュール」をクリック。

2 「定期的なミーティング」のチェックをオンにする。

3 ミーティングの名前、ビデオの利用などを設定してから、登録するカレンダーを選択して「スケジュール」をクリック。

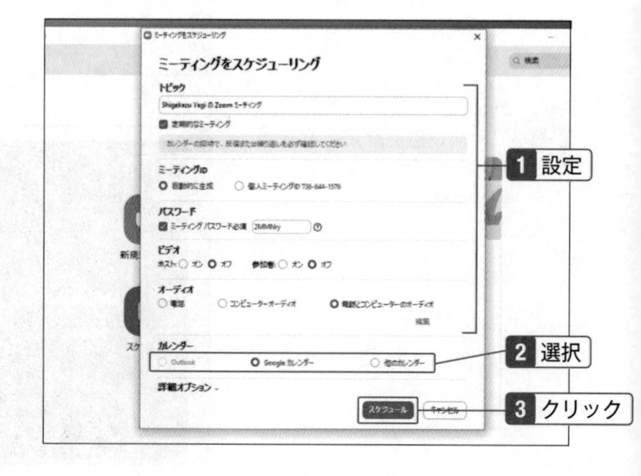

詳細オプション

「詳細オプション」では、待合室の利用は録画などの設定ができますが、通常は「待合室を有効化」のチェックをオンにしておくだけでよいでしょう。

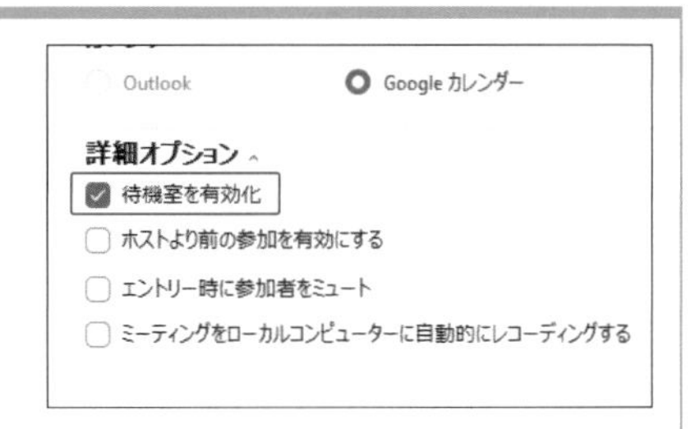

4 カレンダーにスケジュールを登録する。

カレンダーへのアクセス許可

利用するカレンダーによって、最初に登録するときにはZoomアプリからカレンダーへのアクセスを許可する画面が表示されますので、許可します。

5 ミーティングの予定が登録される。

ミーティングを開始する

1 スケジュールを設定した時間になったら「開始」をクリックしてミーティングを開始する。

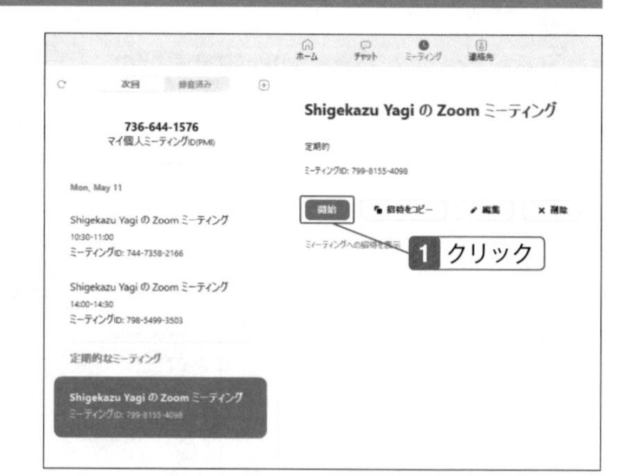

スケジュールの修正と削除

ミーティングの一覧では、登録したスケジュールの修正（編集）や削除ができます。

自動で開始されない

ミーティングをスケジュールで登録しても、その日時に自動的にミーティングが開始されることはありません。開始はホスト（主催者）が行います。

複数の定期ミーティングを使う

定期ミーティングは、ミーティングが終了してもZoomアプリの「ミーティング」に残り、次回以降も同じミーティングを使います。複数の定期ミーティングを使う場合、同じミーティングの名前（「○○のミーティング」、「営業部」など）をつけてしまうと使うミーティングがわからなくなってしまいます。定期ミーティングを複数設定するときには、それぞれわかりやすい名前を付けるようにしましょう。定期ミーティングの名前はあとから変えることもできます。

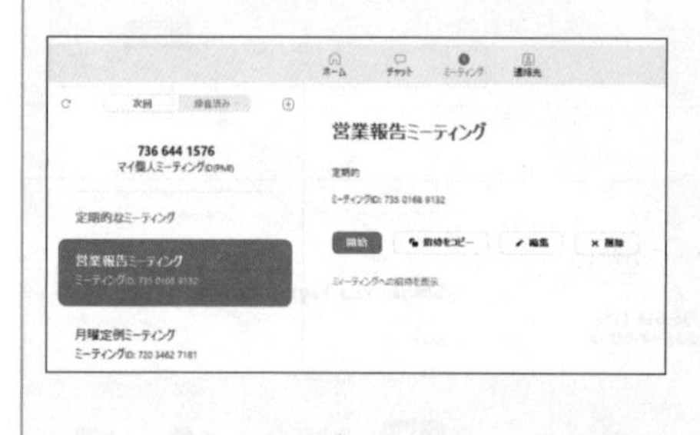

02-11 SECTION

ミーティングのスケジュールを確認する

複数のミーティングを予定していても、Zoom上で常に確認できる

スケジュールで作成したミーティングは指定したカレンダーアプリに登録されると同時に、Zoomアプリにも登録されて、予定を確認できます。カレンダーアプリの通知を設定しておけば、ミーティングを忘れることがありません。

予定しているミーティングを確認する

1 「ミーティング」をクリック。

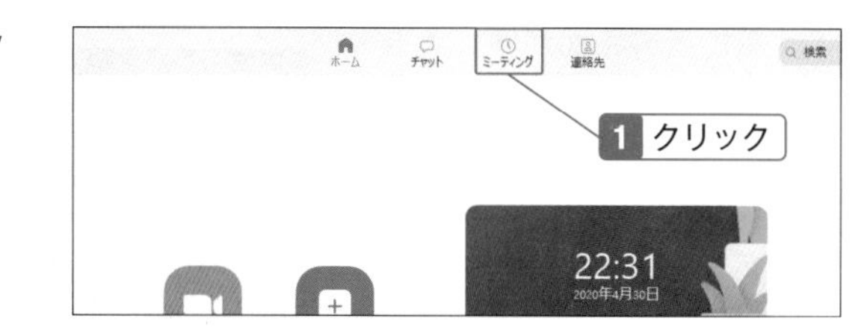

2 スケジュールで登録しているミーティングが表示される。

3 ミーティングをクリックすると、詳細が表示される。

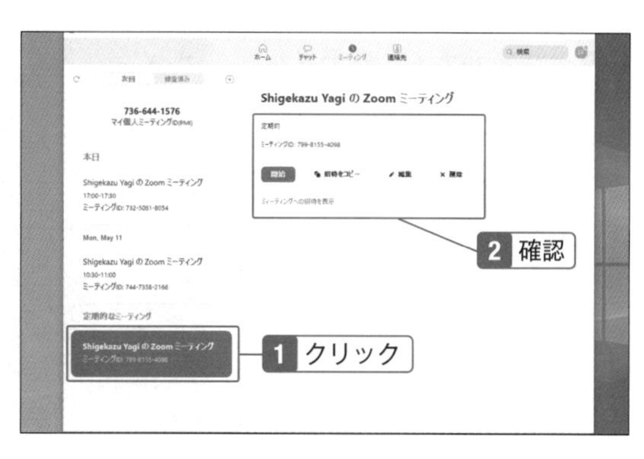

終了したミーティング

終了したミーティングは表示されません。

02-12
SECTION

参加者の並び方を変える

話者を大きく表示したいときなどにも、並び方を変えられる

ミーティングの画面には「スピーカービュー」と「ギャラリービュー」があります。それぞれ、そのときのミーティングの進み方などで使いやすい方に切り替えるとよいでしょう。スピーカービューは主な発言者を拡大する表示方法で、ギャラリービューは全員を均等に表示する方法です。

画面の並び方を変える

1 参加者の画面が同じ大きさで並ぶ状態が「ギャラリービュー」で、発言者が黄色の枠で表示される。スピーカービューに切り替えるときは「スピーカービュー」をクリック。

参加者によって大きさが変わる

ギャラリービューで1人の画面の大きさは、参加する人数で大きさが変わり、均等に配置されます。参加数が多いと小さい画面になってしまうので、誰が発言しているのかわかりにくくなり、スピーカービューの方が使いやすいこともあります。

2 発信者が大きく表示される状態が「スピーカービュー」。「ギャラリービュー」をクリックすると、ギャラリービューに切り替えられる。

02-13
SECTION

プロフィール画像を変える

プロフィールの画像を設定しておいた方が、誰だかわかりやすくなる

プロフィールのアイコンははじめ、入力した名前の頭文字で表示されているだけですが、好きな画像ファイルに変えることができます。自分の顔写真に限らず、自分が撮影した好みの写真や自分が描いたイラストも使うことができます。アイコンは待合室などに表示されるので、個性を出すこともできるでしょう。

画像データをプロフィールに使う

1 右上のアイコンをクリック。

2 「自分の画像を変更」をクリック。

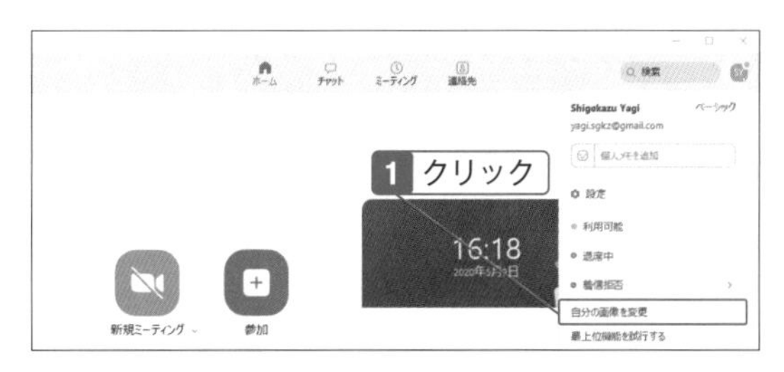

3 ブラウザーが起動し、サインイン画面が表示される。

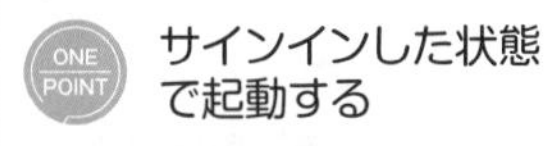

サインインした状態で起動する

ブラウザーでZoomにサインインした状態であれば、サインイン画面が表示されずにプロフィール画面が表示されます。

4 メールアドレスとパスワードを入力して「サインイン」をクリック。

5 ブラウザーでプロフィールが表示されるので、アイコンの下の「変更する」をクリック。

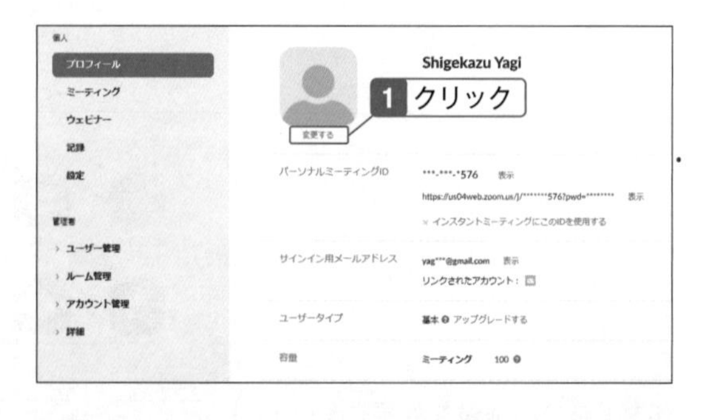

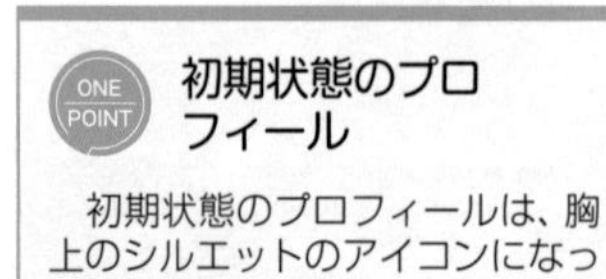

ONE POINT **初期状態のプロフィール**

初期状態のプロフィールは、胸上のシルエットのアイコンになっています。

6 「アップロード」をクリック。

7 使用する画像を選択して「開く」をクリック。

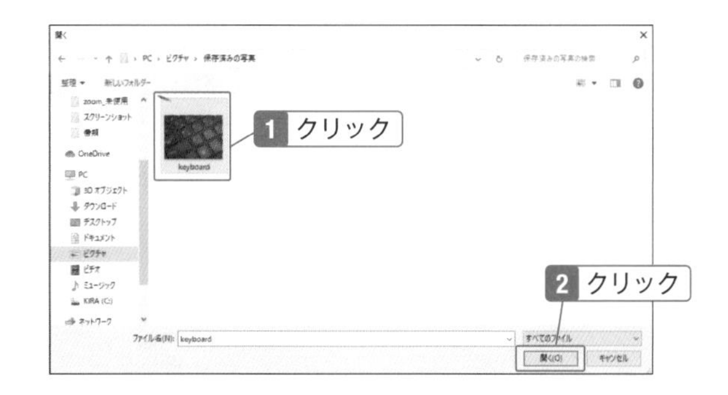

8 写真が読み込まれる。ドラッグして表示する場所と大きさを調整。

画像範囲の調整

画像の範囲を調整するときは、四隅の「□」をドラッグします。また画像の中の領域をドラッグすると、位置が移動します。

9 「保存」をクリック。

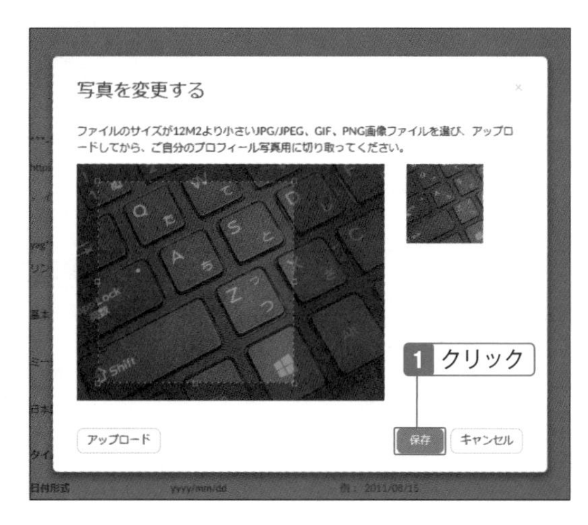

アイコンが変更される。

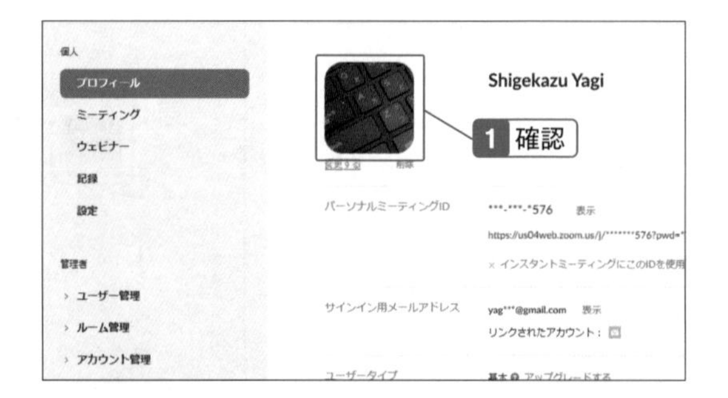

サインアウトしておく

ブラウザーのプロフィール画面で画像を変更したあとに、そのままブラウザーを閉じるとサインインした状態が保持されます。自分専用のパソコン以外では、右上のアイコンをクリックして「サインアウト」をクリックし、サインアウトします。

アプリのアイコンも変更される。

アイコンを削除する

アイコンを変更するときは同じ手順で上書きすれば、新しいアイコンになります。アイコンを削除して初期状態に戻したいときには、プロフィール画面で「削除」をクリックします。

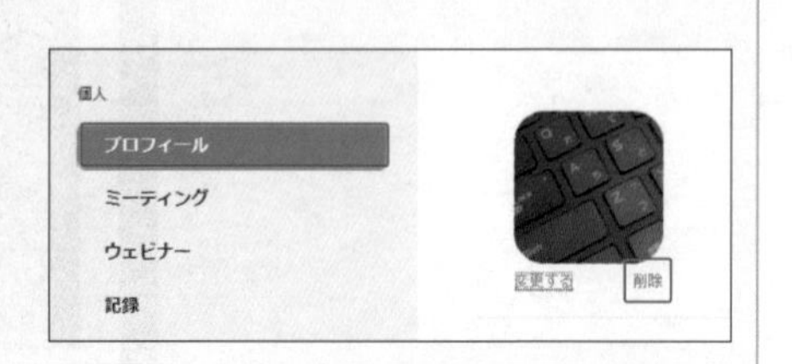

02-14
SECTION

ビデオのオン／オフを切り替える

ちょっとの間映りたくないとき、自分の映像を非表示にできる

ミーティングで映し出している自分の映像は表示と非表示を切り替えられます。またビデオがオフになっているほかの参加者には、ビデオの表示をリクエストすることができます。ミーティングの途中で切り替えることもできるので、一時的に離席するときなどにも利用できます。

自分のビデオの表示を切り替える

1 ビデオが表示されているときに「ビデオの停止」をクリック。

2 ビデオがオフになる。表示するときは「ビデオの開始」をクリック。

切り替えられるのは自分の映像

ビデオの表示をオン／オフで切り替えられるのは自分の映像です。ほかの参加者の映像は切り替えられません。

参加者にビデオ表示をリクエストする

1 ビデオを表示してほしい参加者の画面にマウスポインターを合わせる。

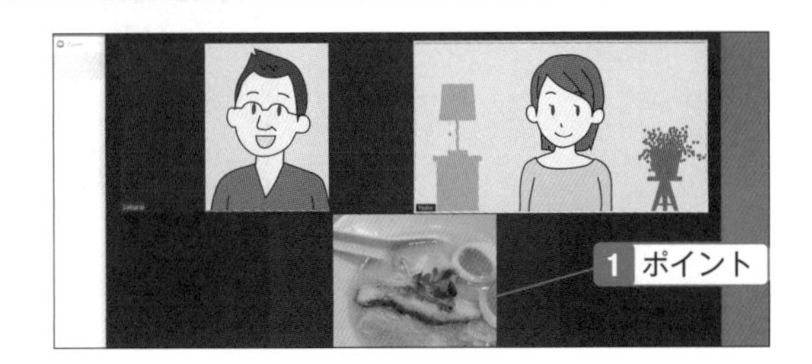

2 「…」(メニュー) をクリック。

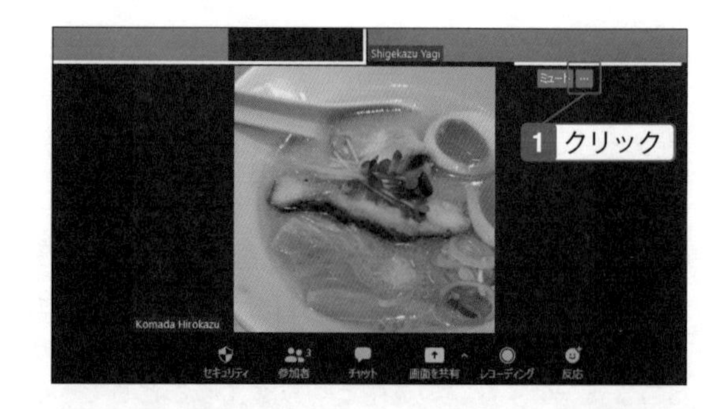

3 「ビデオの開始を依頼」をクリックして、リクエストを送信する。

ONE POINT

ビデオ表示のリクエストが届く

ほかの参加者からビデオの表示のリクエストが届くとメッセージが表示されます。「自分のビデオを開始」をクリックします。

4 相手がリクエストを承諾してビデオの表示をオンにすると、ビデオが表示される。

02-15
SECTION

音声をミュートする

自分と他の参加者、どちらの音声も止められる

ミーティング中に自分のマイクを止めたいときや、参加者の音を一時的に止めたいときには「ミュート」を使います。ミーティングに参加したまま一時的に離席するときや、ミーティング中に別の電話がかかって対応するときなどに役立ちます。

自分をミュートする

1 「ミュート」をクリック。

ミュートの動作

自分をミュートすると、ミーティングの参加者全員に自分の音声が聞こえなくなります。

2 自分の音声が流れなくなる。

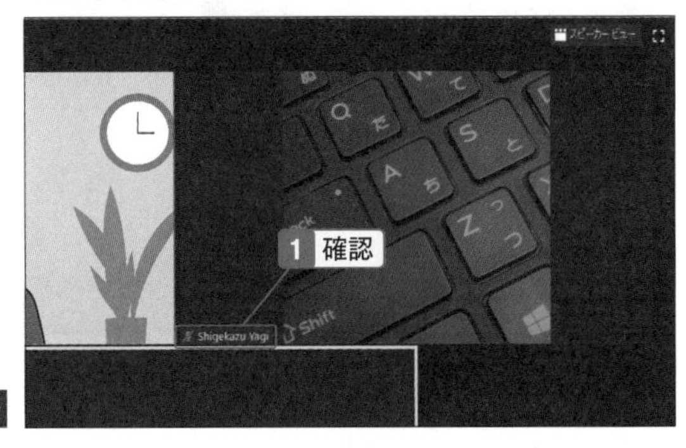

Shigekazu Yagi

ミュートを解除する

ミュートを解除するには、「ミュートを解除」をクリックします。

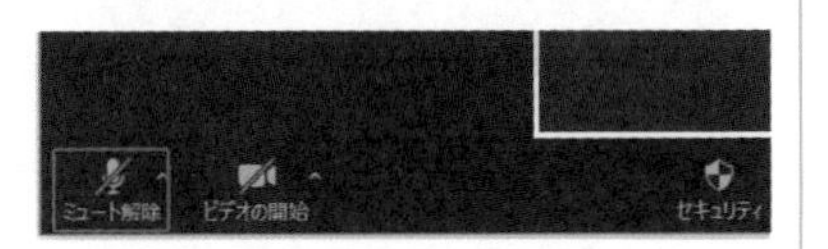

参加者をミュートする

1 参加者のビデオにマウスポインターを合わせる。

ミュートの動作

自分以外の参加者をミュートした場合、その参加者は強制的にミュートされた状態になり、発言はほかの参加者にも聞こえなくなります。

2 「ミュート」をクリック。

3 ミュートした参加者の音声が聞こえなくなる。

ミュートを解除する

ミュートを解除するには、ミュートした参加者の画面右上にある「ミュートを解除」をクリックします。

講義や講演での利用

講義や講演で自分がスピーカー（登壇者）になっているときには、参加者をミュートしておくと雑音が聞こえず、快適に進行できます。話すことが終わるまでミュートしておき、質疑応答に入るときにミュートを解除します。

02-16
SECTION

全画面表示に切り替える

メニューなどの表示を最小限にして画面を大きく使える

アプリの画面をできるだけ大きくしたいときには、全画面表示にして、パソコンの画面いっぱいの広さを使います。特にミーティングに参加している人数が多いときにビデオを使うなら、全画面表示すると、ギャラリービューでも参加者を大きく表示したほうが、表情や発言者がわかりやすくなります。

全画面表示にする

1 右上の「全画面表示にする」をクリック。

2 全画面表示になる。

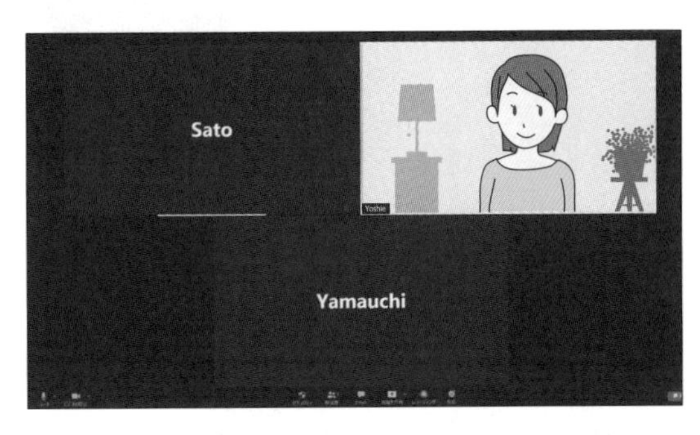

ウィンドウ表示に戻す

全画面表示をウィンドウ表示に戻すときは、「全画面表示の終了」をクリックします。

02 Zoomでビデオミーティングをしよう

02-17
SECTION

サイドウィンドウを切り離す

待合室やチャットの画面を切り離して、使いやすい場所に移動できる

待合室や参加者を表示する画面や、チャットの画面は、通常ミーティング画面の右側に表示されています。このサイドウィンドウは切り離して使いやすい場所に移動することができます。ビデオミーティングの画面に重ねることもできます。

サイドウィンドウを切り離す

1 画面下部中央の「参加者」をクリックして、サイドウィンドウ（参加者の一覧）を表示する。続いて「∨」（メニュー）をクリックし、「飛び出る」をクリック。

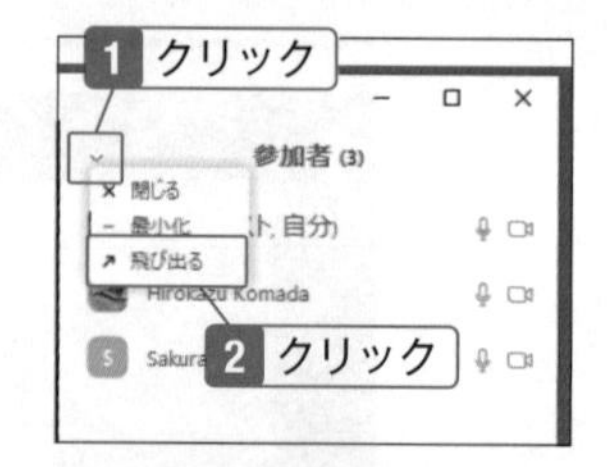

2 サイドウィンドウが切り離される。

サイドウィンドウを元の場所に戻す

1 切り離したウィンドウの「…」（メニュー）をクリックして、「会議ウィンドウにマージ」をクリック。

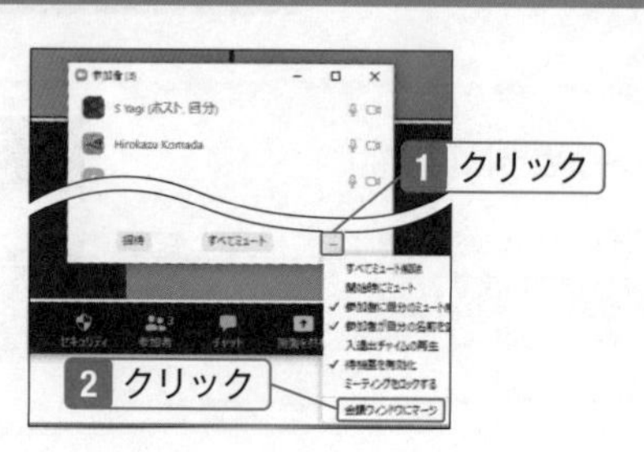

Chapter

03

ミーティングをもっと効率化する機能を使いこなそう

Zoomでビデオミーティングをもっと使いこなしましょう。ビデオミーティングはシンプルな仕組みです。リアルタイムで話し合うだけの「映ればいい、話せればいい」から、「もう少しこんなことができたらいい」にステップアップすることができます。録画したり、文字情報を残したり、ホワイトボードで議論したり……直接会う会議で行っていたことと同じように、Zoomでも会議に必用なさまざまな機能を利用できます。

03-01
SECTION

チャットで会話する

漢字などを正確に伝えたいときに役立ち、保存もできる

Zoomのミーティングはビデオや音声を使えることが特徴ですが、文字によるチャットも合わせて行うことができます。文字で書いた方が伝わりやすい表記や記号、計算式などを全員でやりとりしながらミーティングを進められます。

チャットする

1 「チャット」をクリック。

2 チャット画面が開く。メッセージを入力して「Enter」キーを押す。

メッセージの改行

メッセージは短文で送ることが基本的な使い方ですが、長めの文章で改行を入れたいときには「Alt」+「Enter」キーを押します。

3 メッセージが送信される。

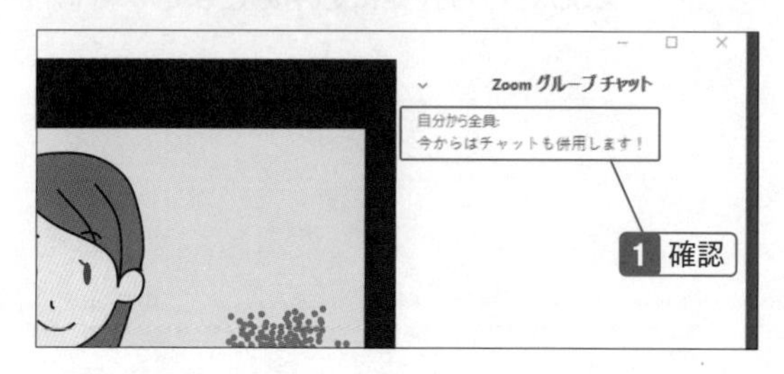

4 参加者がメッセージを送信すると、リアルタイムに表示される。

チャット画面非表示で届くメッセージ

チャット画面が非表示の時にほかの参加者がチャットにメッセージを送ると、その参加者の映像にメッセージが表示されます。

特定の参加者にメッセージを送る

1 特定の参加者にだけチャットメッセージを送るときは、参加者を選択する。

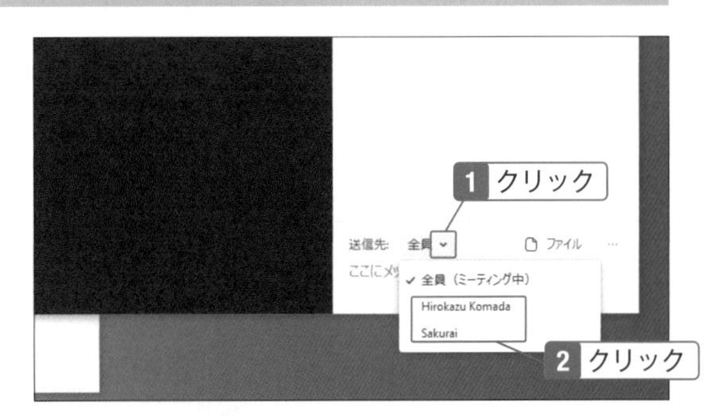

チャットを保存する

1 「…」(メニュー) をクリック。

03 ミーティングをもっと効率化する機能を使いこなそう

2 「チャットの保存」をクリック。

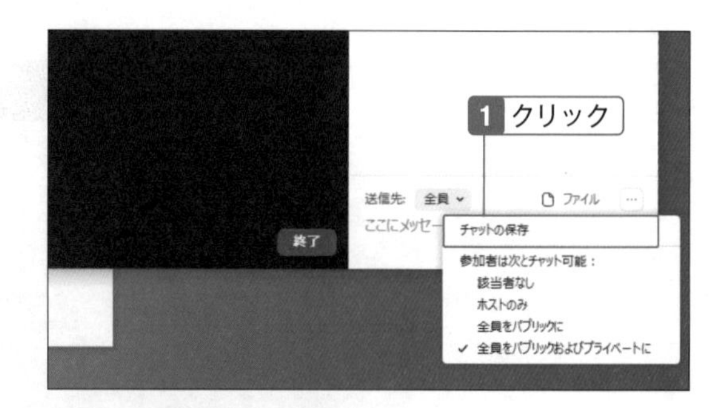

3 チャットが保存される。

チャットが保存されているフォルダーを開く

手順3の画面で「フォルダーに表示」をクリックすると、チャットが保存されているフォルダーが開きます。

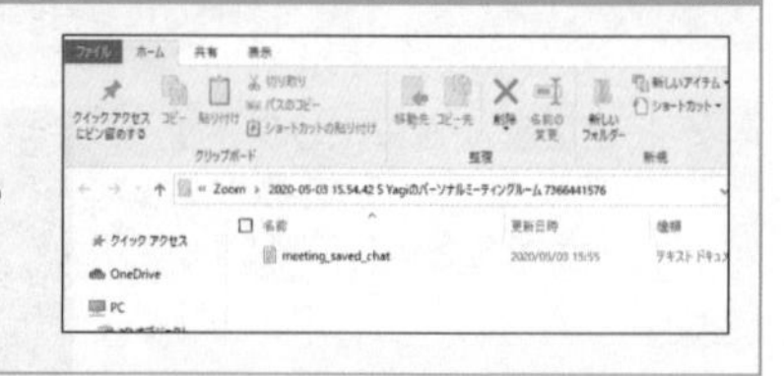

4 チャットはテキストファイルで保存される。

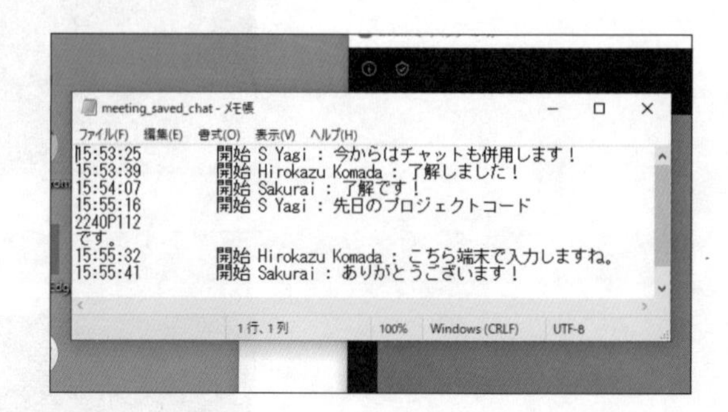

03-02
SECTION

録画・録音する

機材を別途用意しなくてもいい。随時録画/停止を切り替えられる

ミーティングは、録画・録音して保存することができます。疑問が生まれたときにあとから確認する、内容を議事録に書き出すなど、保存しておくことでさまざまな用途に利用できます。保存したデータは一般的なmp4形式なので、他の機器でも再生できます。

ミーティングを録画・録音する

1 「レコーディング」をクリック。

2 レコーディング中は「レコーディングしています」と表示される。

ファイルの保存はミーティング終了後

録画・録音を停止すると、メッセージが表示されます。録画・録音したファイルが保存されるのは、ミーティング終了後になります。

録画・録音を許可する

ホストはいつでも録画・録音ができますが、参加者は初期設定で録画・録音できないようになっています。参加者が録画・録音するためには、発言などで録画・録音を依頼し、ホストが参加者の「詳細」から許可する操作が必要です。

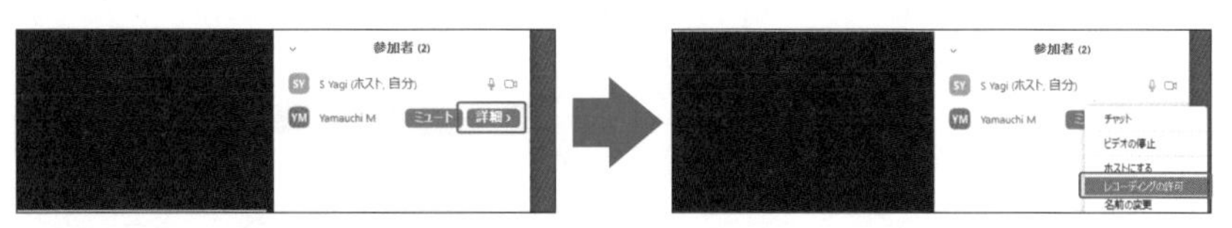

▲ホストが参加者一覧で「詳細」をクリック。　▲「レコーディングの許可」をクリック。

録画・録音を停止して保存する

1 「｜｜」（録音を一時停止）をクリックすると、一時的に録画・録音を停止する。「□」（停止）をクリックすると、録画・録音を停止する。

録画する画面の状態

録画では、見ている画面の状態のまま記録されます。例えば途中でギャラリービューとスピーカービューを切り替えれば、録画した映像でも切り替わります。メニューのクリックなどの操作は記録されません。

2 ミーティングを終了すると、ファイルの変換が行われる。

3 ファイルが保存され、フォルダーが表示される。

保存されるファイルは「mp4」形式

録画・録音したファイルは、「mp4」形式で保存されます。デジタルビデオカメラやビデオ投稿サイトなどでも一般的に利用されているファイル形式なので、特別なアプリをあらためて用意しなくても再生できます。

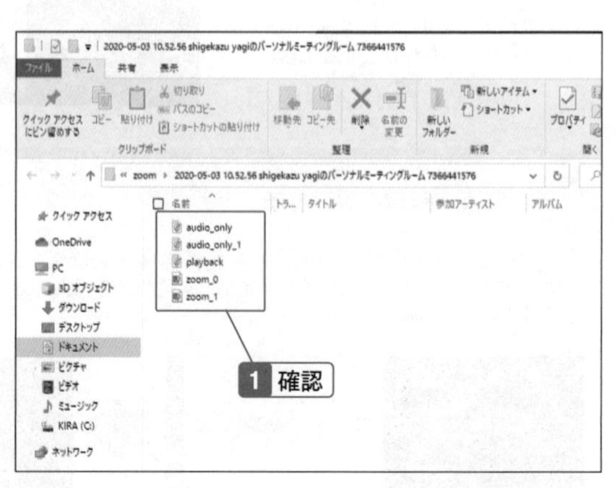

録画・録音したファイルを再生する

1 「ミーティング」をクリック。

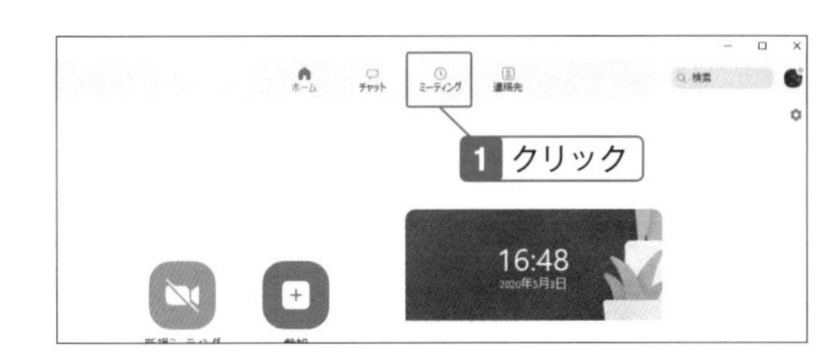

2 「録音済み」をクリック。

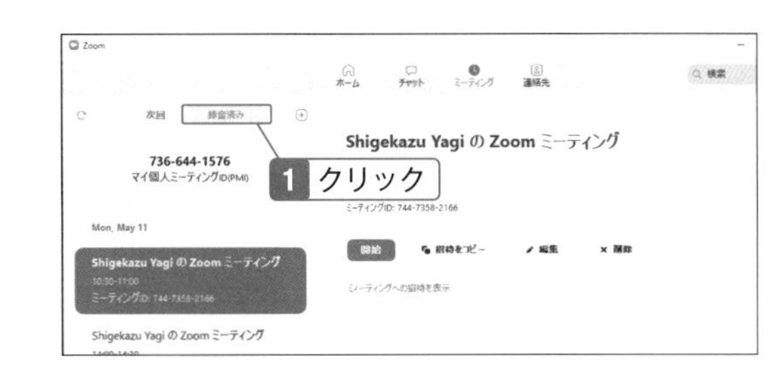

3 録画・録音したミーティングが表示されるので「再生」をクリック。

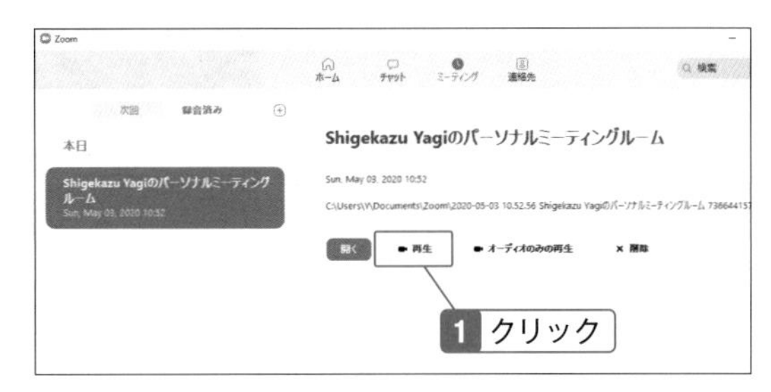

そのほかの操作

「開く」はフォルダーを開きます。「オーディオのみ」では映像を表示せずに音声だけを再生します。「削除」は録画・録音したファイルを削除します。

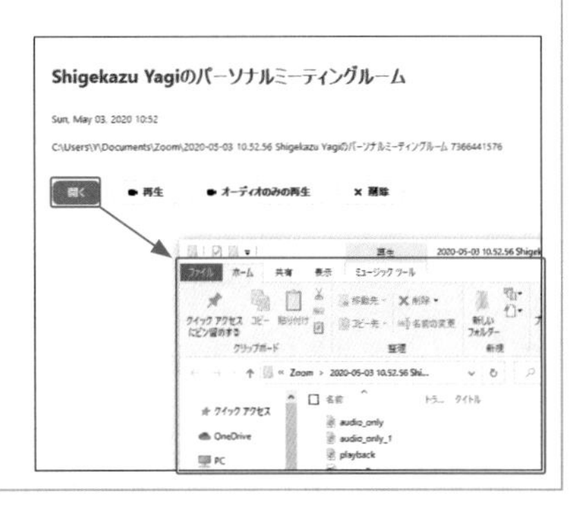

03-03
SECTION

画面やホワイトボードを共有する

画面を参加者で見ながらミーティングできる。お互い書きこむことも可能

ミーティングしながら、画面を共有します。パソコンの画面を共有して文書を表示したり、ホワイトボードを表示して参加者で書き込みながら、オフラインの会議のような進行ができます。WordやExcelなどの文書ファイルを表示できるので、資料の共有に役立ちます

画面を共有する

1 「画面を共有」をクリック。

2 共有する画面を選択して「共有」をクリック。

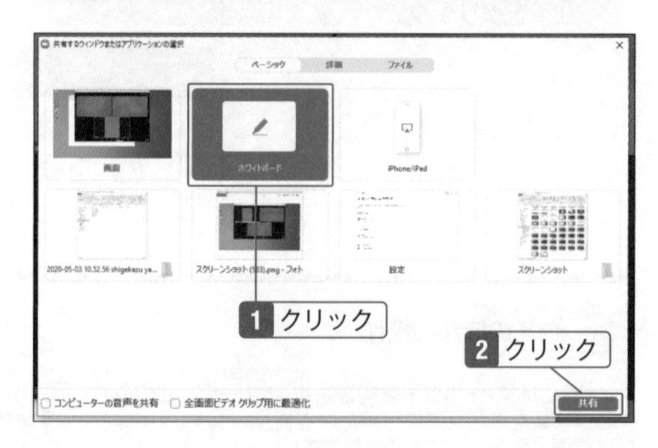

ONE POINT 共有できる画面

共有できる画面には以下のようなものがあります。そのときの環境や状態によって、選択できるものは変わります。

- 共有を開始する参加者のパソコンの画面
- 自由に書き込めるホワイトボード
- 録画・録音したファイルや、チャットのテキストファイル
- パソコンに保存されているWordやExcel、PowerPointなどのファイル
- パソコンに保存されている写真や画像、スクリーンショット

3 共有する画面が表示され、参加者は小さい画面に変わる。

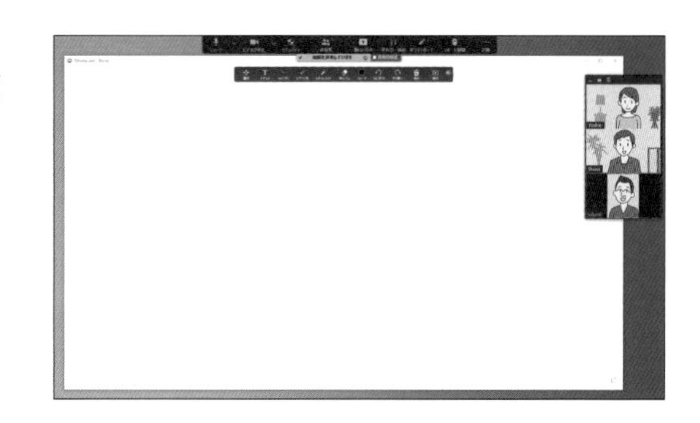

4 ホワイトボードの画面に記入したり、パソコン画面を操作したりすると、その状態が参加者すべてに同じように表示される。

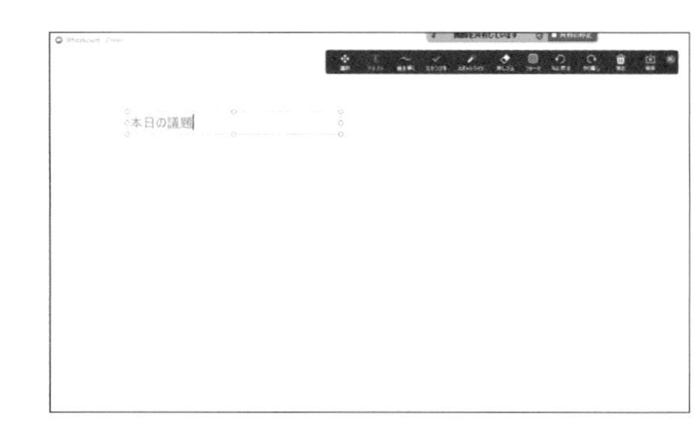

5 「共有の停止」をクリックして共有を終了する。

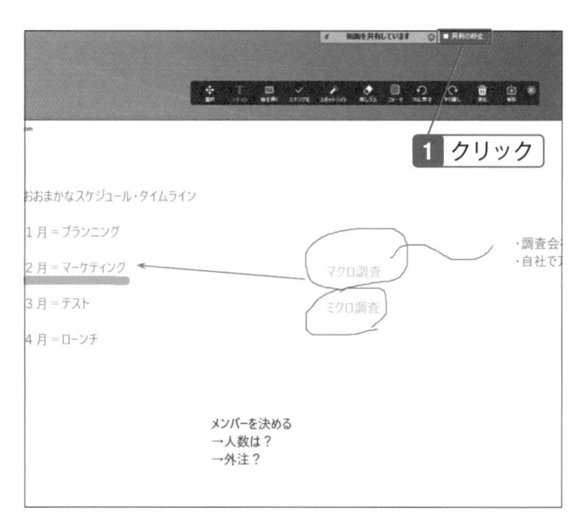

共有している画面の保存

共有している画面は、メニューを使って書き込みできます。また、書き込んだ状態の画面を「保存」で画像として保存できます。

画面共有の使い方

ホワイトボードはミーティングの内容を書き、参加者で意見を出し合うといった使い方ができます。また画面を共有すると、操作方法を伝えるといった使い方ができます。さらに、PoworPointのプレゼンを表示して共有したり、Excelの分析データを共有してミーティングを進めるといった使い方も可能です。

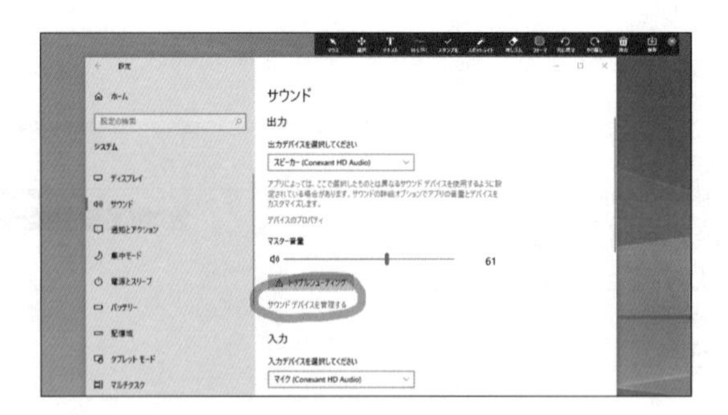

「コメントを付ける」では画面を共有して、示したい部分に記入するといったことができます。

「詳細メニュー」ではチャットやレコーディング、参加者の注釈を無効にする、注釈した参加者の名前を表示するなどの操作ができます。

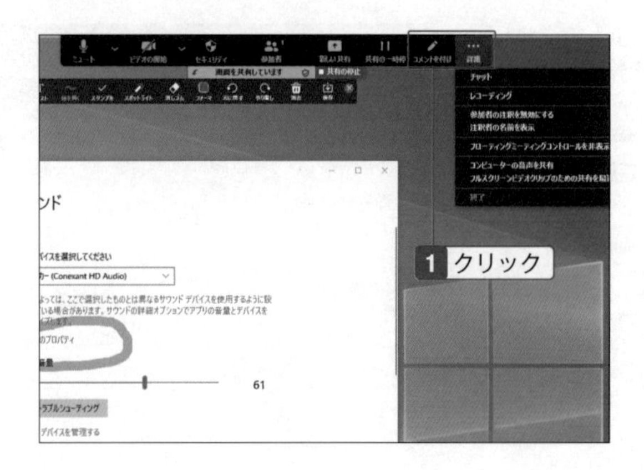

ミーティングコントロールを表示する

画面を共有しているときは、ミーティングコントロールが画面上部に格納され、非表示になります。表示したいときには「画面を共有しています」にマウスポインターを合わせます。また、「下にドッキングする」(下向きの矢印) をクリックすると画面の下部に固定されます。

挙手して発言の機会を得る

講義や人数が多いときなど、一斉に発言しないミーティングで役立つ

ミーティング中に、積極的な発言をしたいとき、手を挙げてアピールします。チャット画面に手を挙げたことが表示され、注目させることができます。講義など、指名されて発言するスタイルのミーティングでも、この機能を使うことでスムーズに進行できます。

ミーティングで手を挙げる

1 参加者リストを表示して「手を挙げる」をクリック。

2 手のアイコンが表示される。

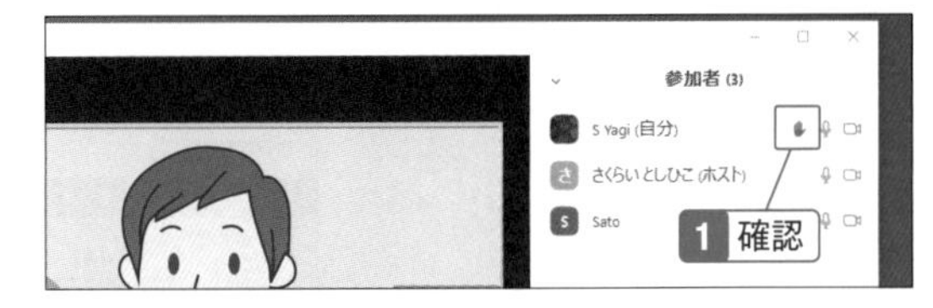

3 手を挙げると、ほかの参加者の参加者リスト画面で上に表示され、手が挙がっていることがわかる。

大規模なミーティングで目立たせる

手を挙げると、参加者リストの上の方に表示されます。数十人規模のミーティングで発言したい場合など、手を挙げてほかの参加者に意思を示すことができます。

03-05
SECTION

チャンネルを使う

定例会議など、固定されたミーティングにはチャンネルを使おう

Zoomのチャンネルには、同じ参加者で定期的に行われるようなミーティングがあるときに、あらかじめミーティングを登録しておきます。参加メンバーは、あらかじめ登録しておいても、ミーティングのつど招待して登録しても構いません。

チャンネルを登録する

1 「連絡先」をクリック。

2 「チャンネル」をクリック。

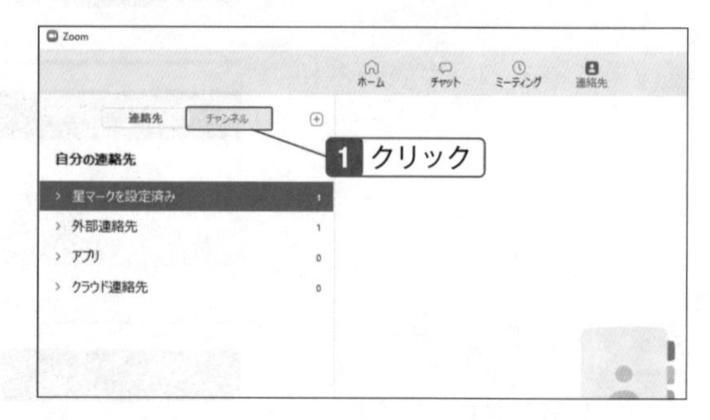

3 「＋」をクリック。

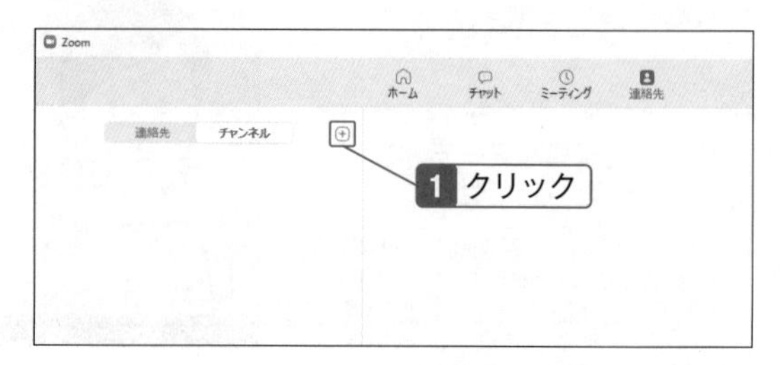

4 「チャンネルを作成」をクリック。

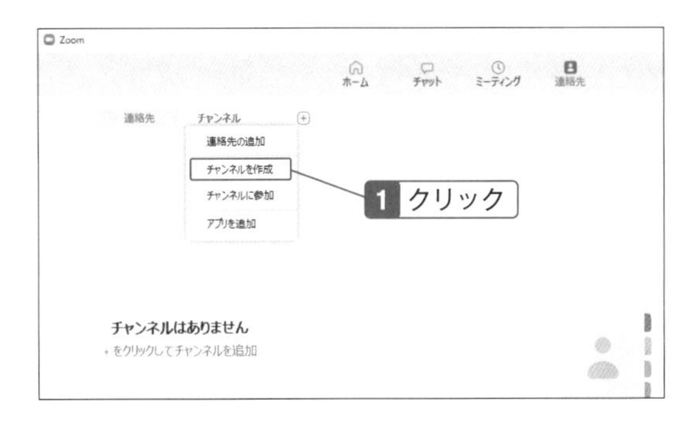

メンバー指定なら連絡先の登録が必要

チャンネルを作成するときに参加するメンバーを指定するなら、あらかじめ参加してもらうメンバーを連絡先に登録しておきます。

5 「チャンネル名」を入力し、招待する参加者を入力して「チャンネルを作成」をクリック。ミーティングを開催するときにその都度参加者を招待するのであれば、入力する必要はない。

一部を入力して候補を表示

招待する参加者を入力するときは、名前の一部を入力すると、連絡先に登録されているユーザーの中から候補が表示されます。

6 チャンネルが登録される。

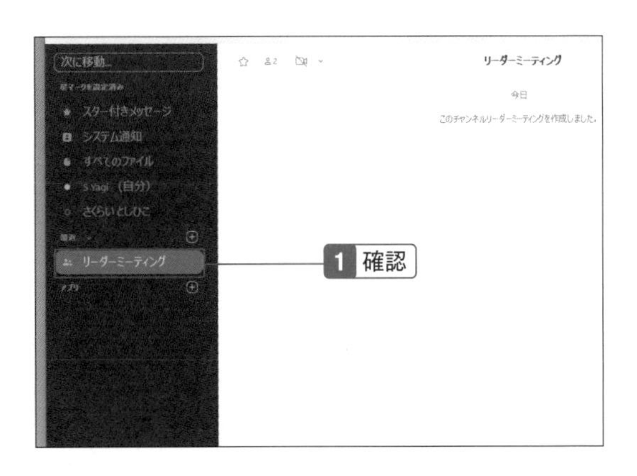

チャンネルからミーティングをはじめる

1 チャンネルを表示し、ミーティングをはじめるチャンネルにマウスポインターを合わせて「…」(メニュー)をクリック。

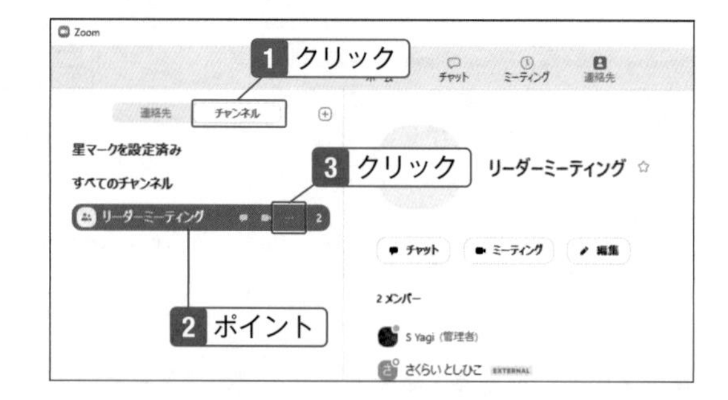

2 「ビデオありでミーティング」または「ビデオなしでミーティング」をクリック。

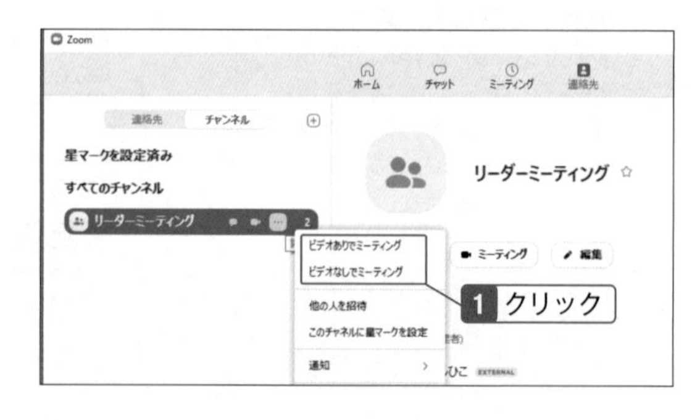

簡単にミーティングをはじめる

88ページ手順1の画面で「ミーティング」をクリックすると、ビデオのあり／なしをあらかじめ設定している状態でミーティングを開始できます。

3 「はい」をクリックすると、ミーティングが開始される。

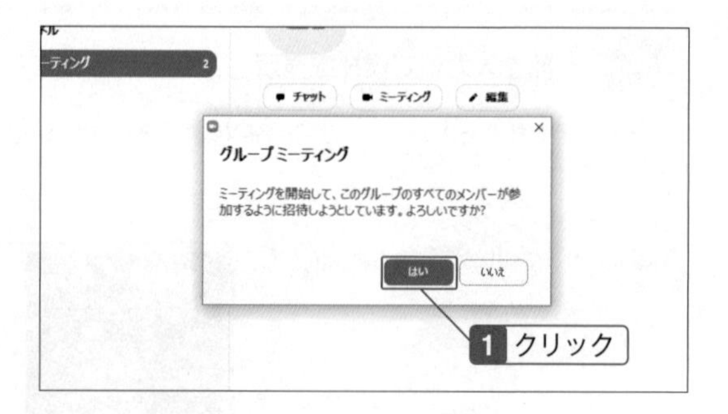

チャンネルの操作

チャンネルのメニューでは、招待するメンバーの追加やチャンネルの内容の編集、チャンネルの削除などができます。「星マークを設定」をクリックすると、連絡先と同様にチャンネルに「★」を付けて分類し、よく使うチャンネルを探しやすくできます。

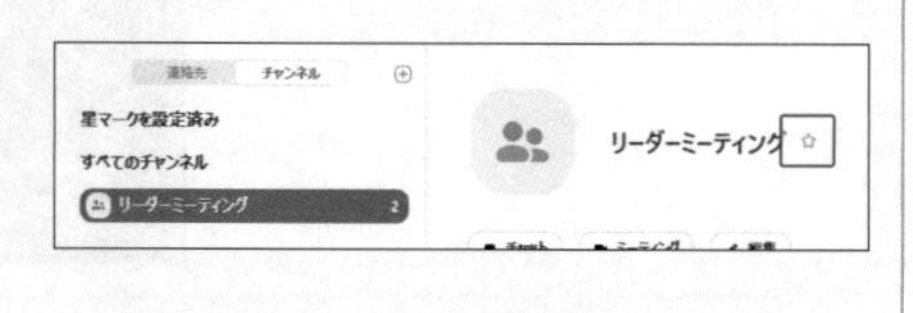

03-06
SECTION

連絡先に登録する

よく参加するユーザーを登録しておけば、招待するのがぐっと楽になる

「連絡先」には、ミーティングによく招待したり参加したりするメンバーを登録しておいて、簡単に呼び出すことができるようになります。Zoomで利用できるアドレス帳のようなものです。なお、連絡先の登録には、登録するユーザーを招待し、承認を受ける必要があります。

連絡先に登録する

1 「連絡先」をクリック。

2 「＋」をクリックし、「連絡先の追加」をクリック。

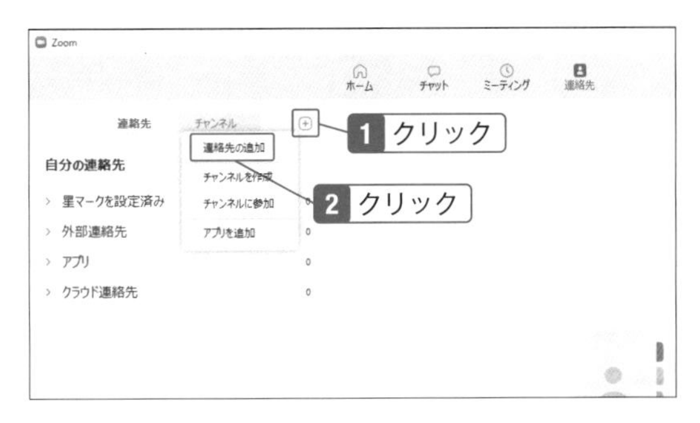

3 連絡先に登録するユーザーのメールアドレスを入力して「連絡先の追加」をクリック。

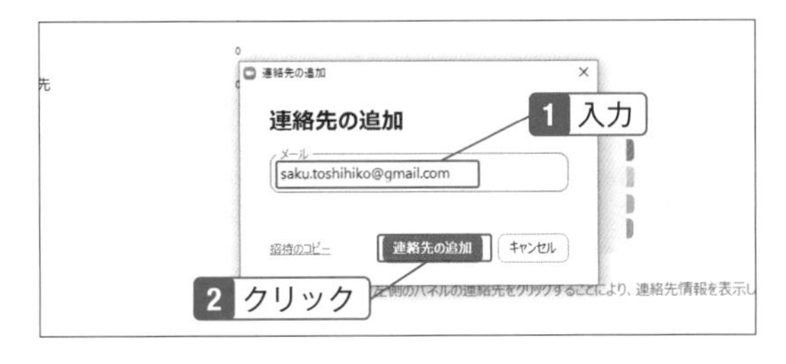

4 招待メールが送信されるので「OK」をクリック。

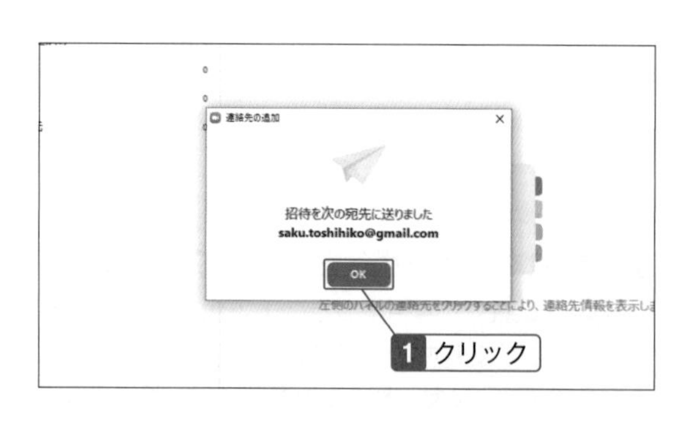

連絡先の登録には承認が必要

連絡先を登録するときには、登録するユーザーが招待を受ける必要があります。招待メールが送信され、その招待から承認をしたときに連絡先が登録されます。

5 招待を送信した相手が承認すると連絡先に登録される。

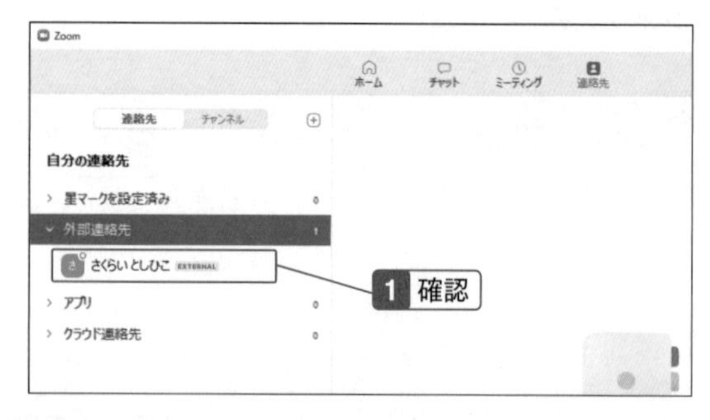

招待を受けた人が登録する

1 招待メールが届いたら、リンクをクリック。

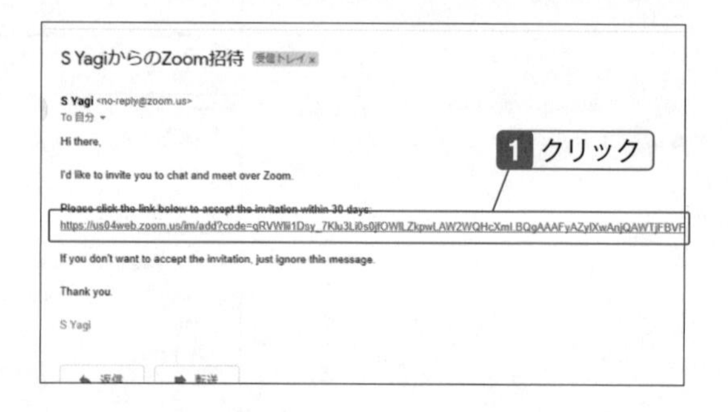

URLを確認

メールのリンクを安易にクリックすることは危険です。ウイルス感染やフィッシング被害に遭うこともあります。特にZoomのメールは英語で届くことがあるため、不安に思うかもしれません。メールが届いたら、リンクの冒頭が「https://○○○○.zoom.us/」ではじまっていることを確認してください。差出人や件名は偽装が可能なので、差出人や件名だけで信頼することはできません。

2 連絡先の登録を行うためのメールが届く。メールアドレスとパスワードを入力して、「サインイン」をクリック。

連絡先では相互にユーザー登録が必要

連絡先に登録するには、登録する相手もZoomのアカウントを持っている必要があります。持っていない場合はサインアップします。

3 「Approve」（承認する）をクリック。

英語表記が部分的に残る

Zoomは英語表記のアプリでしたが、世界的な普及により各国の言語に翻訳が進んでいます。日本語版のZoomでも登場時から日本語化が進んでいますが、まだ一部のページやメニュー、メッセージなどに英語表記が残っています。

4 承認が完了する。

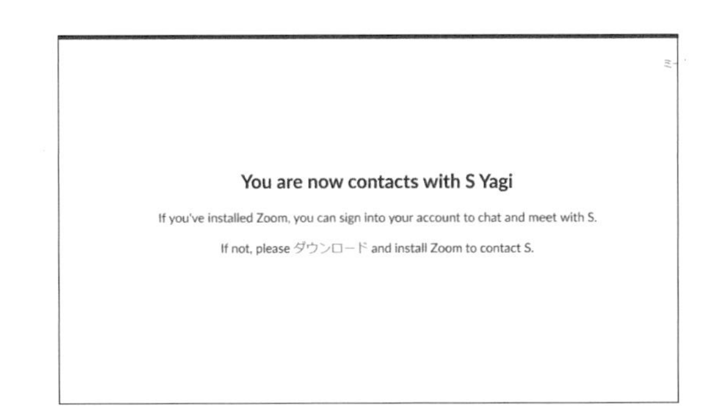

連絡先とミーティングする

登録した連絡先から呼び出して、簡単にミーティングをはじめられる

いつもミーティングに参加するメンバーを連絡先に登録しておくと、ミーティングIDやパスワードを伝えるときに、メールアドレスを入力する手間を省き、招待メールを簡単に送れるようになります。また、連絡先には相手の状態が表示されるので、すぐにミーティングをはじめられる状態かどうかもわかり、スムーズに連絡が取れるようになります。

連絡先からミーティングする

1 連絡先を右クリック。

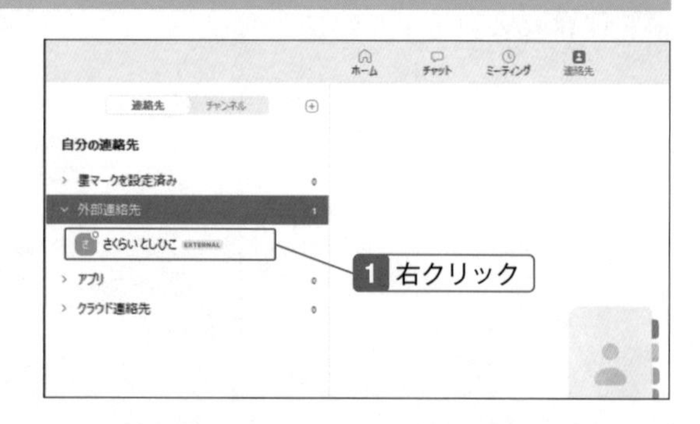

2 「ビデオありでミーティング」または「ビデオなしでミーティング」をクリックすると、ミーティングが開始される。

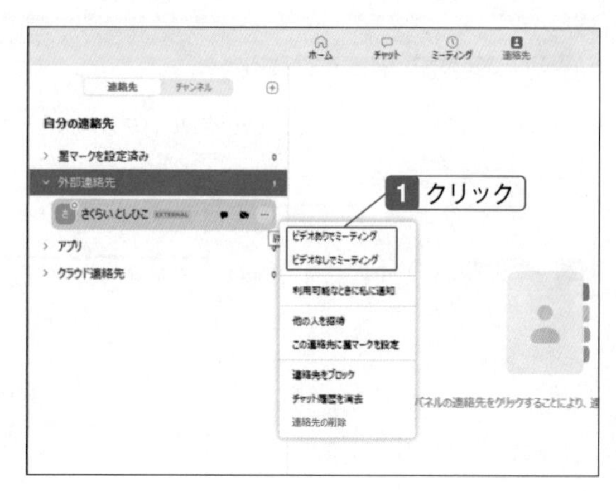

連絡先の右クリックメニューでは、ミーティング開始のほかにブロックや削除などができます。また「利用可能な時に私に通知」をクリックすると、相手のステータスが利用可(緑色の●)になったときに通知されます。また後述の星マークを付けることもできます。

連絡先に星マークを付ける

1 連絡先を表示して、「☆」をクリック。

2 「☆」が「★」に変わり「星マークを設定済み」の中に連絡先が表示される。

星マークの使い方

連絡先が増えてきたときに、よく使う連絡先に星マークをつけておくと、「星マークを設定済み」に表示されてすばやく探せます。また次のミーティング参加者に星を付けておき、終わったら星を消すといった使い方もできます。

03-08
SECTION

自分の映像を表示しない

自分を表示しない場合は、その分他の参加者の表示が大きくなる

ミーティングの画面には、参加者の映像の中に自分の映像も表示されています。表示しておくと自分の発言時の様子を確認できますが、不要であれば自分の映像を非表示にすることができます。講義や講演で聞くだけの立場のときにも利用できます。

セルフビューを非表示にする

1 自分の映像にマウスポインターを合わせて、「…」(メニュー)をクリック。

2 「セルフビューを非表示」をクリック。

3 自分の映像が非表示になる。

自分の映像を再表示する

自分の映像を再表示するときは、非表示の状態で、右上の「セルフビューを表示」をクリックします。

背景を合成する

生活感がある部屋の様子を、他の参加者に見せたくないときに

ミーティングで表示されている自分のビデオに、別の画像を合成することができます。部屋の背景の映り込みを避けたいときなどに利用します。人の輪郭をZoomが自動的に判断して、あらかじめ用意した画像や映像にはめ込みます。

ミーティング中に背景を合成する

1 「ビデオの開始」または「ビデオの停止」の右側の「∧」(メニュー)をクリック。

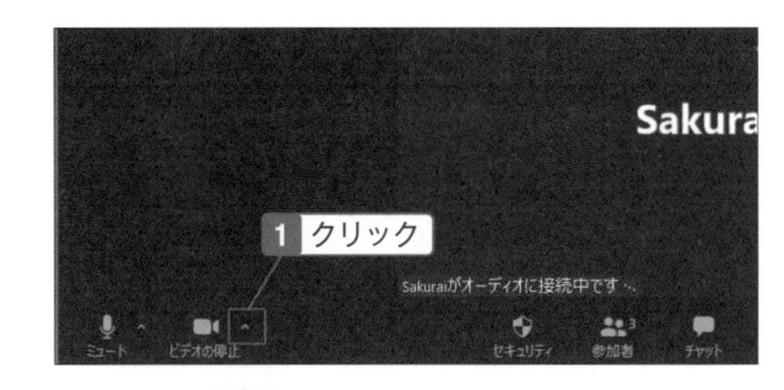

2 「仮想背景を選択してください」をクリック。

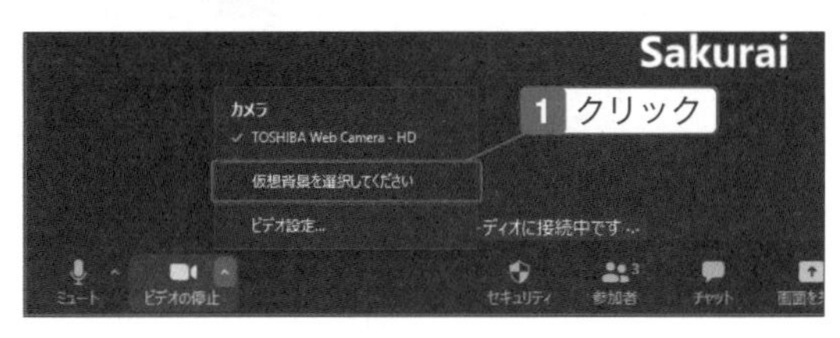

3 背景を選択する。

好みの画像を使う

「仮想背景を選択してください」の右側にある「+」をクリックすると、自分で用意した好みの背景画像を選択できます。

4 背景が合成される。

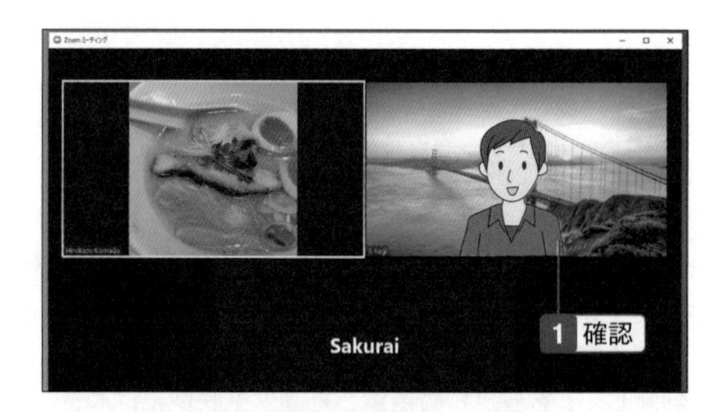

合成は保持される

合成した背景の設定は、ミーティング終了後も保持されます。次回以降のミーティングでは同じ背景のビデオが表示されます。

あらかじめ背景の合成を設定しておく

1 「設定」をクリック。

2 「バーチャル背景」をクリック。

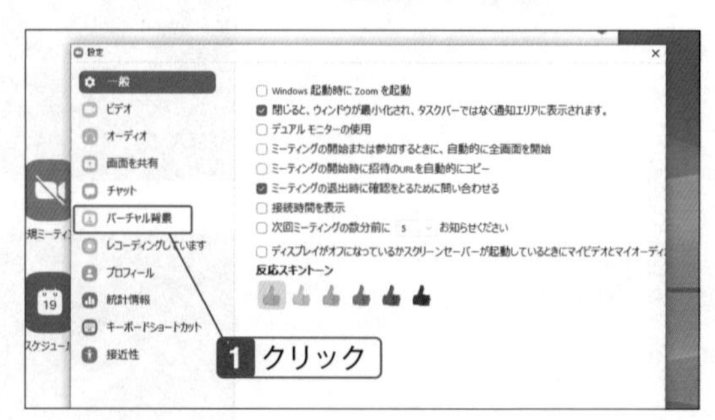

3 背景を選択し、「×」（閉じる）をクリックして設定を終了する。

背景は緑色が理想

背景を合成するときには、元の自分の背景ができるだけ単色になっていると、きれいに合成できます。さらに緑色の背景であれば、もっともきれいに合成できます。後ろが単色の壁や、単色の布やカーテンを垂らせるような場所でミーティングすると合成がうまくできます。

肌をきれいに映す

ビデオに映る自分の顔色が悪い気がしたら、修正機能で補正できる

ビデオ会議に抵抗がある理由の1つが「映り」です。自分の映りが気になってビデオ会議に躊躇するなら、Zoomの肌修正機能を使ってみましょう。肌の明暗や荒れた部分をなめらかに修正して映すことができます。在宅時の薄いメイクの状態でも、気後れすることなくビデオ会議に参加できるでしょう。

肌の映り方を修正する

1 「設定」をクリックし、「ビデオ」をクリック。

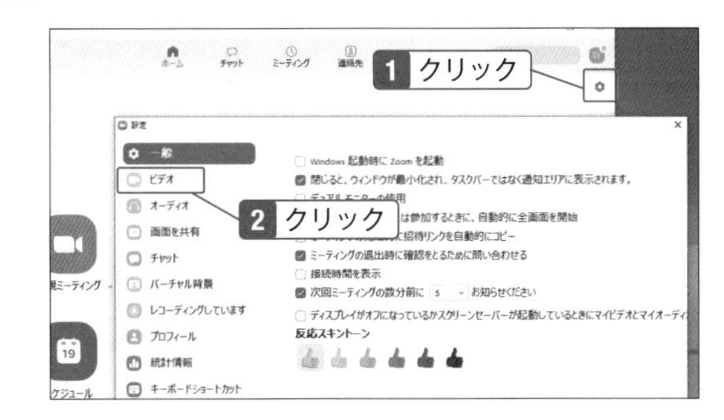

2 「外見を補正する」のチェックをオンにして「×」(閉じる)をクリック。

アプリを使う

Zoomに搭載されている肌修正の機能は、あくまで簡単なもので、「自然な範囲で少し整える」目的に利用します。ノーメイクの状態がメイクした状態になることはありません。もし大きな補正が必要な場合は、アプリを使う方法があります（SECTION03-18）。

03-11
SECTION

特定の参加者の表示を固定する

プレゼン時に発表者だけ大きく表示したりできる

ミーティング参加者の中で1人の映像を固定して大きく表示しておきたいときに、「ピン留め」を使います。スピーカービューで別の参加者が発言しているときでも、ピン留めした参加者が大きく表示されます。講義や講演などで登壇者だけを表示しておきたいときに便利です。

映像をピン留めする

1 固定したい参加者の映像にマウスポインターを合わせて、「…」(メニュー)をクリック。

ピン留めはスピーカービューで有効

映像の固定(ピン留め)をすると、スピーカービュー表示になります。「ギャラリービュー」に切り替えると同じ大きさで表示されるようになりますが、ピン留めは保持され、再度「スピーカービュー」に切り替えたときにピン留めが反映されます。

2 「ビデオを固定」をクリック。

3 スピーカービューに切り替わり、指定した参加者の映像が大きく表示される。

ピン留めを解除する

映像の固定をやめるときには、「ビデオのピン留めを解除」をクリックします。

03-12
SECTION

表示名を変更する

登録した名前は変えず、そのミーティングだけで変えることも可能

ミーティング画面に表示される名前は、いつでも変更することができます。変更する名前をいつも使うのであればプロフィールの設定を変更します。また一時的に変更するのであればミーティング画面で変更することもできます。他の参加者にわかるように表示名を設定しましょう。

表示名を設定で変更する

1 「設定」をクリック。

2 「プロフィール」をクリック。

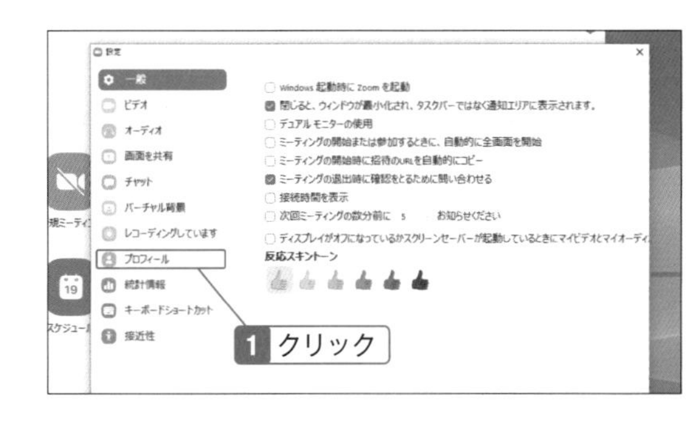

3 「マイプロフィールを変更」をクリック。

直接マイプロフィールを起動する

アカウントのアイコンをクリックして「自分のプロファイル」をクリックしても、プロフィールを表示することができます。

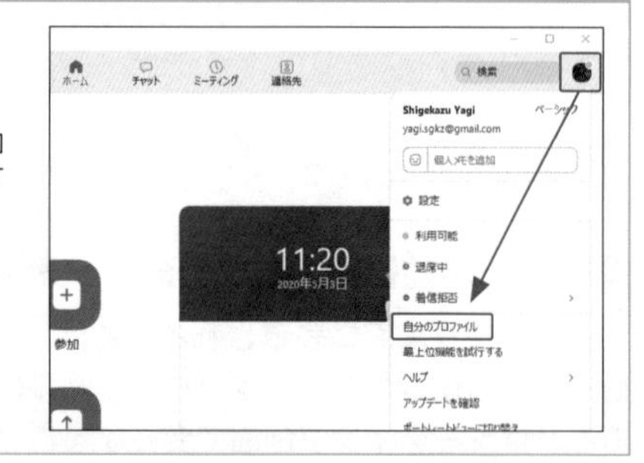

4 ブラウザーが起動したらサインインする。

サインインが不要の場合

ブラウザーで起動したZoomで、前回サインアウトしていない場合は、サインインの操作が不要になる場合があります。

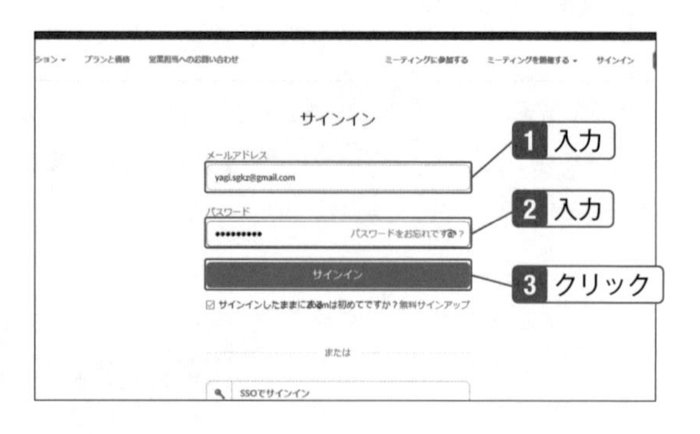

5 名前の右側の「編集」をクリック。

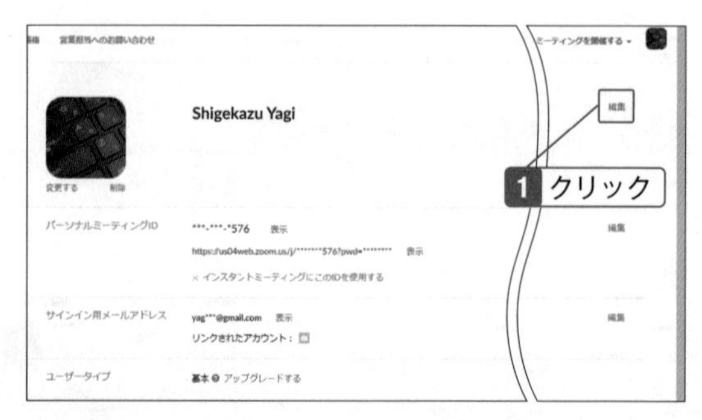

6 名前を変更して、「変更を保存」をクリック。

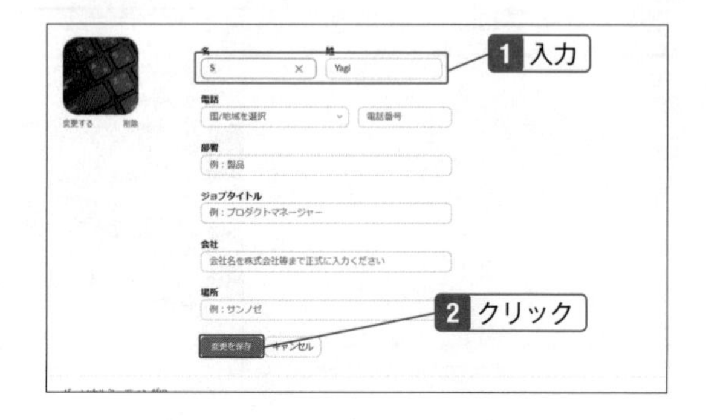

7 ミーティング画面の表示名が変更される。

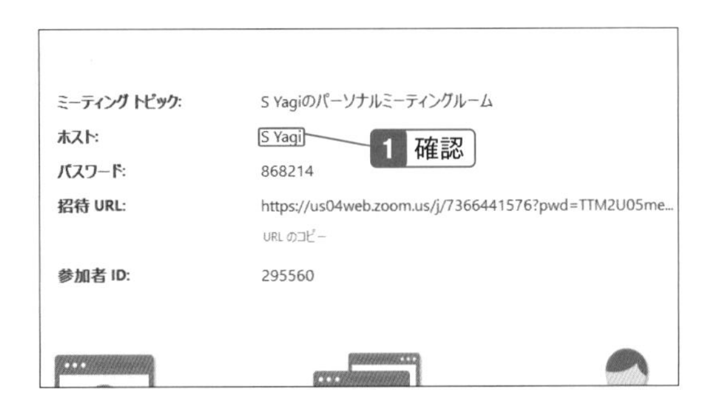

8 ビデオ画面でも表示名が変更される。

「名」「姓」以外の利用

表示名は「名」と「姓」に分かれていますが、必ずしも「名」と「姓」を入力する必要はありません。例えば社内ミーティングで「営業部」「佐藤」と入力したり、「佐藤はじめ」「(記録係)」のようにしたりすれば、所属や役割を表示することもできます。

ミーティング中に一時的に変更する

1 自分のビデオにマウスポインターを合わせて「…」(メニュー) をクリック。

2 「名前の変更」をクリック。

3 表示名を変更して、「OK」をクリック。

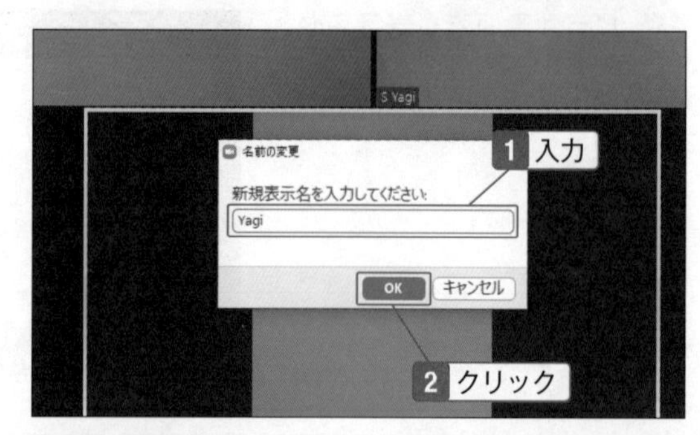

4 表示名が変更される。

一時的な変更は保存されない

ミーティング画面で表示名を変更した場合は、そのミーティング中だけ有効になります。プロフィールの設定は変更されませんので、次のミーティングでは元の表示名になります。

一時的な変更は自由度が高い

表示名での設定は「名」と「姓」を決めましたが、一時的な表示名の変更では入力欄が1つしかなく、自由に入力することができます。「名」と「姓」の間にスペースが空くというルールにも限定されないので、自由度の高い表示名を設定できます。

参加者を待合室に出す

参加者が自分で退席し忘れても、ホストが待合室に送れる

参加者に一時的にミーティングルームから退席してほしいときに、何らかの理由で参加者自身が退席することができなければ、ホストが待合室に出すことができます。待機室に出た参加者は、そのまま待機していればいつでも再度ミーティングに参加できる状態になります。

参加者を待合室に出す

1 待合室に出したい参加者の映像にマウスポインターを合わせて、「…」(メニュー)をクリック。

2 「待合室に送る」をクリックすると、参加者が待合室に送られる。

待合室を確認する

画面下部の「参加者」をクリックすると、ミーティングルームに入室している人と、待合室にいる人を確認できます。

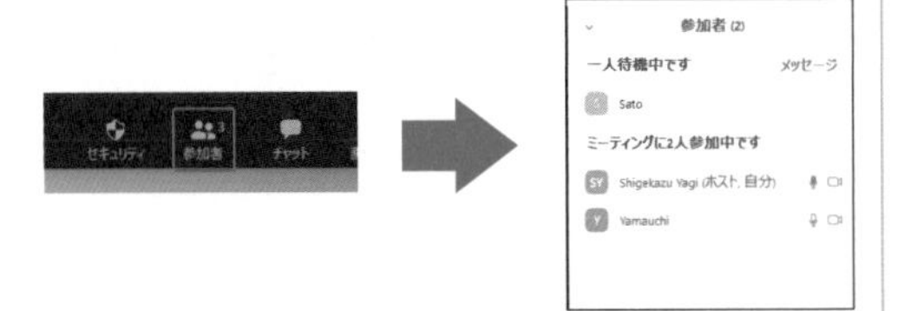

03-14
SECTION

待合室の参加者を削除する

乱入に合わないよう、待合室に不審な参加者がいたら削除しよう

待合室にいる参加者を、強制的に退席させます。何らかの理由で参加者が自分で退席できなくなった場合に加えて、不審な参加者の侵入を防止することにも利用できます。削除した参加者は同時にブロックされ、同じ会議には待合室にも入れなくなります。

待合室の参加者を削除する

1 画面下部の「参加者」をクリックし、参加者を表示する（SECTION03-09のONE POINTの方法）。

削除した人は戻れない

削除した人は、再度このミーティングに参加することはできなくなります。ただしミーティングを新しくはじめた場合は、参加することができます。

2 削除する人にマウスポインターを合わせて「削除」をクリック。

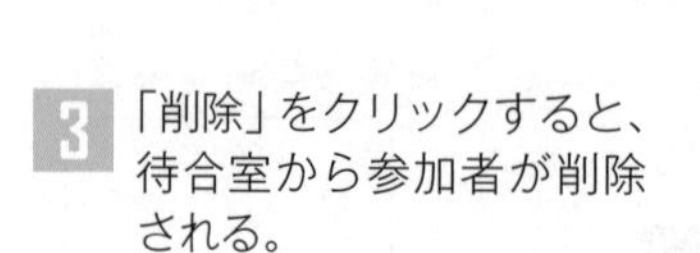

3 「削除」をクリックすると、待合室から参加者が削除される。

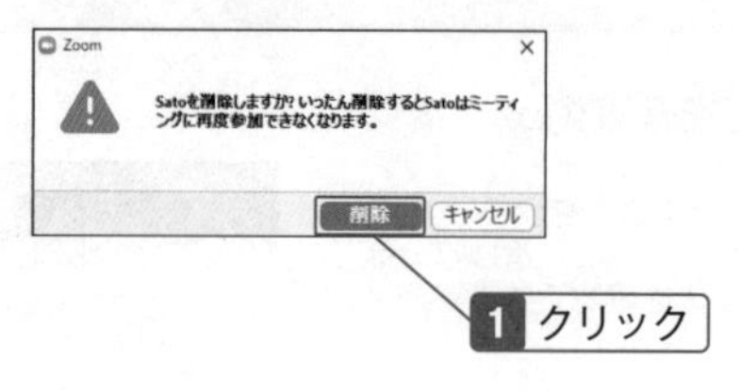

参加者を強制的に退出させる

万が一不審者の乱入にあったら、すぐに削除しよう

ミーティング中の参加者が、何らかの理由で自分で退席できない場合や、不都合があり強制的に退席させたいときには、ホストがミーティングルームから、参加者を直接削除することができます。また、不審な参加者が入室を許可したあとに判明した場合には、即削除します。

参加者を削除する

1 削除する人にマウスポインターを合わせ、表示される「…」メニューをクリック。

削除した人は戻れない

削除した人は、再度このミーティングに参加することはできなくなります。ただしミーティングを新しくはじめた場合は、参加することができます。

2 「削除」をクリック。

3 「削除」をクリックすると、参加者が削除される。

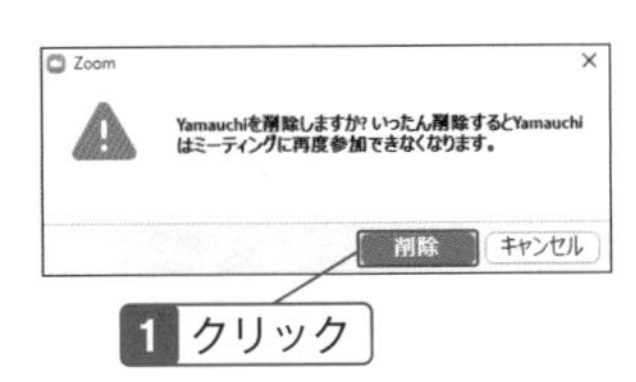

03-16
SECTION

ミーティングルームから退出する

自分でミーティングルームから退出する際は、他の参加者に一言告げよう

ミーティングの途中で自分の参加が必要なくなったときには、いつでも退出できます。突然の退出は参加者を混乱させてしまうので、退出の前には自分が退出する旨をミーティングで発言してから退出しましょう。

ミーティングを退出する

1 画面右下の「退出」をクリック。

2 「ミーティングを退出」をクリック。

3 ミーティングルームから退出する。

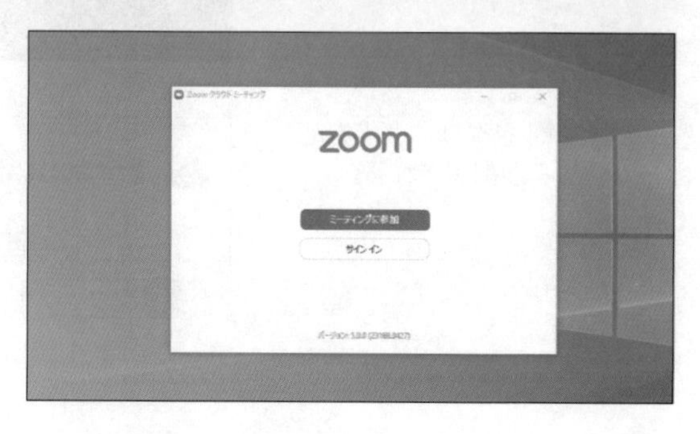

ミーティングは継続

ミーティングルームから自分が退出したあとも、ミーティングはホストが終了させない限り、継続しています。

ホストを譲る

ホストが急用などで抜けるときは、他の参加者からホストを設定する

ミーティングルームには必ず１名のホストが存在します。自分がミーティングのホストになっているミーティングルームで、ミーティングルームを残して自分だけ退出するときには、ホストをほかの参加者の誰かに譲る必要があります。ミーティング中にホストを譲ることもできます。

ホストを譲って退出する

1 「終了」をクリック。

2 「ミーティングを退出」をクリック。

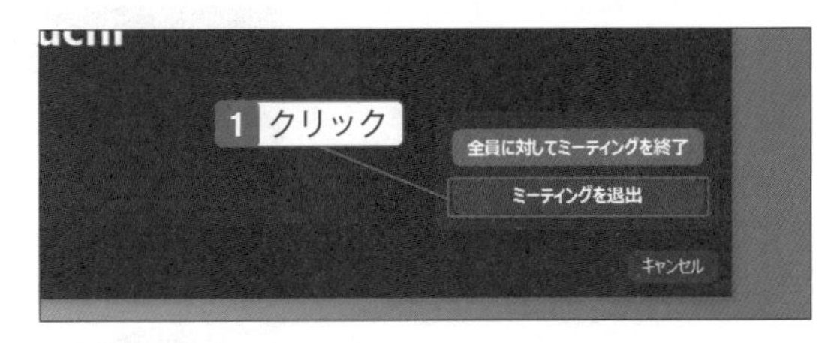

3 ホストを譲る参加者をクリックして、「割り当てて退出する」をクリック。

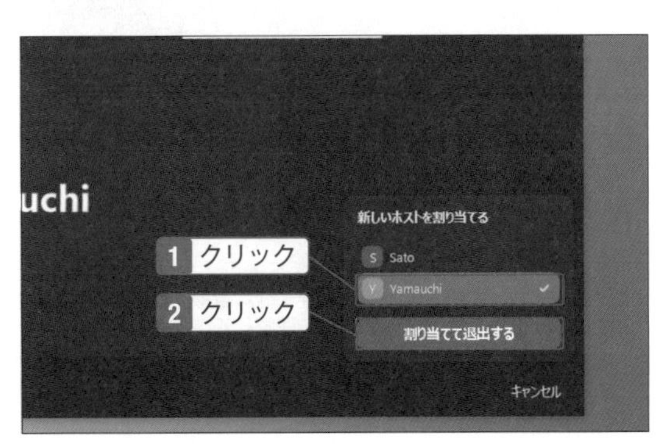

ミーティングルームは残る

ホストを譲って退出した場合、ミーティングルームは残り、ミーティングは継続されます。再度、参加することもできます。

ミーティング中にホストを譲る

1 「参加者」をクリック。

2 ホストにする参加者にマウスポインターを合わせる。

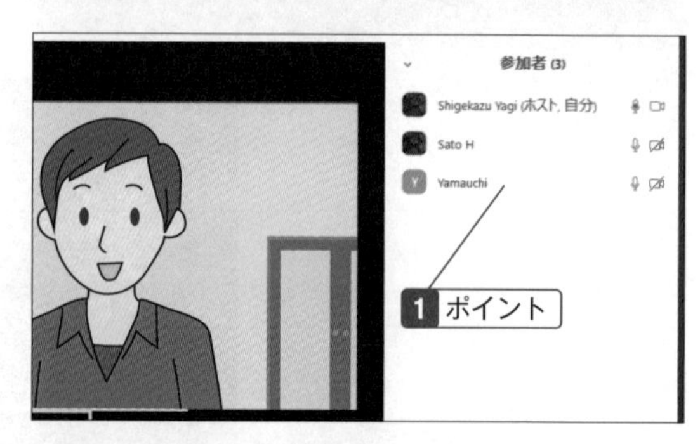

3 ボタンが表示されるので「詳細」をクリック。

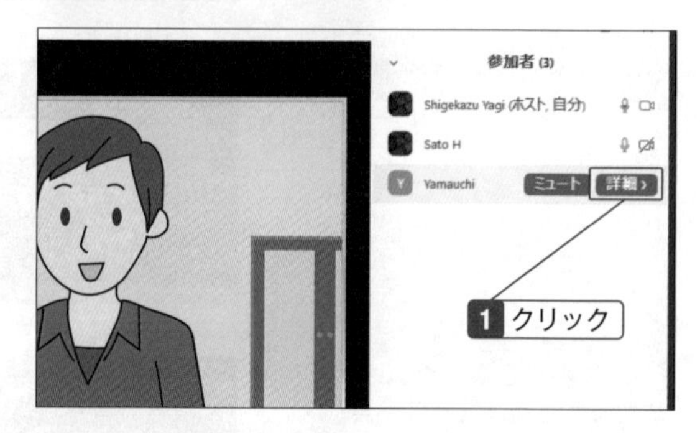

ホストの役割

ミーティングルームのホストは、ミーティングの進行役といった役割のほかにも、待合室にいる参加者の入室許可や不審な参加者の拒否、録音録画のコントロールなどさまざまな重要な役割を持ちます。新しいホストにはZoomの使い方を理解している参加者を選びましょう。

4 「ホストにする」をクリック。

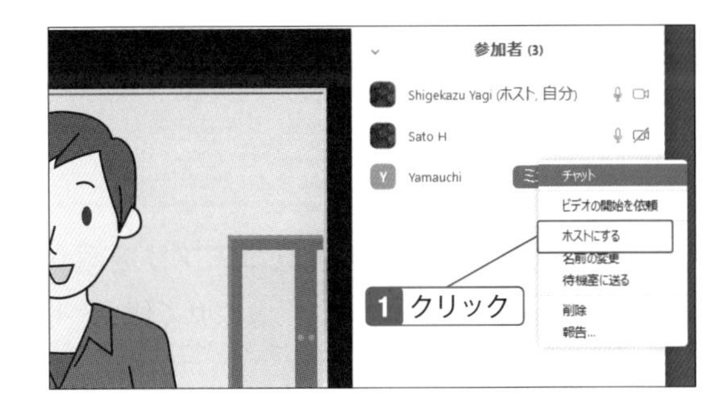

5 「はい」をクリック。

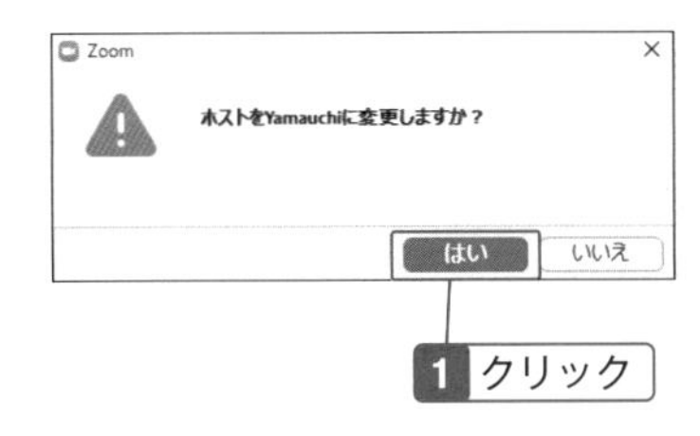

6 ホストが指定した参加者に変わる。

メッセージを閉じる

ホストを譲ると、そのときのホストを確認するメッセージが表示されます。「×」(閉じる) をクリックしてメッセージを閉じます。

ホストを譲られたとき

ホストを譲られた側には、「現在ホストになっています」という通知が届きます。それ以外に表示はなく、見落としてしまうといつの間にかホストにされているといった状況で混乱を招くことにもなりかねないので、ホストを譲るときにはその旨をあらかじめ伝えておきましょう。

03-18
SECTION

便利なアプリを使う

Zoomと合わせて使うと役立つアプリを紹介

Zoomそのものもアプリですが、合わせて使うと役立つアプリがあります。スマホをウェブカメラにするアプリ、肌をきれいに映すアプリを紹介します。ともに、パソコンやZoomの機能でもカバーできますが、目的に特化したアプリを使うことで、さらに使い勝手が向上します。

スマホをウェブカメラにする「iVCam」

パソコンでビデオ会議をするときに、ノートパソコンであれば今はほとんどの機種にウェブカメラが内蔵されていますので、あらためてウェブカメラを用意する必要はありません。一方でデスクトップパソコンや一体型の据え置き型パソコンの多くはウェブカメラがなく、ビデオ会議をするなら別に用意しなければなりません。

ウェブカメラは数千円程度から販売されていますし、特別な設定は必要なく、つなげば使えるようになりますので、なければ買ってくるだけで解決します。ただ、ここ最近のリモートワーク需要でウェブカメラが品薄気味になることもあり、また出張先のパソコンでビデオ会議をすることになった場合などに、急遽ウェブカメラが必要なときも考えられます。そんなときのために、スマホをウェブカメラにするアプリがあります。

「スマホを使うならはじめからスマホでビデオ会議をすればよい」とも思えますが、画面共有のようにパソコンの方が操作しやすい機能もあり、しっかりと会議に対応するときにはパソコンの方が便利です。

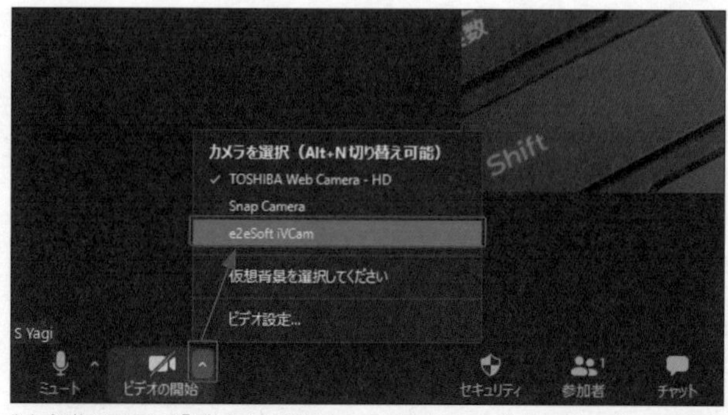

▲Zoomではビデオ会議の画面で「ビデオの開始」の「^」（メニュー）をクリックして「e2esoft iVcam」を選択する。

肌をきれいに映す「Snap Camera」

ビデオ会議では一般的にウェブカメラで映す映像をそのまま表示します。Zoomでは肌を修正する機能がありますが、修正量はごくわずかです。

自宅からビデオ会議に出席するときでも、通常であればきちんと身だしなみを整えてから臨むことが求められますが、くつろいでいるときに急な会議の連絡で準備の時間がないということがあるかもしれません。そんなときには、フィルター機能を持ったアプリを使って、ウェブカメラの映像をアプリ経由でZoomに送る方法が使えます。

「Snap Camera」にはとても多くのフィルターが登録されていて、ほとんどは遊びに使えるものですが、その中に肌をきれいにするフィルターがあります。あくまで会議ですから、遊び心のあるフィルターの使用は控えて、肌の修正やメイクの追加ぐらいに留めておきましょう。

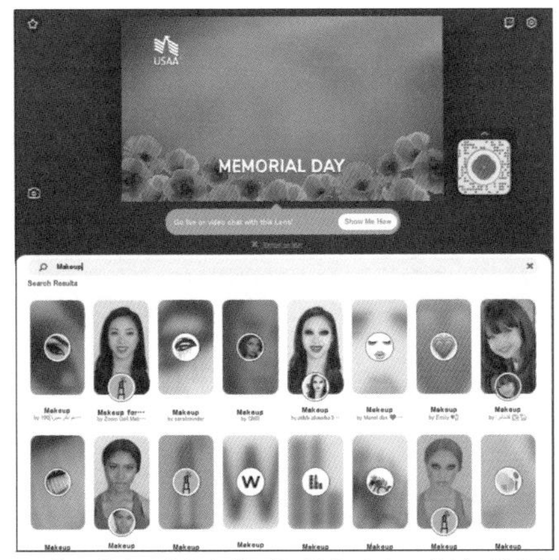

▲フィルターの多くは「Zoom飲み会」のような遊びに使えるものだが、例えば検索ボックスに「Makeup」と入力して検索すると、ビジネスでも使えるフィルターも見つかる。フィルターはつねに追加されていくので自分に合ったものを探そう。

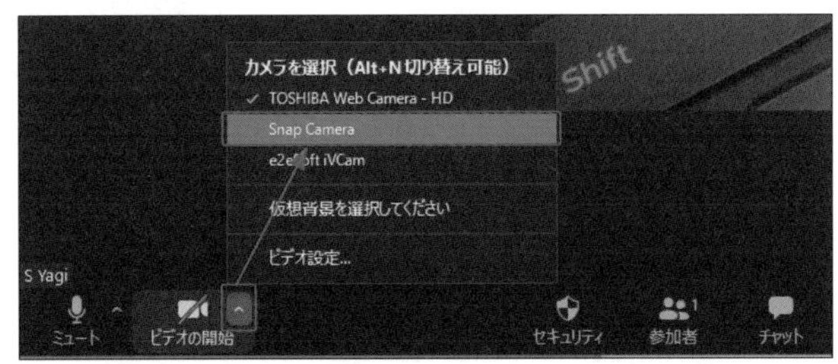

▲Zoomではビデオ会議の画面で「ビデオの開始」の「^」(メニュー) をクリックして「Snap Camera」を選択する。

詳細な設定で自分の使い方に合わせる

画像/音声やチャット、背景、画面表示まで様々な設定ができる

Zoomアプリでは、使い方に合わせてさまざまな設定を変更して、調整することができます。設定できる項目はたくさんあるので、おおまかに項目を確認しておき、必要になったときにはすぐ設定できるようにしておきましょう。画像/音声関連や画面の共有などは、使い勝手にも影響するので自分好みに調整するといいでしょう。

Zoomの設定画面を表示する

1 「設定」をクリック。

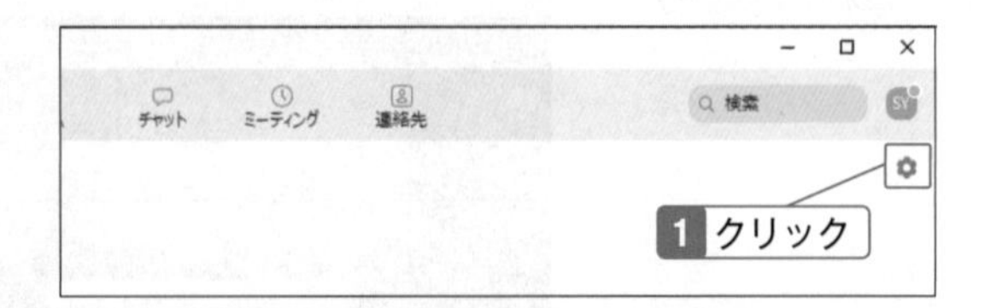

Zoomの設定を確認する

一般

アプリの起動時やミーティングを行うときの動作について設定します。

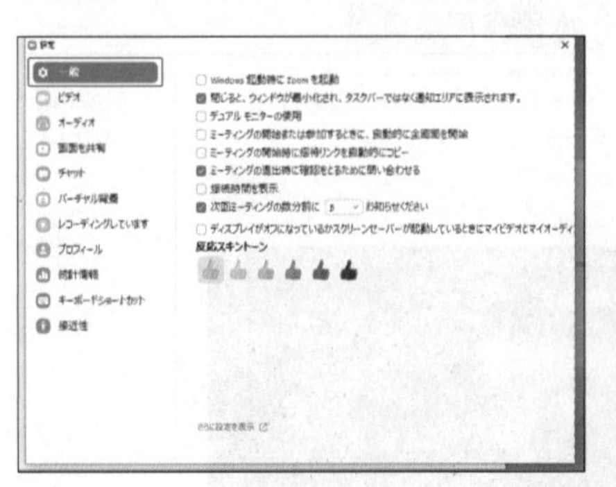

ビデオ

ミーティングでビデオを使うときの映し方について設定します。

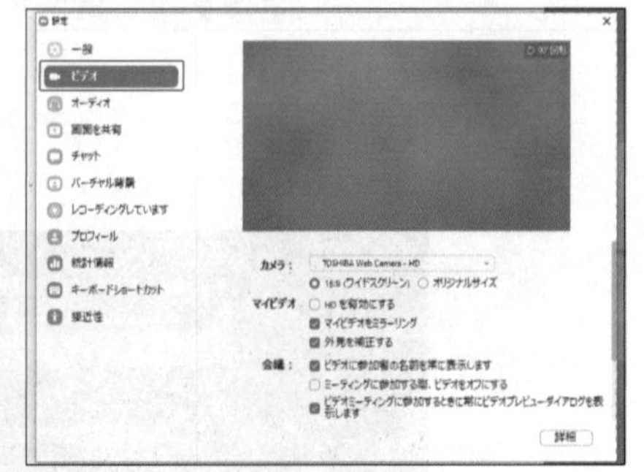

オーディオ

スピーカーとマイクの調整と、ミーティング時の音声の動作を設定します。

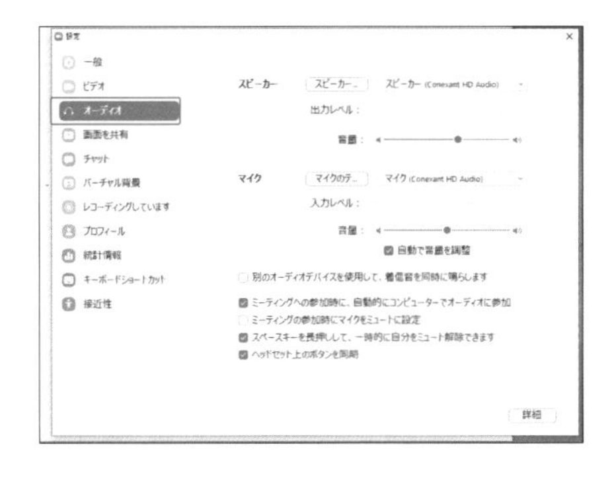

画面を共有

画面の共有機能を利用するときの表示方法や操作について設定します。

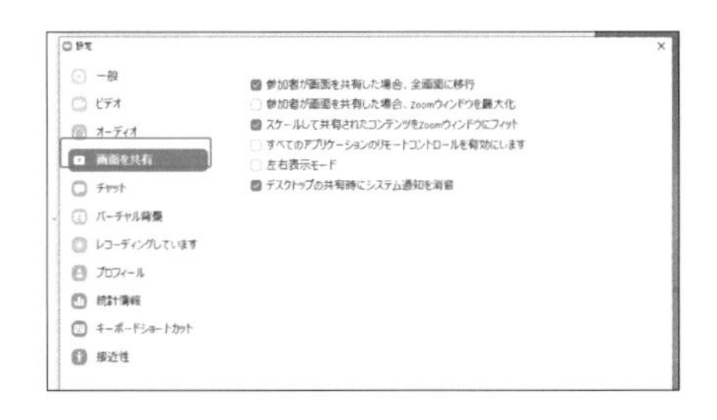

チャット

チャットの操作やチャット画面の動作について設定します。

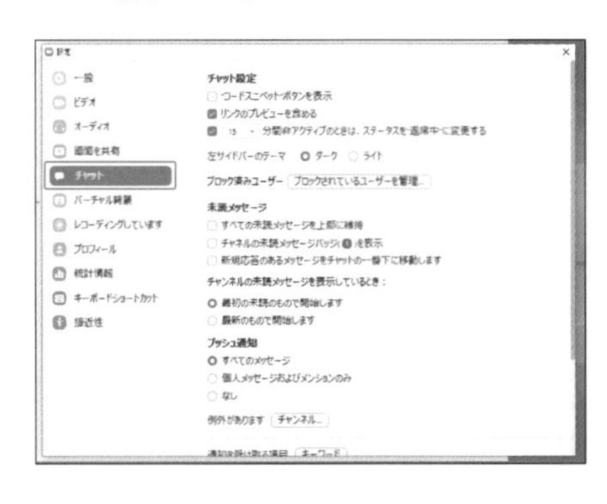

バーチャル背景

ミーティング中に表示する自分の映像の背景を設定します。設定の解除（「None」を選択）もできます。

レコーディングしています

録音するデータの記録方法や保存場所を設定します。

プロフィール

自分のプロフィールを設定します。各項目はブラウザーのZoom画面に移動します。

統計情報

パソコンの動作や音声、映像の通信状況、ネットワークの状態を確認します。

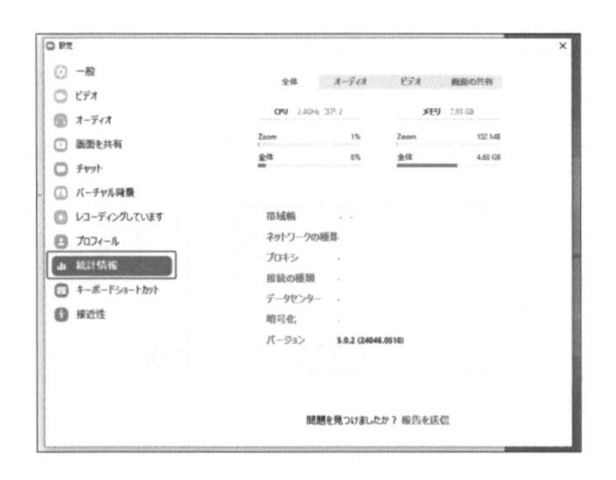

キーボードショートカット

よく使う機能をキーボードで操作できるように設定します。

接近性

ミーティング中の画面に表示するメッセージ（キャプション）やツールバーの表示方法を設定します。

ブラウザーではさらに詳細な設定が可能

ブラウザーの設定画面では、さらに詳細な動作の設定ができます。通常の利用では特に変更することはありませんが、必要なときに開けるようにしておきましょう。

サインインした状態で右上にある自分のアイコンをクリックすると「プロフィール」が開くので、「設定」をクリックする。

03-20
SECTION

ミーティングIDとパスワードを確認する

メールなどの手段でミーティングを伝える際に確認する

実施中のミーティングに新たな参加者がいるときや、スケジュールに登録したミーティングに参加者を招待するときなどにミーティングIDやパスワードが必要になるため、それぞれのミーティングのIDやパスワードを確認し、メールなどで知らせます。

実施中のミーティングで確認する

1 ミーティング画面の左上に表示される「i」をクリック。

2 実施中のミーティングID、パスワードが表示される。

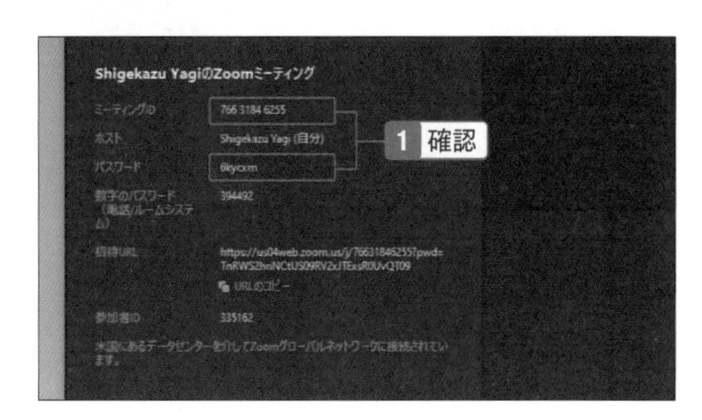

スケジュールしたミーティングで確認する

1 「ミーティング」をクリック。

2 確認するミーティングをクリック。

3 「ミーティングの招待を表示」をクリック。

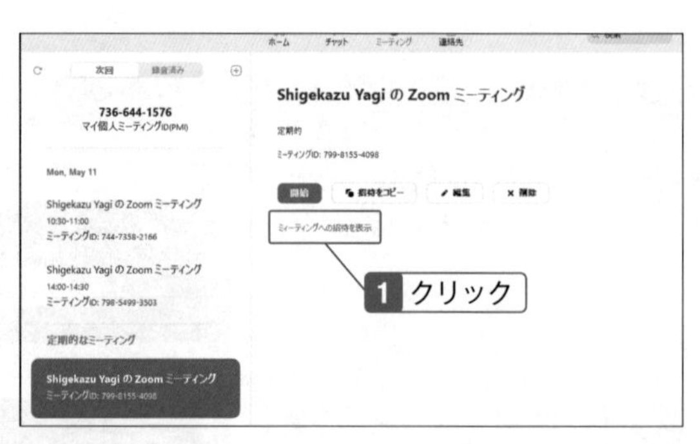

4 招待メールの本文が表示され、ミーティングID、パスワードを確認できる。

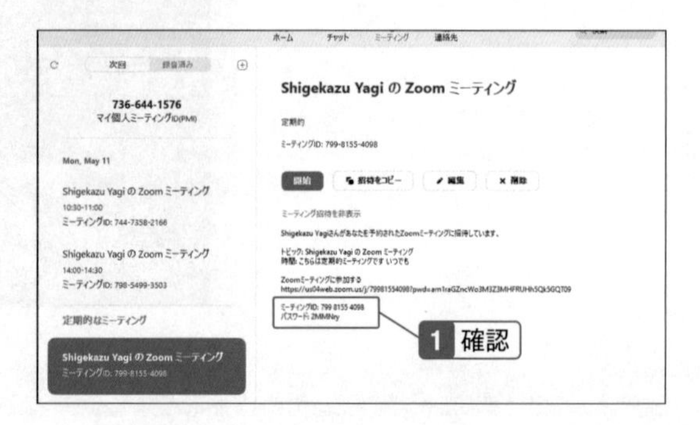

招待メールを送る

招待メールの表示で「招待をコピー」をクリックすれば、表示されている内容がクリップボードにコピーされ、招待メールを簡単に作成できます。

03-21
SECTION

自分用のミーティングIDを変更する

有料プランだと、自分専用のミーティングIDを変更できる

有料プランを使うと、自分専用のミーティングID（マイパーソナルミーティングID＝PMI）を変更できます。同じメンバーで繰り返しミーティングを行うときに、固定したミーティングIDとパスワードを使うと、ミーティングを行うたびに招待メールを送る必要がなくなりますが、メンバー構成が変わった時などにはセキュリティ対策として変更するとより安全に利用できます。

パーソナルミーティングIDを変更する

1 「新規ミーティング」をクリック。

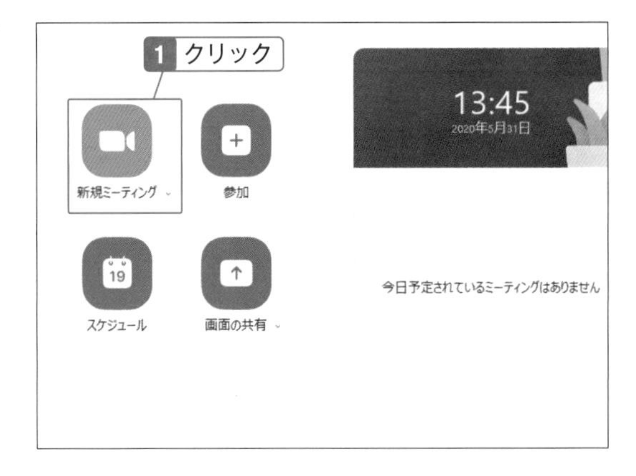

2 現在のパーソナルミーティングIDをクリック。

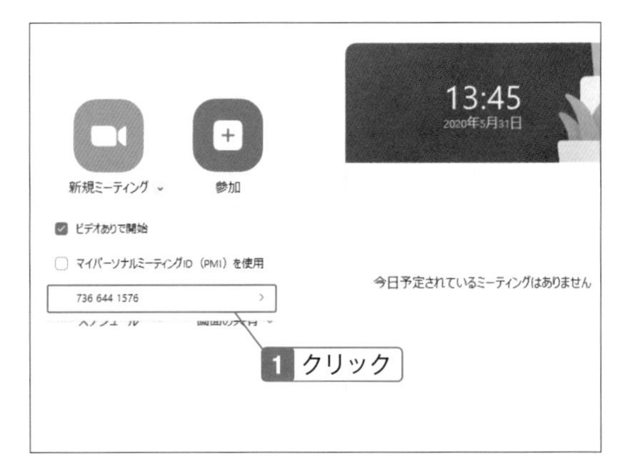

3 「PMI設定」をクリック。

4 「個人ミーティングID」と「パスワード」を変更して「保存」をクリック。

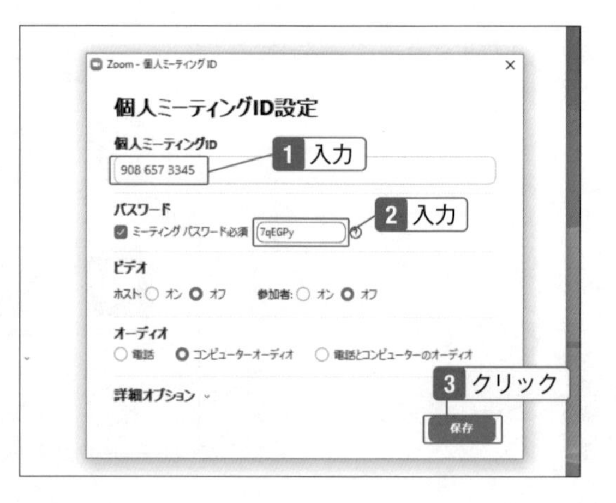

ONE POINT パスワードも変更する

パーソナルミーティングIDを変更するときには、同時にパスワードも変更しましょう。パスワードを変更しないでパーソナルミーティングIDだけを変更することもできますが、セキュリティを高めるためにパスワードも変更するようにしてください。

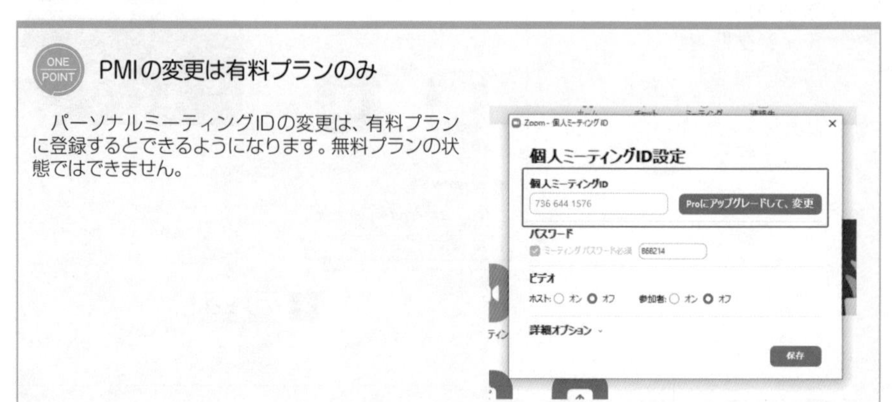

ONE POINT PMIの変更は有料プランのみ

パーソナルミーティングIDの変更は、有料プランに登録するとできるようになります。無料プランの状態ではできません。

03-22
SECTION

有料プランに登録する

長時間のミーティングを行いたいなら、有料プラン検討の価値あり

Zoomは無料でも十分に利用できるアプリですが、有料プランに登録すると追加の機能が利用できます。中でももっとも大きなメリットは、無料では40分に制限されているミーティングの時間が、24時間～無制限になることです。時間を気にすることなくミーティングを行うのであれば、無料プランをアップグレードしましょう。

Proにアップグレードする

1 自分のアイコンをクリックし、「Proにアップグレード」をクリック。

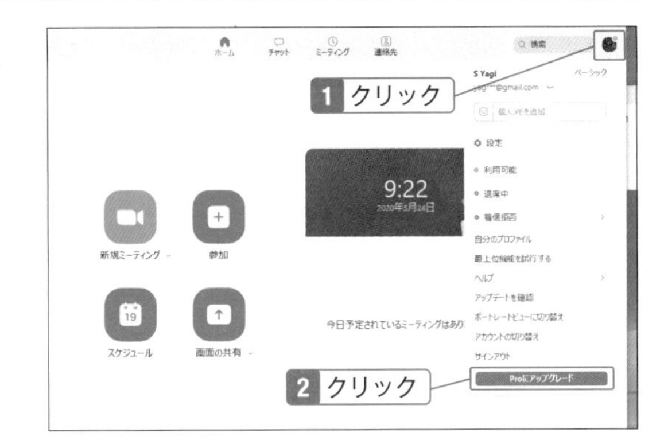

2 ブラウザーが起動するので、メールアドレスとパスワードを入力して「サインイン」をクリック。

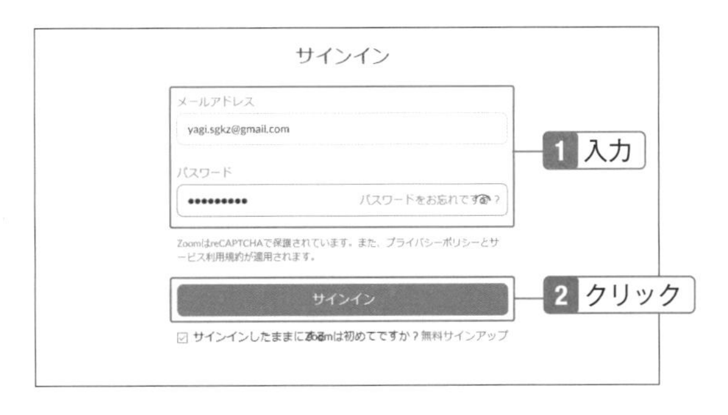

サインインした状態で起動する

ブラウザーのZoomでサインインした状態が維持されている場合、サインインの操作は不要です。

3 「アカウント管理」をクリック。

4 「支払い」をクリックすると、現在のプランが表示される。「アカウントをアップグレード」をクリック。

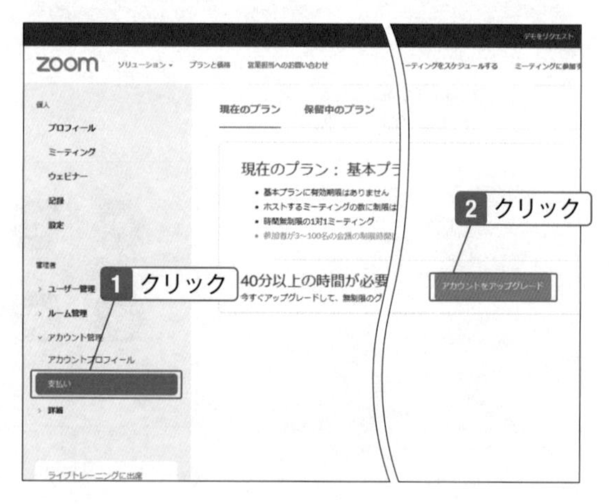

5 利用するプランを選んで「アップグレード」をクリック。

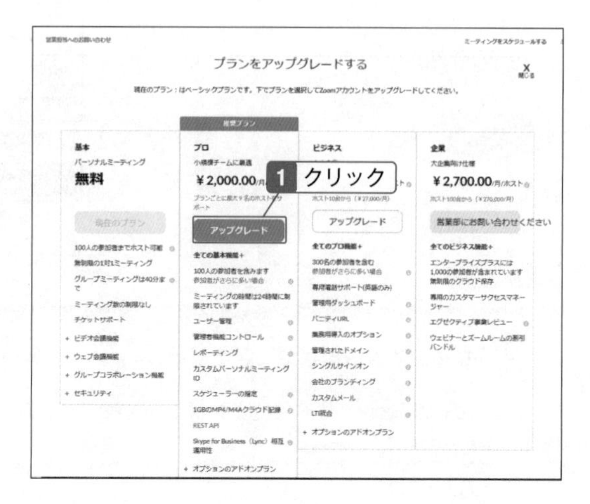

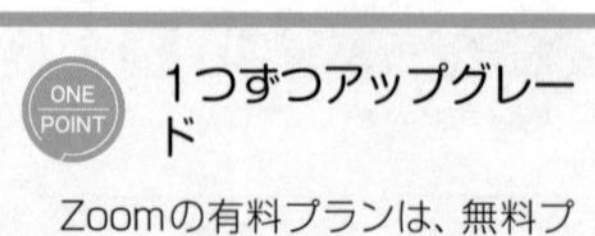

1つずつアップグレード

Zoomの有料プランは、無料プランの1つ上の「プロ」で十分に利用できます。大きな組織で100人を超えるミーティングやセミナーを行うといった利用がない限り、「プロ」を選択するとよいでしょう。必要になったら1つずつアップグレードすれば無駄がありません。

支払い期間を選択する。月払いか年払いを選んでクリック。

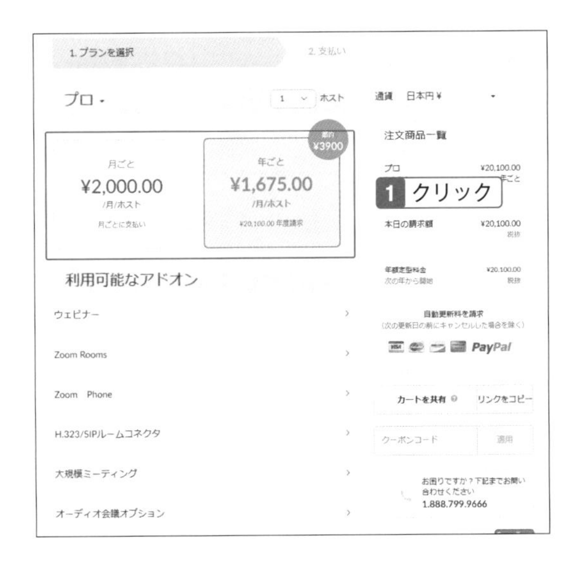

> **ONE POINT 年払いは少し割引**
>
> 年払いでは1年分の費用を一括で支払います。特典として20%弱の割引があります。

7 画面を下にスクロールして「続ける」をクリック。

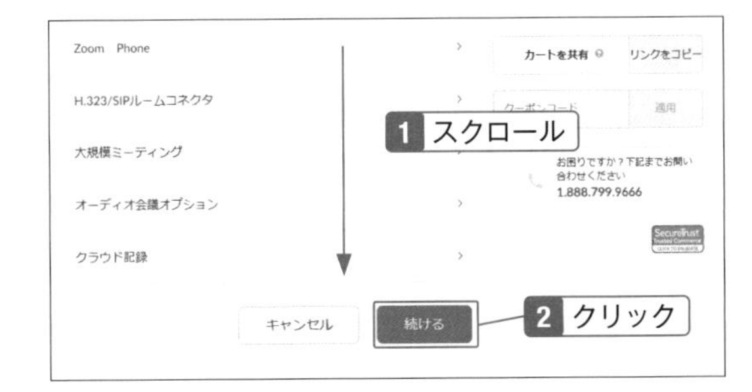

支払うユーザーの情報を入力。

> **ONE POINT 支払い情報と一致しなくてもよい**
>
> 「支払いの連絡先」は、連絡先として利用される情報なので、支払者の情報と一致している必要はありません。支払いの連絡先は法人名、支払者は個人名といった登録方法も可能です。

9 支払い方法（クレジットカード番号など）を入力して、「私はロボットではありません」にチェックしたら、「プライバシー方針およびサービス規約に同意したことになります」のチェックをオンにして「今すぐアップグレード」をクリック。

ロボットの確認

ロボットの確認は、人が入力せずにプログラムなどで自動的に処理して購入することを防止するための確認項目です。この部分が画像やプログラムの処理でできているため、外部から自動的に入力することが難しくなっています。このチェックをすることで、人による動作でクリックしたことを確認します。

10 支払い金額と購入するプランを確認して「確認」をクリック。

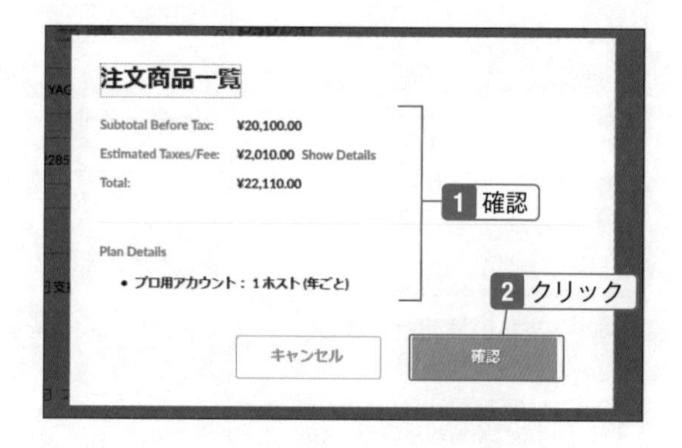

11 支払い手続きが行われ、アップグレードが完了する。

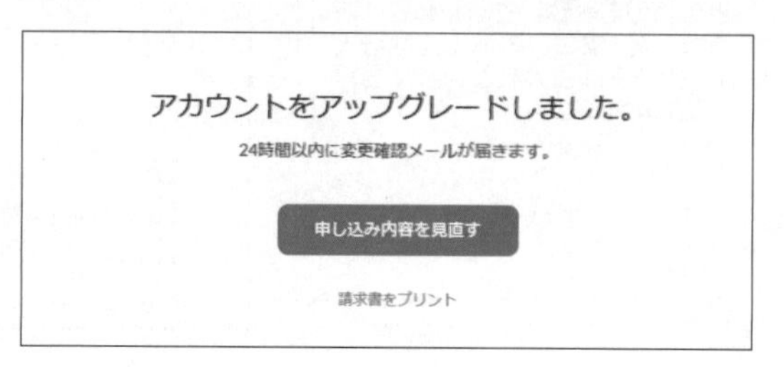

Chapter

04

ビジネスチャットツール「Slack」を始めよう

ビジネスで使うメールは便利で、完成されたツールの1つですが、「もっとこうならいいのに」と思うところがいくつかあります。たとえば、グループでのやりとりが面倒、前のメールがどこに保存したか見つからない……。そんな不便さを解決するのが「Slack」です。ビジネスで利用する連絡ツールとして、情報共有ツールとして、情報保管場所として、「Slack」は簡単に、便利に、使い続けることができます。見落としや連絡ミスをなくし、よりスマートなビジネスに「Slack」を導入してみましょう。

04-01
SECTION

Slackとは

Slackはメールの不便さが解消する「チャットツール」

「Slack」はどんなときに使えば役に立つのでしょうか。それは「ビジネスでグループがメールよりも便利にコミュニケーションを取る」ときに役立ちます。メールで起こりがちな、情報が埋もれたり、やり取りが滞るといった問題が解決します。

グループでメッセージを共有する

仕事の場面で、「情報の共有」はたいへん重要な作業です。一方で仕事は１人や２人で行うとは限りません。むしろ何人かのチームで作業を進めることが多いはず。そんなとき、情報の共有を「メールでCCする」だけで、「本当に届いているのか」と思ったり「メールを見忘れた」とか「見たけど忘れた」といったりした経験もあることでしょう。

Slackの基本は「グループで情報を共有すること」です。Slackでは「チャンネル」と呼ばれるグループを作り、そこに仕事で組むチームのメンバーが参加することで、メッセージや仕事の進捗状況をつねに共有できるようになります。

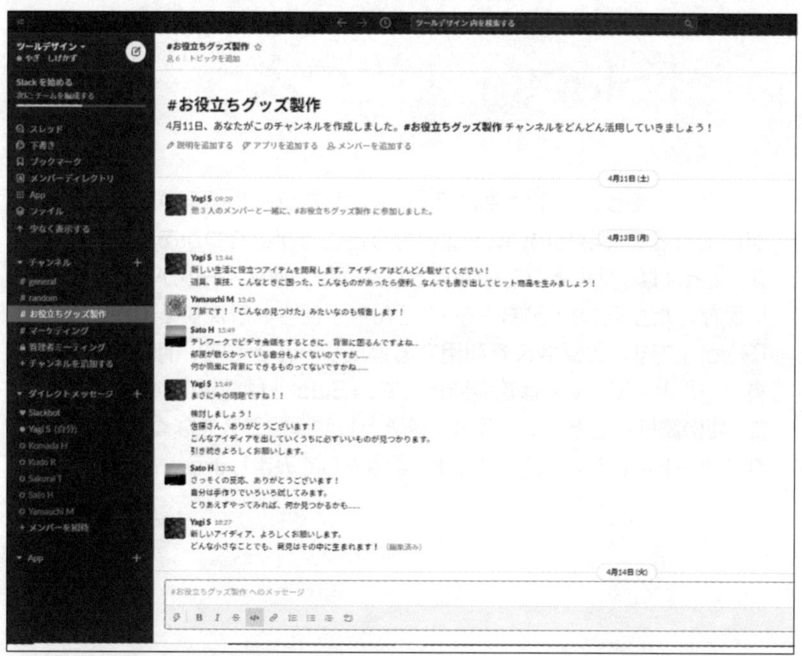

▲「チャンネル」と呼ばれるグループの中でメッセージのやりとりを行い、情報を共有する。

使い慣れたメッセージアプリのようなわかりやすさ

Slackは、メールの使い方と似ています。Slackに投稿されるメッセージは、よく使うメールアプリやメッセージアプリのように整理されていて、また、自分あてのメッセージはメンションやリアクションで絞り込むこともできます。つまり普段から使い慣れたメールと同じように使えるので、誰でも理解しやすいのが特徴です。

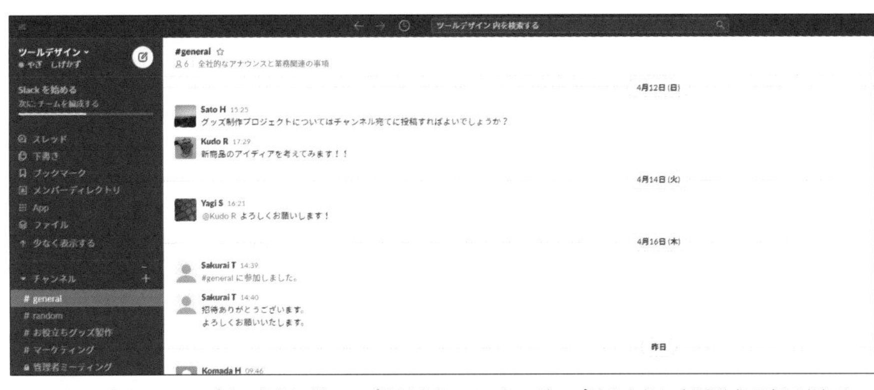

▲メッセージはメールアプリのようにグループ分けされ、メッセージアプリのように会話形式で表示される。

資料やデータも保管

仕事で使う情報のやりとりで、メッセージともう1つ重要なものが「データ」です。文書ファイルや表計算データ、写真や映像など、さまざまなファイルをやりとりしています。もちろんSlackでもファイルのやりとりができますし、ファイルは削除しないかぎりずっと保存されます。また「ファイル」という場所に保存されていますので、探すのも簡単です。「あのファイル、いつのメールに添付されていたかな」なんて探すことがなくなります。

▲Slackでやりとりしたファイルは「ファイル」に保存され、必要なデータをすぐに取り出すことができる。

Slackの由来は略語

Slackの由来は「Searchable Log of All Conversation and Knowledge」の略語です。直訳すれば「すべての会話と知識の検索可能な記録」となります。略語ではない「Slack」という単語には「弛み」(ゆるみ)や「怠り」といった意味がありますが、本書で紹介しているソフトウェア「Slack」の由来とはまったく関係なく、意味も真逆の内容になってしまいます。

04-02
SECTION

Slackでできること

会話形式でのやり取りのほかに、ZoomやGoogleと連携できる

「Slack」はチームで仕事を進めるときに「情報を共有する」ために役立つソフトウェアです。これまでメールやメッセージアプリなどを利用していた作業をより確実に、正確に、迅速に進めることができます。やり取りを記録しておくことができ、検索性にも優れています。

会話形式のメッセージ

Slackのもっとも主となる機能は「会話形式のメッセージ」です。会話形式で行うメッセージのやりとりを「チャット」とも呼び、Slackはチャットアプリとも言われます。

メール最大の欠点である「届いたかわからない」「返事が来ない」といった問題を解決することができます。また、誰でも気軽に発言できる環境が整いますので、チームに送信したメールに誰かが答えてくれるのを待っているのではなく、会話が進み、情報が蓄積されていきます。

また、Slackでの会話は記録され、テーマごとに整理されます。検索も簡単なので、LINEなどのメッセージアプリを利用していて、「前の誰かの発言がどこにあるかわからない」「会話を消してしまった」といった問題も解決できます。

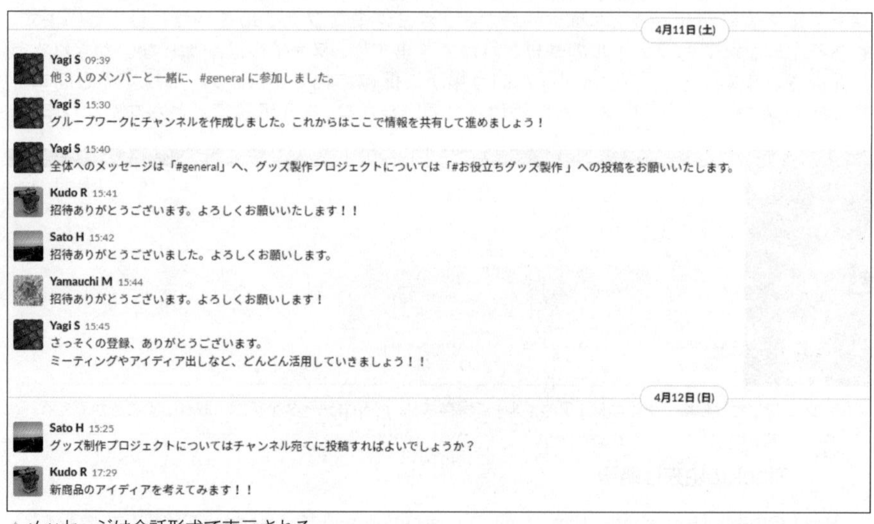

▲メッセージは会話形式で表示される。

外部アプリとの連携もできる

今、多くの人が使っている「Googleカレンダー」や「Googleドライブ」、「Evernote」など、情報を共有するアプリと連携ができます。つまり、Slackを使うことで、過去の情報をすべて最初から書き直すといった作業が必要ありません。スケジュールはGoogleカレンダーで、データファイルはGoogleドライブで共有したまま、Slackを使ってさらに便利に情報の共有ができるようになります。

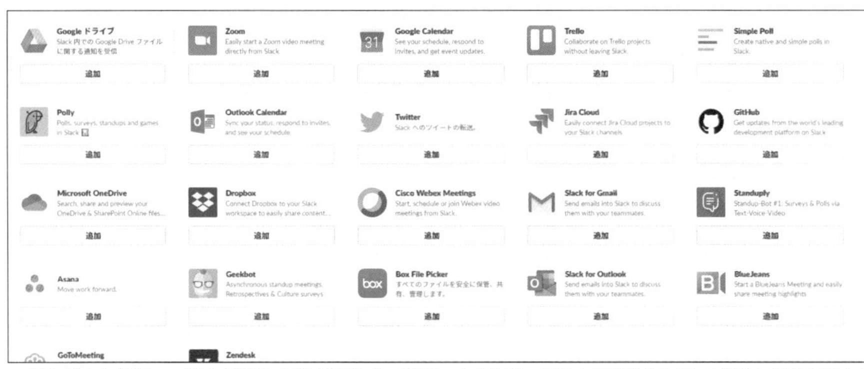

▲さまざまな外部アプリと連携して使うこともできる。なお無料プランで利用できるアプリは10個までで、それ以上は有料プランで利用できる。

ビデオ通話で直接話し合うことも

メッセージのやり取りをする中で、直接話した方がよい場面もあるでしょう。そんなときにはSlackでビデオ通話が可能です。インターネット回線を使う通話なので、携帯電話を使って通話料がかかることはありません。また通話した履歴はメッセージに残り、いつ誰と話したかも記録されます。無料プランでは1対1の通話に限られますが、有料プランではチャンネル内でのグループ通話（最大15名）も可能です。

▲直接話して聞きたいことがあれば、Slackの画面上から簡単に通話を開始できる。

04-03
SECTION

Slackを使うときかかる費用

無料と有料のプランがあるが、最初は無料で十分

「Slack」を利用するときにかかる費用は、使う機能によって選べます。無料プランと有料プランがあり、有料プランも機能により段階的に設定されています。無料プランでも多くの機能を利用できますので、はじめは無料で使ってみるとよいでしょう。なお、複数人での音声通話やビデオ通話には、有料版を使う必要があります。

基本的な機能は無料で使える

Slackの料金プランは4種類あります。無料で利用できるもの、有料で利用するもの、また大規模に利用するものが、使える機能によって段階的に設定されていて、選ぶことができます。有料プランはサブスクリプション方式で、月額での支払いになります。

基本的な機能は無料で利用できますので、はじめは無料で利用し、必要な機能が増えてきたら有料プランから選び、有料プランに移行するといった使い方でも問題ありません。

一方で特に音声通話とビデオ通話が無料プランでは1対1に限られるのに対し、有料プランでは最大15名の同時通話が可能になります。ビデオ会議を行うなど、はじめから2人以上での通話利用を考えているのであれば、早めに有料プランに移行する必要があります。

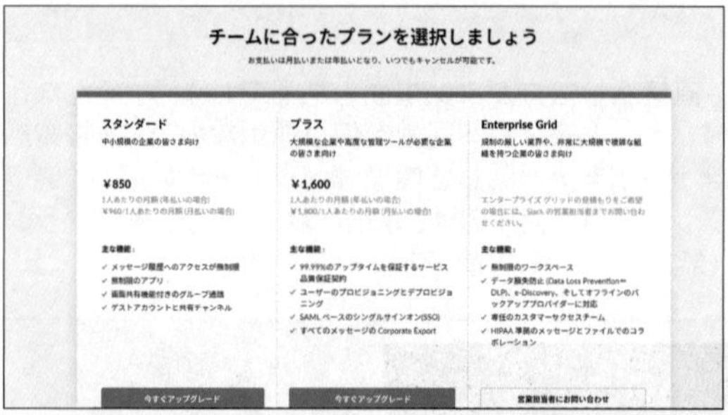

	無料	スタンダード	プラス
検索可能なメッセージ	直近10,000件	無制限	無制限
連携アプリ	10件	無制限	無制限
メンバーの名前の管理	×	○	○
メンバーのメールアドレスの管理	×	○	○
共有チャンネル	×	○	○
ゲストの登録	×	○	○
メッセージとファイルの保存期間の設定	×	○	○
チャンネルへの投稿権限の設定	#generalチャンネルのみ	#generalチャンネルのみ	すべてのチャンネル
音声通話とビデオ通話	1対1	最大15名	最大15名
画面の共有	×	○	○
ファイルストレージ	ワークスペース全体で5GB	メンバーごとに10GB	メンバーごとに20GB

ワークスペースとチャンネル

「大部屋」の中に複数の「小部屋」があるイメージ

Slackには「ワークスペース」と「チャンネル」という領域があり、これらの大きな2つの要素で構成されています。それぞれを理解するだけでも、使い方が見えてきます。「ワークスペース」が最も大きな単位で、個別の「チャンネル」を内包しています。

「ワークスペース」とは

「ワークスペース」とは、Slackの中にある1つの大きなグループです。実態の社会であれば、会社や組織、チームのような存在です。Slackで情報を共有するいちばん大きな単位になります。Slackのワークスペースは、たとえば会社全体であったり、部課であったり、あるいはプロジェクトグループであったり、利用する場面によって規模は異なりますが、参加するユーザーの範囲の中でもっとも大きなグループを想定して、ワークスペースを作成します。

ワークスペースは複数作ることもできます。1人の人物が複数の会社や組織に所属することがあるように、ワークスペースを複数作ってそれぞれ異なる作業場所で情報を共有することもできます。ただし1台のパソコンに向かっているときに表示できるワークスペースは原則として1つです。

「チャンネル」とは

「チャンネル」とは、ワークスペースの中にある小分けされたグループです。ワークスペースが会社であれば部課単位やチーム単位、ワークスペースがプロジェクトチームであればその中の開発や販売といった役割単位でチャンネルを作成します。チャンネルごとの議論であればチャンネルに投稿する、ワークスペース全体で共有する必要のある情報は全体に投稿するというように、チャンネルを使い分けることで情報を整理することができます。

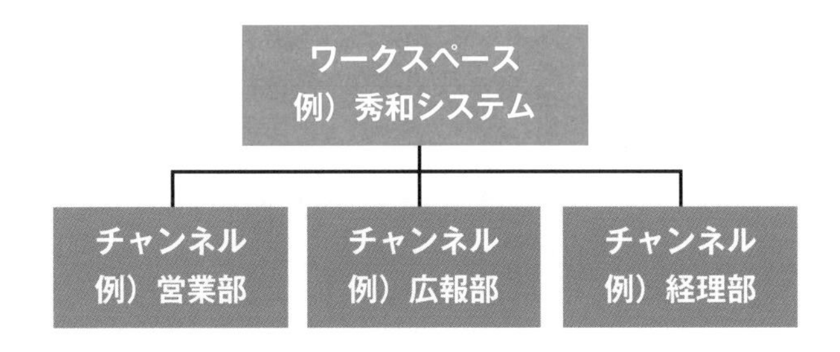

04-05
SECTION

アカウントを登録する

アカウント登録にはメールアドレスが必要

はじめにアカウントを登録します。Slackには有料プランもありますが、はじめは無料プランからはじめます。メールアドレスを登録し、同時にチームとチームが取り組むプロジェクトのチャンネルの作成までを行います。なお、登録する名前は、本名でなくても構いません。

アカウントを登録する

1 Slackのアカウント登録は、ブラウザーで https://slack.com/ を開きWebサイトから行う。または検索サイトで「Slack」を検索してもすぐに見つかる。

日本語表示に切り替わる

Slackで日本語の画面のURLは https://slack.com/intl/ja-jp/ ですが、日本語で使っているパソコンであれば、https://slack.com/ を開くと、自動的に日本語の画面が開くようになっています。

2 はじめて利用するときは「私のチームではまだSlackを使用していません」をクリック。

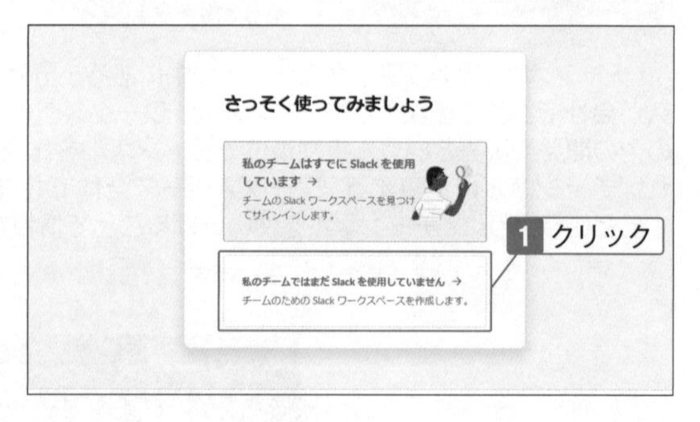

3 登録するメールアドレスを入力して「確認する」をクリック。

4 入力したメールアドレス宛に確認コードが届くので、メールを確認する。

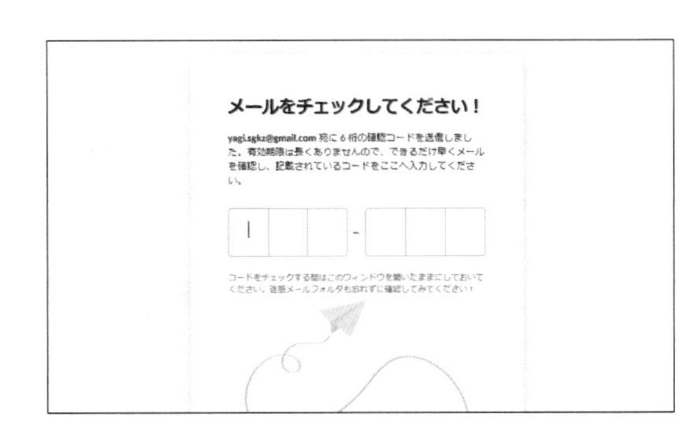

5 メールに書かれている3桁－3桁の確認コードをメモに書き取るか覚える。

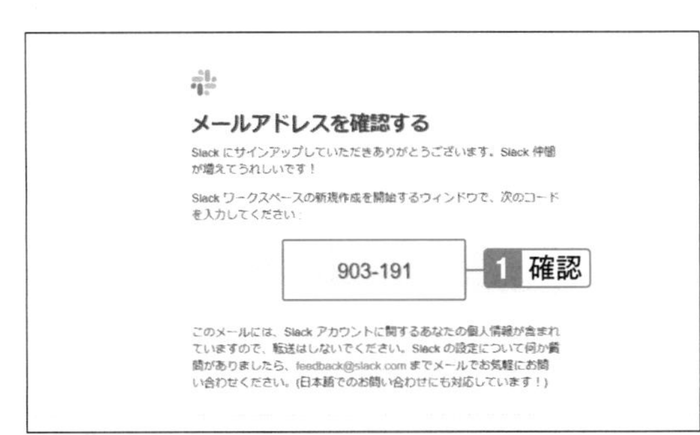

6 Slackの画面に戻り、確認コードを入力する。正しく入力すると画面が進む。

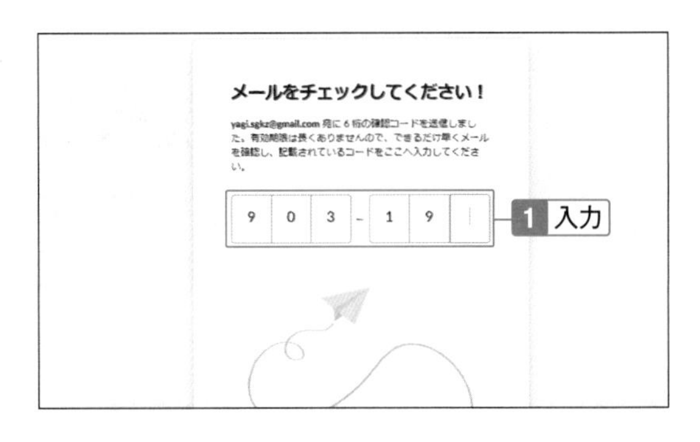

7 会社名やチーム名を入力して「次へ」をクリック。この名前でワークスペースが作られる。

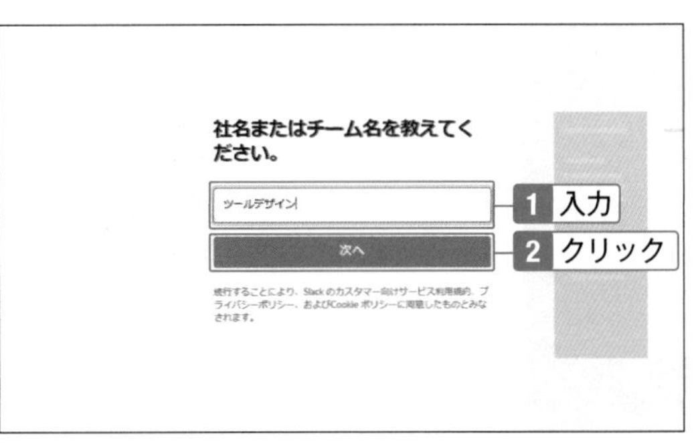

入力する名前

正式な組織名である必要はありませんが、参加者が誰でもわかる内容にしましょう。

8 これからSlackを使って進めるプロジェクトの名前を入力し、「次へ」をクリック。
この名前でチャンネルが作られる。

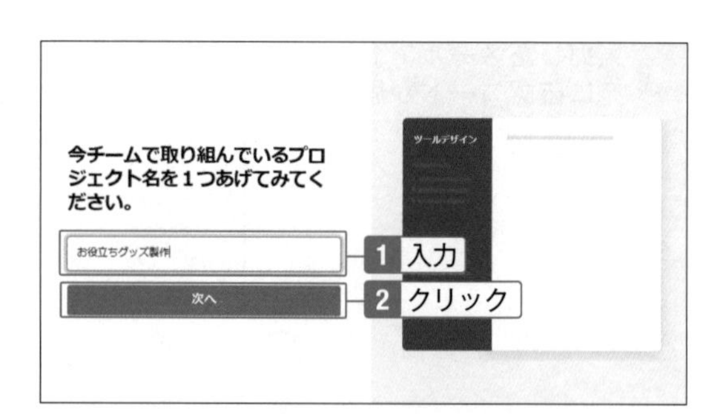

9 メンバー招待の画面が表示されるが、ここでは「後で」をクリックして進む。

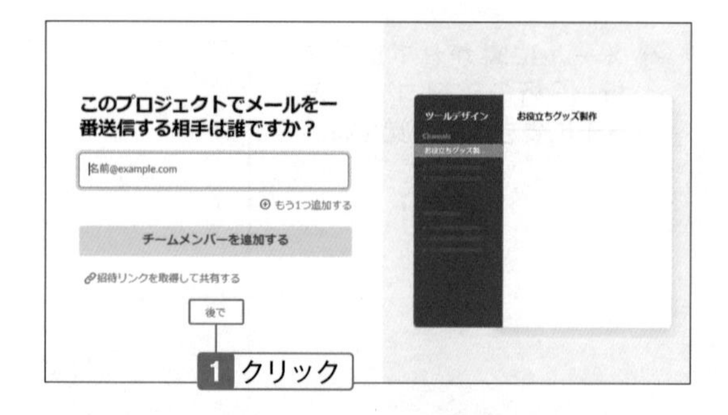

10 アカウントが登録され、チャンネルができた。「Slackでチャンネルを表示する」をクリック。

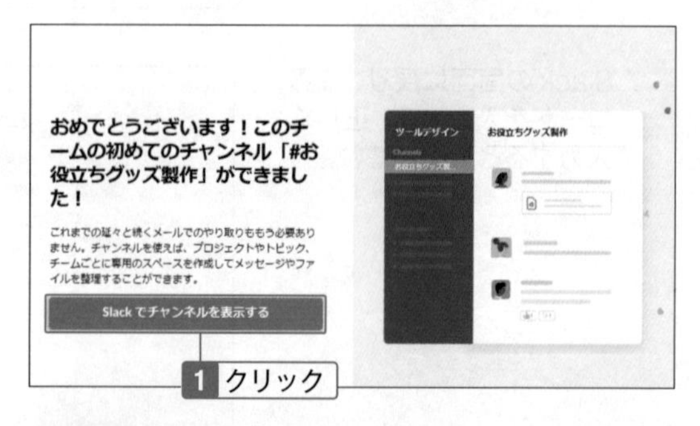

11 Slackのメイン画面が表示される。チャンネルのメンバーはまだ自分だけになっている。

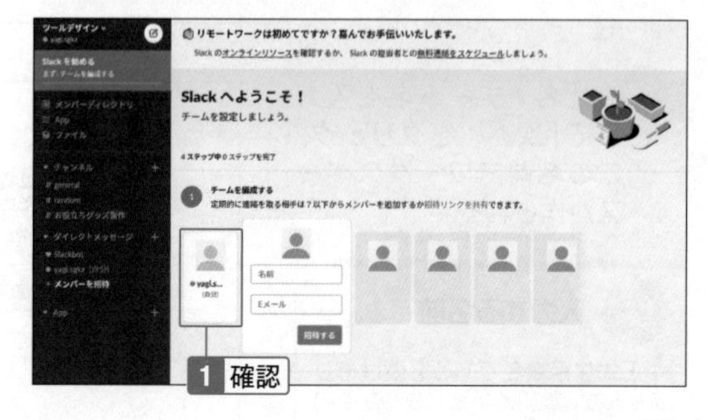

チャンネルのURLを確認する

万が一メールを無くしてしまっても、確認方法がある

チャンネルを作成すると、チャンネルのURLがメールに届きます。このURLは今後のサインインなどに使うとても大切な情報なので、必ず確認し、記録、保存しておきます。万が一メールを無くしてしまったときは、ブラウザーからログインして確認します。

チャンネルのURLを確認する

1 チャンネルを作成時に届くメールに、チャンネルのURLが書かれている。このメールは削除せず保存、必要であれば保護し、なくさないようにしておく。

チャンネル専用のIDのようなもの

チャンネルのURLは、今後このチャンネルを表示するときサインインに使うIDのようなものになります。そのため、忘れないように必ずメールを保存しておいてください。

メールを無くしてしまったら

メールをなくしたときは、ブラウザーでログインして「このワークスペースについて」で確認できるのでメモしておきましょう。ログインもできないときには、「ワークスペースを検索する」でメールアドレスを入力して登録しているワークスペースを検索できます。

▲ワークスペースのURLは覚えにくいのでログインしているときに必ずメモしておくこと。

▲ログインもできなくなったら、メールアドレスからワークスペースを検索することができる。

04-07
SECTION

アプリをインストールする

Slackはブラウザーでも使えるが、アプリでの利用が基本

Slackのデスクトップアプリをインストールします。Slackはブラウザーからの利用もできますが、アプリを使うことでよりわかりやすく、便利に使えるようになります。アプリの利用は無料です。Windowsの他に、MacやiPhone、Androidスマホのアプリがあるので、複数の端末で使えます。

アプリをインストールする

1 ブラウザーでSlackを開く。サインインした状態であれば右上に「SLACKを起動する」と表示される。

サインアウトしていればログインする

Slackをブラウザーで開いたとき、前回と同じパソコンを使いサインアウトしていなければ、サインインした状態で開きます。企業内パソコンなどでログイン状態が残らないような設定になっている場合は、サインインします。

2 「SLACKを起動する」をクリックしてワークスペース名をクリック。

3 ワークスペースが表示される。

4 ワークスペース名をクリックして、「Slackアプリを開く」をクリック。

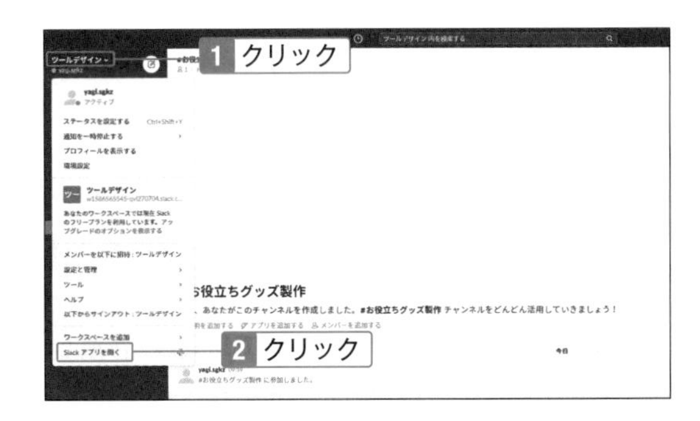

5 アプリのダウンロード画面に切り替わる。「実行」をクリック。

保存してからインストールする

アプリのインストール画面では必要なファイルをダウンロードしてからインストールを行います。「保存」をクリックして一度保存してから、保存したファイルをダブルクリックして起動し、インストールすることもできます。

アプリがインストールされていない

アプリがインストールされていない状態では、アプリにリンクする画面が表示された後、ダウンロード画面に切り替わります。

6 アプリがインストールされ、サインイン画面が表示される。これでアプリのインストールが完了した。[×]をクリックして一度アプリを終了する。

Windows以外のアプリ

SlackはWindows以外の機器からも利用できます。MacやiPhone、Androidスマホでそれぞれ専用のアプリが用意されていますので、それぞれのアプリストアからインストールします。

アプリを起動する

メニューやアイコンからSlackアプリを起動する

Slackアプリはほかのアプリと同じように起動して使います。アプリは特に何もしなければ自動的にサインインした状態で起動し、作成したチャンネルやワークスペースが表示されます。スタートメニューから選択したり、デスクトップのショートカットアイコンをダブルクリックして起動します。

Slackアプリを起動する

1 Slackアプリをインストールすると「スタート」メニューにアイコンが登録される。「Slack Technologies Inc.」→「Slack」の順にクリック。

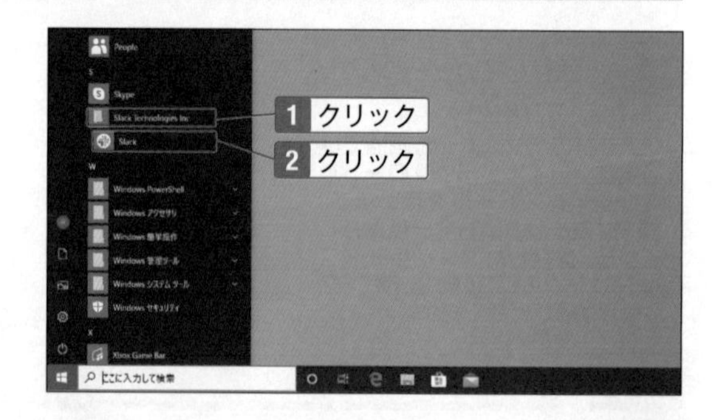

2 Slackアプリが起動する。

デスクトップアイコンで起動する

Slackアプリをインストールすると、デスクトップにショートカットアイコンが登録されます。ショートカットアイコンをダブルクリックしても起動できます。

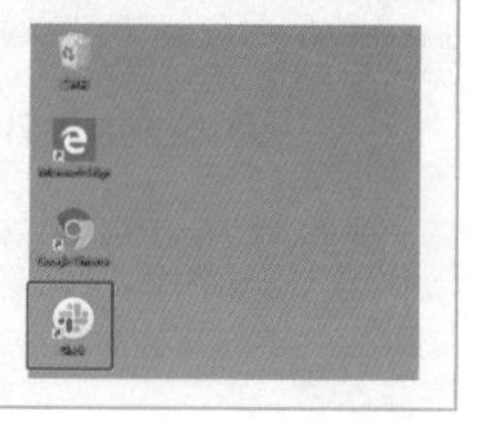

04-09
SECTION

アプリを終了する

アプリを閉じてもサインインは維持されている

アプリの終了はメインメニューから行います。サインアウトしないままアプリを終了すれば、次回の起動時にサインした状態で起動します。サインインしている状態だと、タスクバーにもアイコンが収納されているので、クリックしてすぐに起動できます。

アプリを終了する

1 アプリ画面左上の [≡](メニュー) をクリック。

2 「ファイル」→「Slackを終了」をクリック。

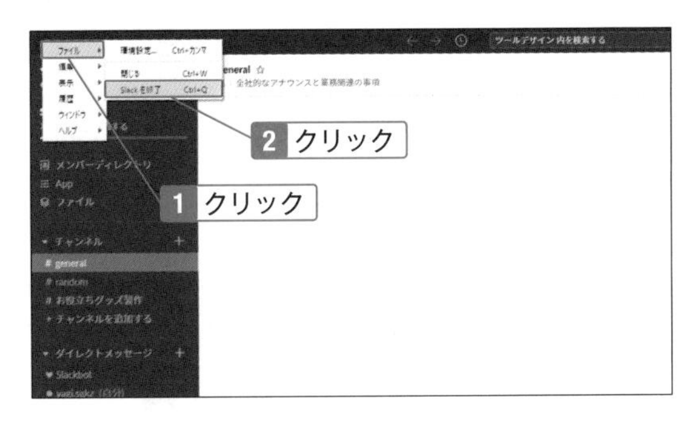

「閉じる」では終了しない

アプリの画面の右上にある「×」(閉じる) をクリックしても、アプリは終了しません。タスクバーのアイコンに収納され、すぐに起動できる状態になります。

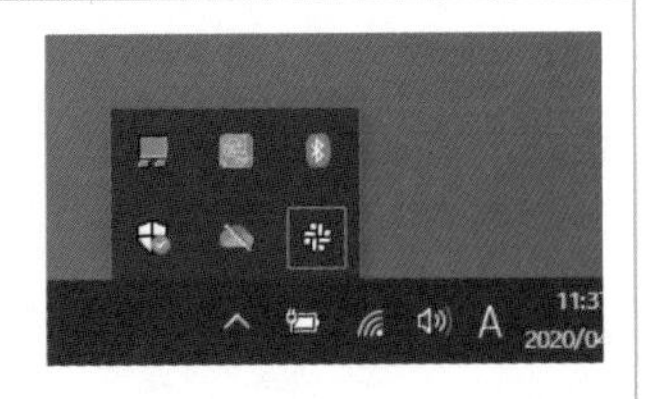

04-10
SECTION

アプリでサインインする

アプリをインストールしていても、ブラウザーから起動

アプリを終了するときにサインアウトしていたり、ほかのパソコンで使うときにはアプリを起動してサインインする必要があります。サインインするときにはチャンネルのURLと、チャンネルに登録したメールアドレス、パスワードが必要です。なお、アプリをインストールしていても、サインイン時にはブラウザーが起動します。

アプリでサインインする

1 Slackアプリを起動する。

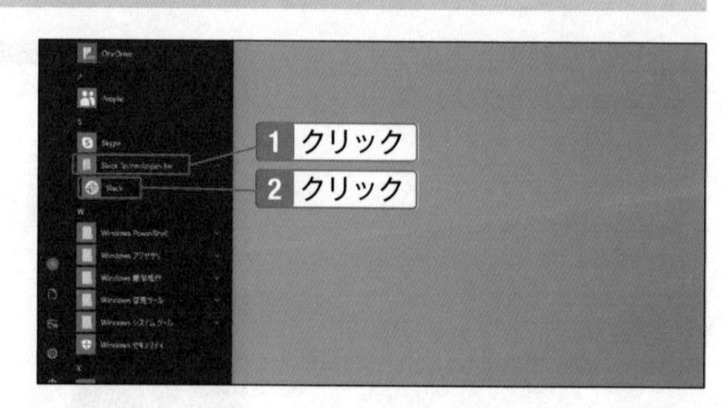

最初の起動時は「サインイン」から

Slackアプリを最初に起動したときは「サインイン」をクリックします。

2 チャンネルのURLを入力して「続行する」をクリック。

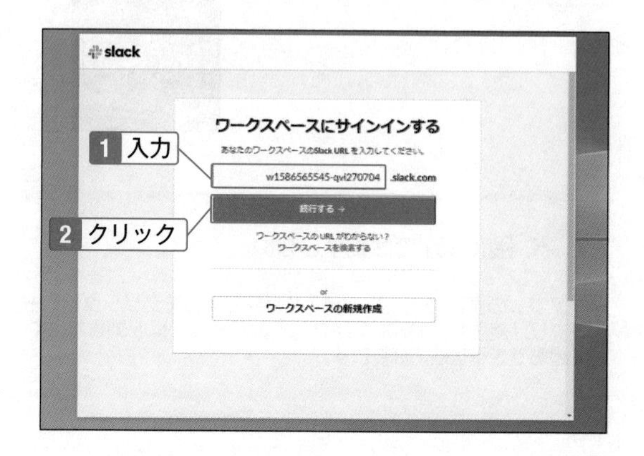

3 ワークスペースの名前を確認して「サインイン」をクリック。

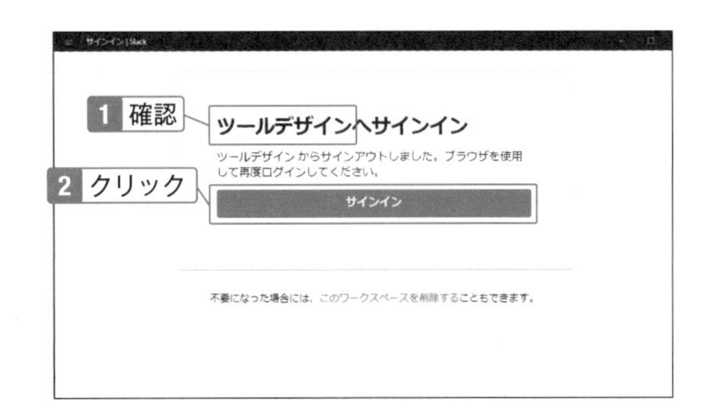

4 ブラウザーが起動する。メールアドレスとパスワードを入力して「サインイン」をクリック。

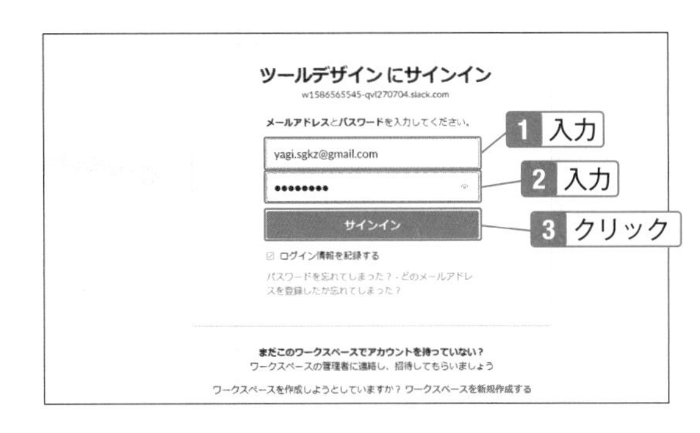

5 ブラウザーが起動し、サインインが行われる。「アプリを切り替えますか？」と表示されたら「はい」をクリック。

6 アプリでサインインした画面が表示される。

04-11 SECTION

サインアウトする

共用パソコンでは、セキュリティの観点からログアウトしよう

Slackアプリは何もせず終了するとサインインしたままの状態が保存されますので、共用のパソコンを使っている場合などにはアプリの終了前にサインアウトしておきます。なお、アプリを使っている場合は、アプリとブラウザーの両方からサインアウトする必要があります。

アプリでサインアウトする

1 アプリのチャンネル名をクリックして、「以下からサインアウト」をクリック。

2 ブラウザーが起動する。「ブラウザからサインアウトする」をクリックすると、サインアウトが完了する。

アプリとブラウザーでサインアウトが必要

Slackをアプリで使うときは、アプリとブラウザーでサインインした状態になります。そのためサインアウトするときにはアプリとブラウザーの両方でサインアウトする必要があります。

04-12
SECTION

メンバーを招待する

やり取りするメンバーを、ワークスペースに追加する必要がある

ワークスペースには、情報を共有するメンバーを招待します。必要なものは招待するメンバーのメールアドレスで、招待メールを送信して、相手が登録するとメンバーとして追加されます。招待されたメンバーは、ワークスペース内のすべてのチャンネルに参加することが可能になります。

メンバーを招待する

1 Slackの画面で「メンバーを招待する」をクリック。

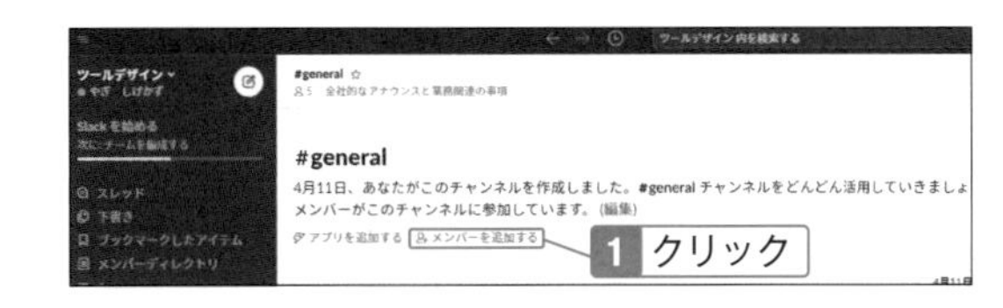

管理画面からワークスペースに招待する

アカウントの設定画面（SECTION07-12）で「メンバーを招待する」をクリックしても、メンバーを追加できます。

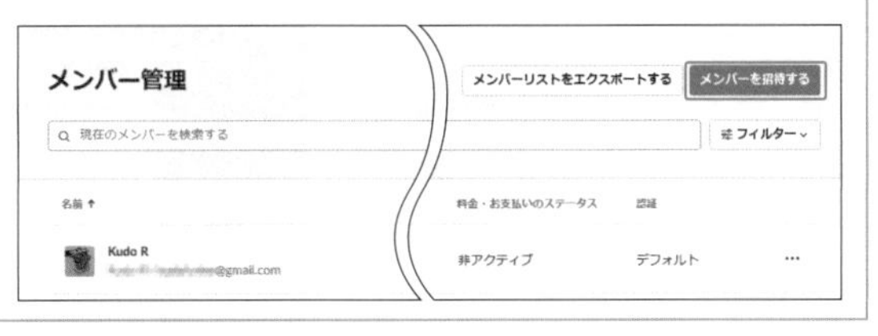

2 「メールで追加する」に招待するメンバーのメールアドレスを入力する。

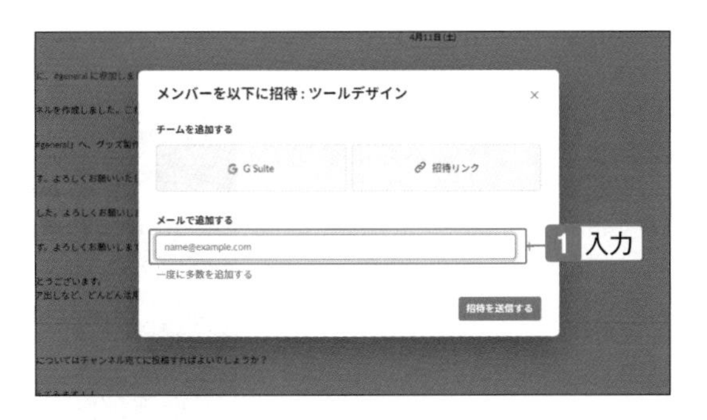

まとめて招待する

メールアドレスを入力していると、途中で追加の入力欄が表示されます。２人以上をまとめて招待するときには、招待するメンバーのメールアドレスと名前を必要な数だけ入力していきます。

3 招待するメンバーを全て入力し終えたら「招待を送信する」をクリック。

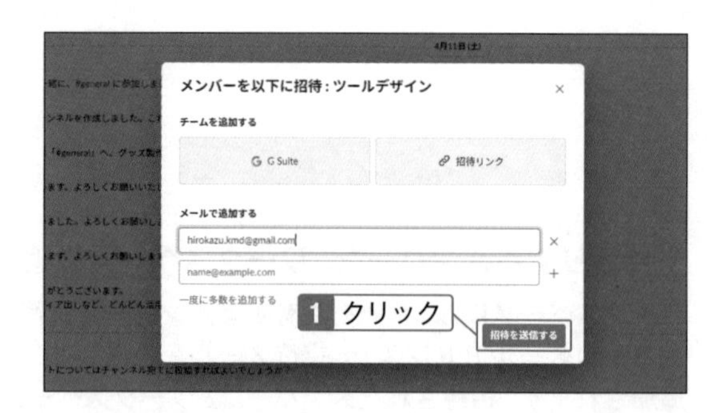

より多くの人を招待する

手順3の画面で入力欄の下にある「一度に多数を追加する」をクリックすると、メールアドレスの入力欄が変わります。カンマで区切って複数のメールアドレスをまとめて追加できるようになります。

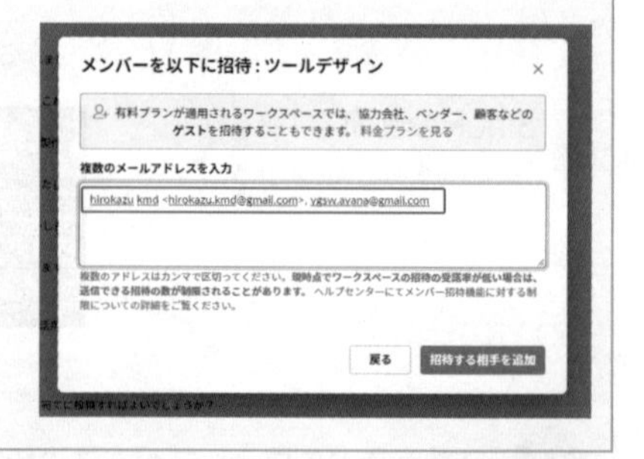

4 招待メールが送信される。「終了」をクリック。

招待したメンバーの参加を確認する

1 招待したメンバーが参加すると、チャンネルに参加したことが表示される。

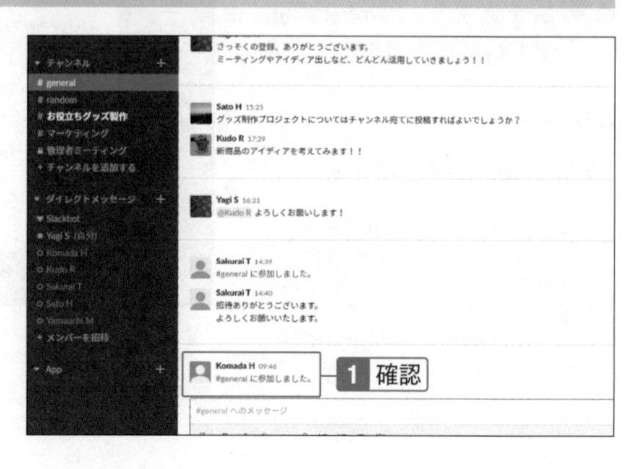

Slackの画面を確認する

基本的な画面構成は、アプリもブラウザーも同じ

Slackアプリを起動したときの基本となる画面を確認します。どこにどの機能があるか、何が表示されるかなどをひととおり確認し、おおまかな画面構成を覚えておくことで、やりたいことに素早くたどり着けるようになります。

Slackアプリの画面を確認する

❶メニュー：アプリの終了や内容の更新といった全体の操作を行う。
❷ワークスペース：利用しているワークスペースの名前が表示される。クリックするとアカウントの情報表示や設定のメニューが表示される。
❸メッセージ作成ボタン：新規のメッセージを作成する。
❹名前：Slack上での自分の名前が表示される。緑色の●が表示されているとログイン状態を表示する。
❺メンバーディレクトリ：参加しているメンバーの一覧やプロフィール、メンバーの招待などを行う。
❻App：ほかのアプリを連携して使う。
❼ファイル：投稿されたファイルを検索して表示する。
❽チャンネル：チャンネルの名前をクリックするとメッセージが表示される。
❾ダイレクトメッセージ：メンバーと直接1対1のメッセージをやりとりする。緑色の●が表示されているとログイン状態を表示する。
❿App：連携しているアプリを起動する。
⓫チャンネル：選択しているチャンネルと、チャンネルに参加しているメンバー数、チャンネルの内容が表示される。
⓬メッセージ：選択したチャンネルやユーザーでやりとりしているメッセージが表示される。メッセージを入力して投稿もできる。
⓭「詳細」ボタン：チャンネルのメンバーの操作や共有しているファイルの表示など、チャンネル内での操作メニューを表示する。
⓮履歴：操作の履歴を表示する。同じ操作をくりかえし実行するときに利用する。
⓯検索：キーワードを使ってメッセージなどを検索する。

04-14
SECTION

プロフィールを編集する

参加ユーザーが自分の情報を追加・編集することでお互い分かりやすくなる

アカウントを登録したときのプロフィールは必要最小限の情報に限られます。そこで自分の情報を追加したり、編集しましょう。参加するユーザーにもわかりやすく、画像に加えて役職なども登録します。急ぎで連絡を取ることが多ければ、電話番号なども登録できます。

プロフィールを編集する

1 ワークスペースの名前をクリック。

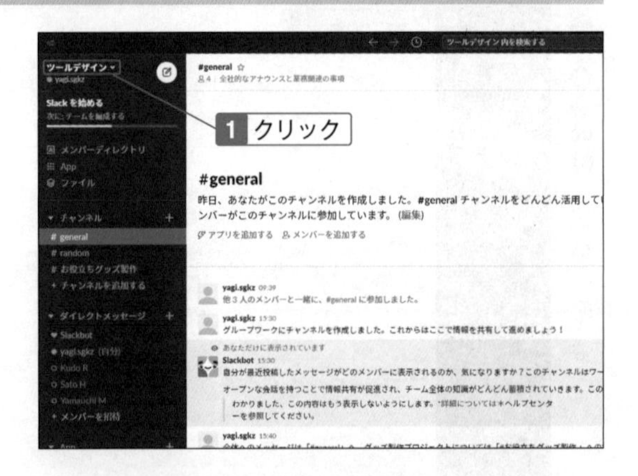

2 「プロフィールを表示する」をクリック。

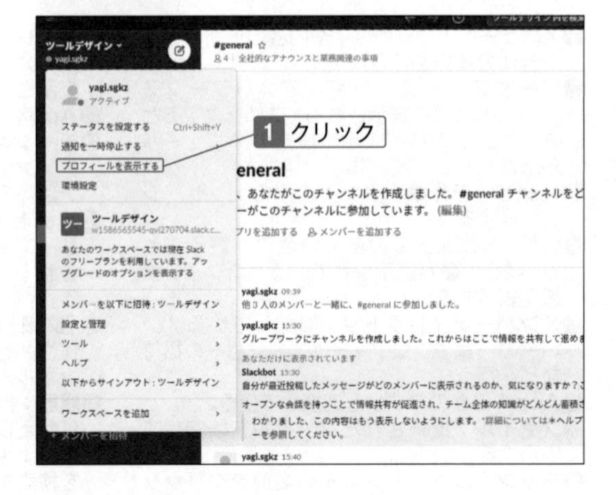

3 右側にプロフィールが表示される。「プロフィールを編集」をクリック。

4 「氏名」「表示名」「役職・担当」「電話番号」を入力して「変更を保存する」をクリック。

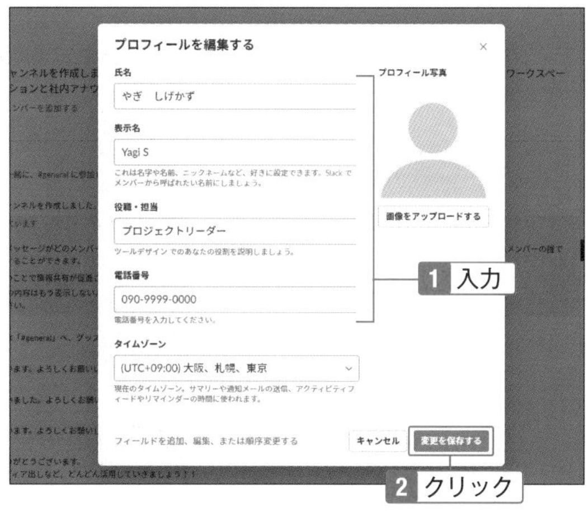

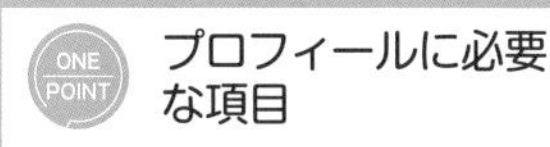

プロフィールに必要な項目

プロフィールの項目は必ずしもすべて入力する必要はありません。最低限必要な情報は「氏名」だけで、他は必要に応じて入力します。

5 プロフィールが変更される。

04-15
SECTION

プロフィール写真を登録する

誰の発言か分かりやすいようにアイコンを設定しよう

プロフィールには写真を登録できます。写真を登録すると自分のアイコンになるので、ワークスペースやチャンネルの投稿でも表示され、相手にもわかりやすくなります。プロフィール画像は本人の写真でなくて構いませんが、著作権や肖像権には気を付けましょう。

プロフィールの写真を登録する

1 ワークスペースの名前をクリック。

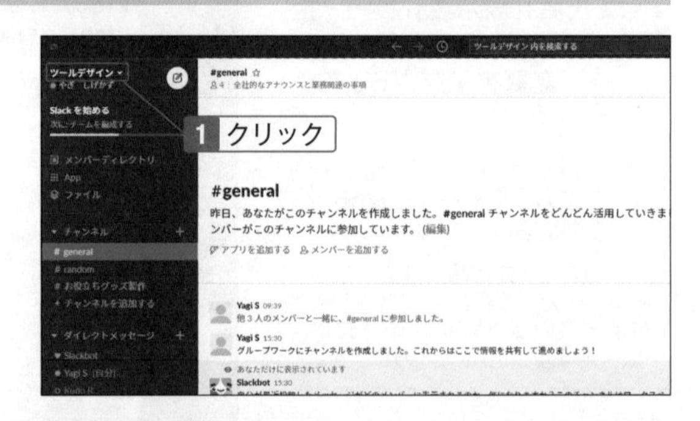

2 「プロフィールを表示する」をクリック。

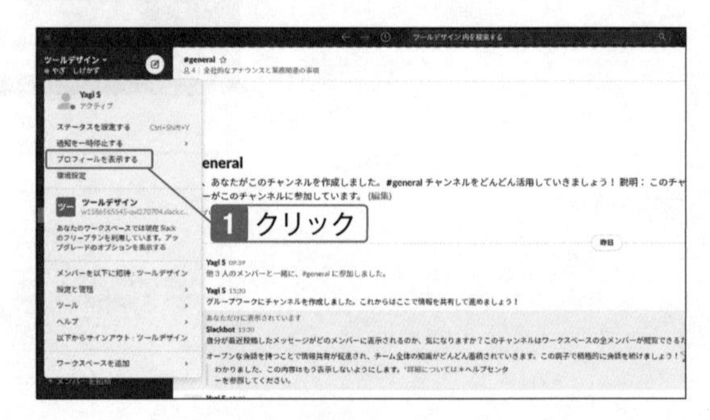

3 右側にプロフィールが表示される。「プロフィールを編集」をクリック。

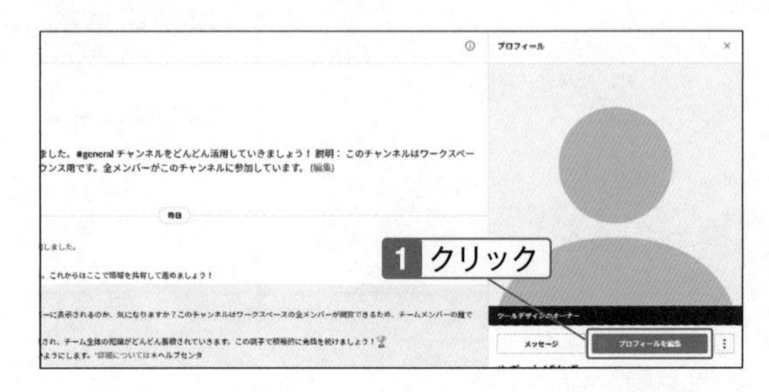

4 「画像をアップロードする」をクリック。

プロフィールに使う写真

プロフィールに使う写真は本人の顔写真ではなくても構いません。会社の利用で本人の顔写真を指定されているような場合でなければ、好きな写真をプロフィールにして個性を出すのもよいでしょう。ただし他人の顔写真を使うなど、著作権や肖像権を侵害するような画像を使ってはいけません。

5 プロフィールの写真に使うファイルを選択して「開く」をクリック。

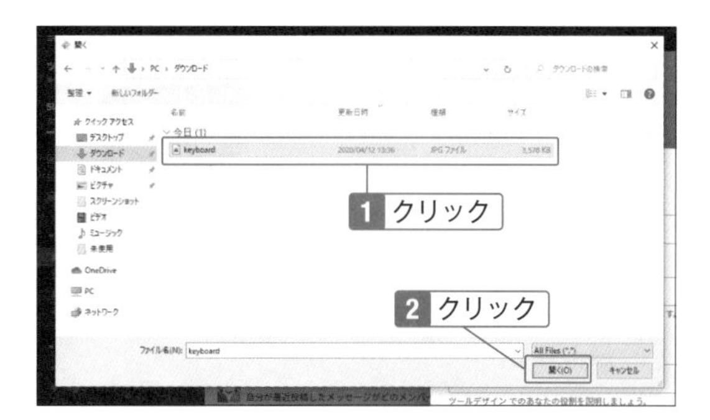

写真はJPGで小さめに

写真に使うファイルはスマホカメラやデジカメなどでも使われている一般的なJPGファイルをあらかじめ用意します。サイズは目安として最大4000ピクセル×4000ピクセル、およそ1MB程度以下のものが適していて、それよりも大きなサイズの写真はエラーとなりアップロードできません。最近のカメラは高性能になったため、小さくする設定で撮影したり、あらかじめ写真編集ソフトでサイズを小さくしておきましょう。

6 切り取る領域を指定して「保存する」をクリック。

プロフィールの写真は正方形

プロフィールに登録する写真は正方形になります。表示されている領域をドラッグしたり、枠線をドラッグして大きさを変えたりできます。

7 「変更を保存する」をクリック。

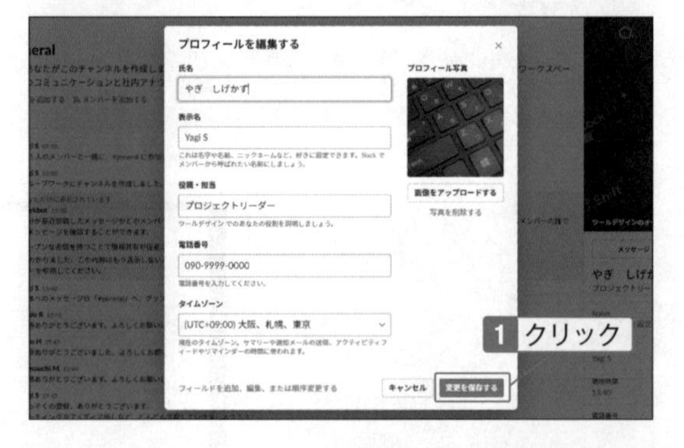

8 プロフィールの写真が登録される。

ワークスペースに参加する

メールで招待を受けたら、パスワードなどを設定して参加しよう

Slackのワークスペースから招待のメールが届いたら、内容を確認して参加の手続きをします。参加すると、原則として「ゲストユーザー」として登録されます。なお自分の名前は、参加時の画面に表示されているものから、任意に変更することができます。

ワークスペースに参加する

招待のメールが届いたら、ワークスペースの名前を確認して「今すぐ参加」をクリック。

ONE POINT 身に覚えのない招待は無視する

知らない差出人や身に覚えのないワークスペースからの招待メールが届いたときは、迷惑メールや不審な悪意のあるメールの可能性もありますので、そのまま削除しましょう。

「氏名」を確認する。

ONE POINT 「氏名」はメールアドレスから自動作成

表示される「氏名」は、メールアドレスの「@」より前の部分から自動作成されます。

3 必要に応じて、「氏名」を書き換える。

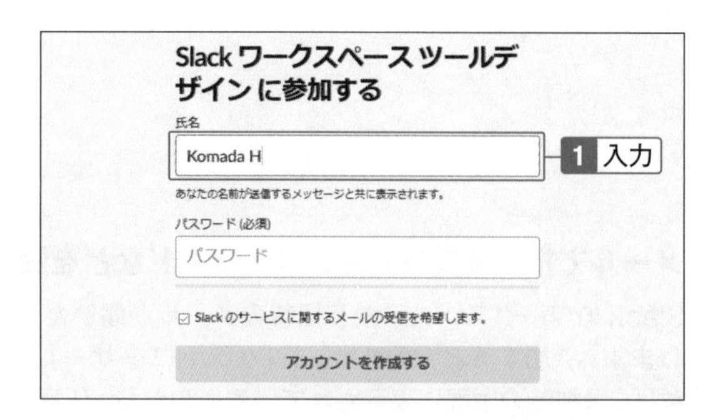

4 パスワードを入力して「アカウントを作成する」をクリック。

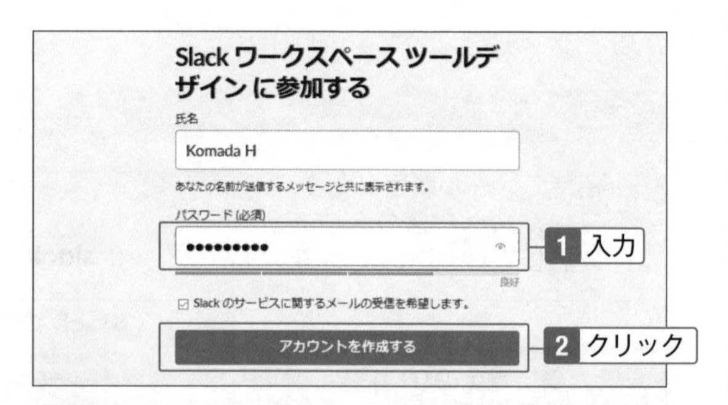

5 ワークスペースへの参加が完了する。

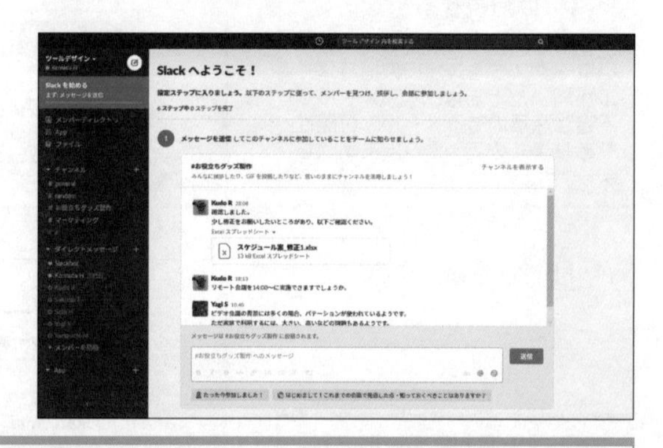

ONE POINT メッセージを投稿する

招待されたワークスペースに参加したら、はじめの挨拶としてメッセージを投稿しましょう。参加が完了した画面から、投稿するチャンネルを確認して、メッセージを入力して「送信」をクリックします。

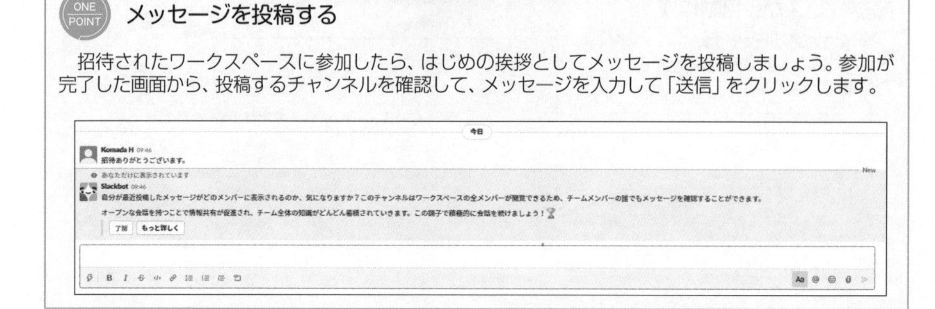

チャンネルに参加する

新規のチャンネルや、一度退出したチャンネルに参加するときに

チャンネルは目的やテーマを決めたグループです。自分がチャンネルに参加する必要があるときには、招待を受けていなくても参加することができます。ビジネスを進めるときには、グループの参加者が明確になっていることが大切です。自分が関わるチャンネルには必ず参加し、「連絡がつかない」といったことがないようにしましょう。

チャンネルに参加する

1 チャンネルの「＋」をクリック。

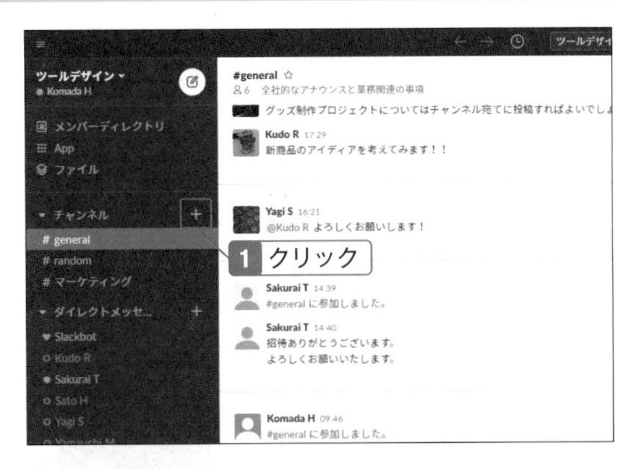

最初から参加できるチャンネル

「#general」「#random」 はSlack既定のチャンネルで、ワークスペースのメンバーは最初から参加できるようになっています。それ以外に、新規で作成されたチャンネルに参加を依頼されたら、ここでの操作を行います。

2 「チャンネル一覧」をクリック。

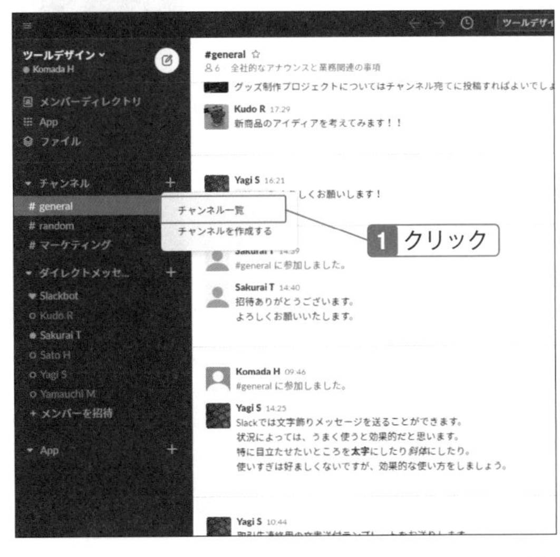

退出したチャンネルへの再参加

一度退出したチャンネルに再参加する場合（SECTION04-18）にも、ここでの操作を行います。

3 参加するチャンネルをクリック。

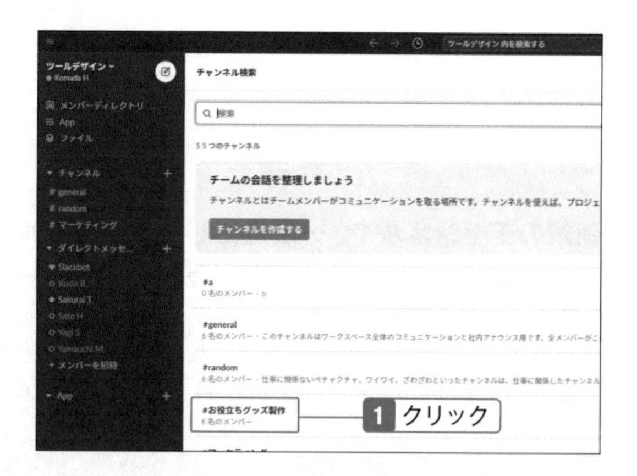

4 「チャンネルに参加する」をクリック。

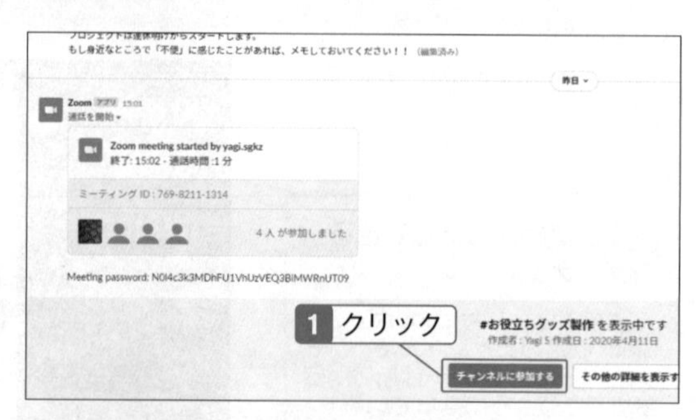

5 チャンネルに登録される。

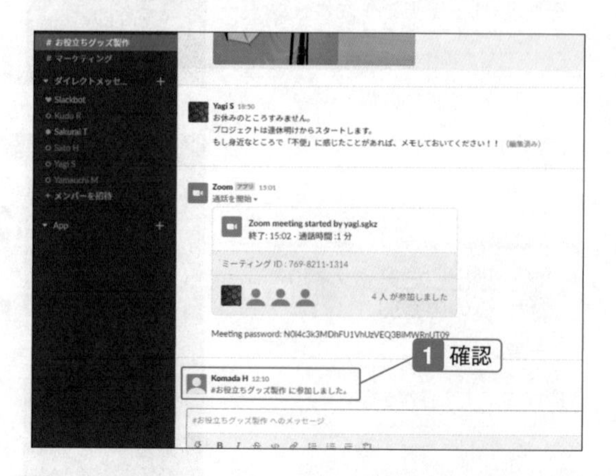

参加する前にひとこと

　チャンネルに参加するときは、勝手に参加せずに、一度全体向けのメッセージやオーナー・管理者へのダイレクトメッセージで参加の承認を取りましょう。特に自分が関わっていないプロジェクトのチャンネルに勝手に参加するといったことは避けましょう。

チャンネルを退出する

部署を移動したり、自分がプロジェクトから抜ける際に

チャンネルに参加する必要がなくなったときには、チャンネルを退出します。チャンネルを退出してもワークスペースには残りますが、退出したチャンネルへの投稿が表示されなくなります。なお、退出の際は無言で行わずに、メンバーに一言告げるようにしましょう。

チャンネルを退出する

1 退出するチャンネルをクリック。

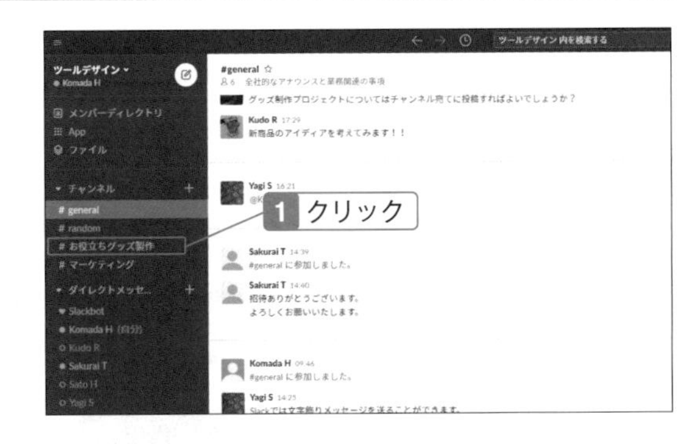

ワークスペースには残る

チャンネルを退出しても、ワークスペースには残りますので、ほかのチャンネルや全体向けのメッセージ、ダイレクトメッセージなどは利用し続けることができます。

2 「詳細」をクリック。

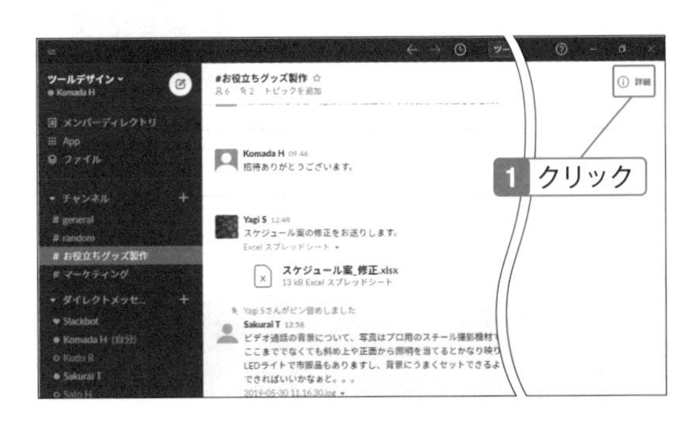

3 「…」(その他)をクリック。

4 「(チャンネル名)を退出する」をクリック。

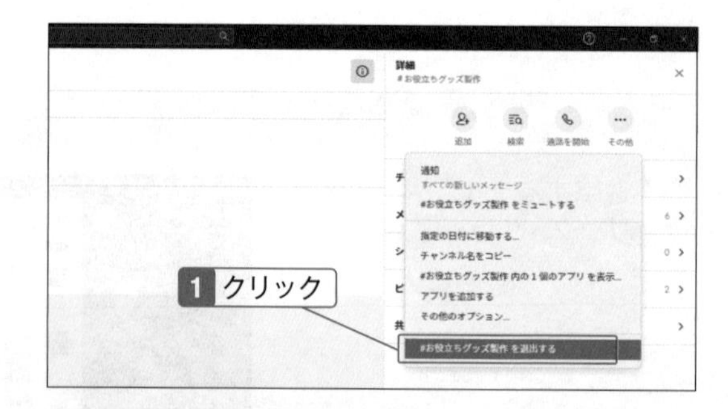

5 チャンネルから退出し、チャンネルの表示が消える。

チャンネルに再参加する

一度チャンネルを退出しても、再度チャンネルに参加することができます。

Chapter

05

Slackでメッセージやファイルをやり取りしよう

Slackの準備ができたら、メッセージのやり取りをしてみましょう。メールを送りあうようにメッセージのやり取りをするので分かりやすく、さらにワークスペースやチャンネルの使い方を理解すれば、スムーズなコミュニケーションが進みます。いきなりグループでの仕事に導入するのが不安であれば、慣れるまで１人でメッセージを送ったりメッセージを見たりして使い方の感覚をつかんでもよいでしょう。

05-01
SECTION

全体に向けたメッセージを投稿する

相手を指定（SECTION05-09）しないメッセージは全体あて

チャンネルを作成し、メンバーが参加したらはじめにメッセージを投稿しましょう。チャンネルを作成し、これから作業をはじめることのあいさつになります。メッセージを投稿する際には、まず投稿先のチャンネルをクリックして表示させます。

メッセージを投稿する

1 「チャンネル」の「#general」をクリック。

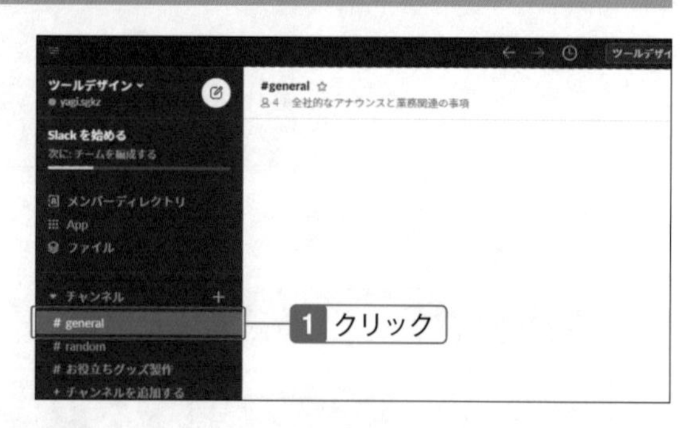

2 メッセージを入力して、「送信」ボタンをクリック。

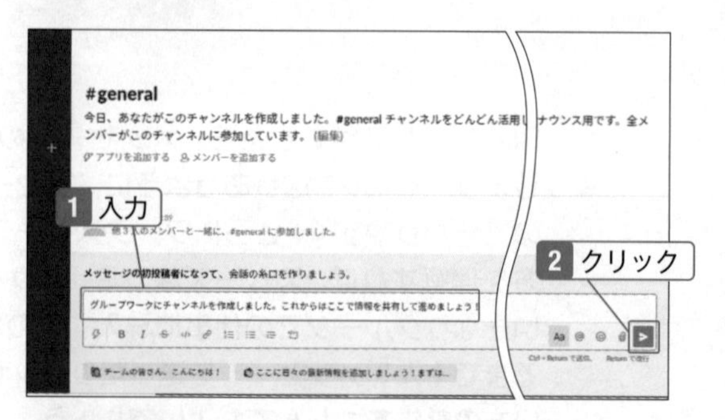

定型文を入力する

メッセージの入力欄の下には、そのときに応じた定型文が表示されます。クリックすると簡単に入力することができます。定型文を入力して、必要に応じて修正してもよいでしょう。

3 メッセージが送信され、チャンネル全員に公開される。

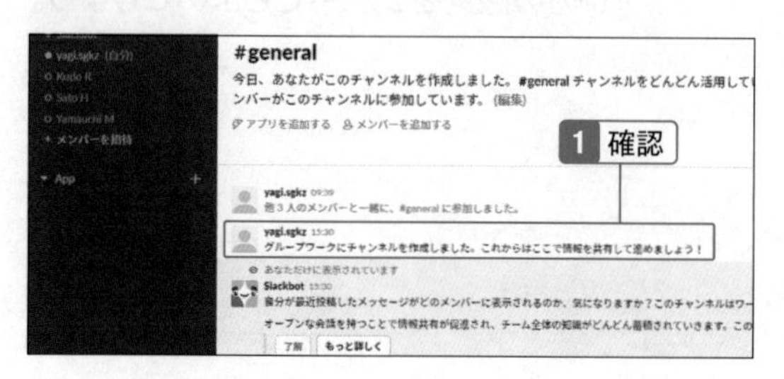

「Slackbot」は補足情報

メッセージを送信すると、「Slackbot」という送信者のメッセージが表示されます。「Slackbot」は、そのときに応じたヒントや補足情報を教えてくれる自動ロボットです。「了解」をクリックすると自動的に返信メッセージが表示されます。

メッセージに返信する

「そのまま投稿」「スレッド」の2通りを使い分けよう

投稿されたメッセージに返信するときに2つの方法があります。そのまま続けて投稿する方法と、スレッドと呼ばれる話題ごとにメッセージのグループを作って返信する方法があり、状況に応じて使い分けることができます。特にやり取りが多くなってきたら、スレッドを活用しましょう。

元のメッセージに続けて返信する

1 メッセージを入力して「送信」ボタンをクリック。

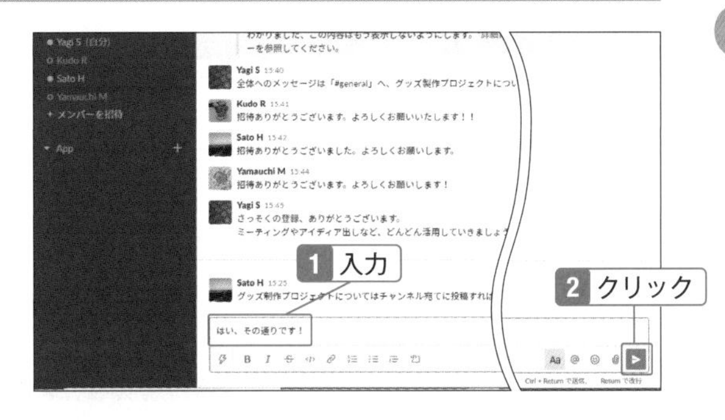

2 メッセージが投稿される。

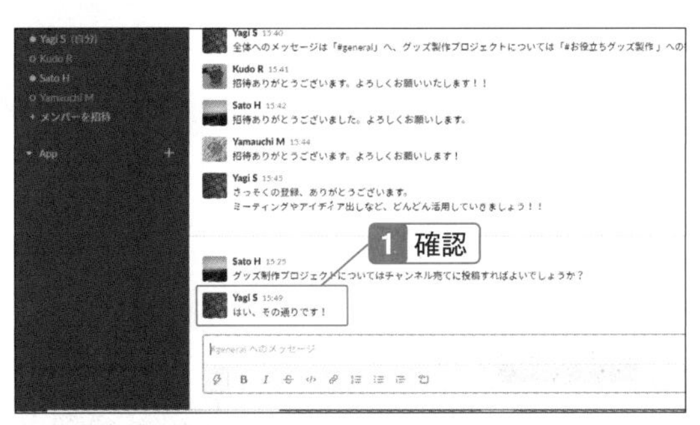

メッセージの投稿は全員が宛先

ここでの「返信」は、特定の相手との会話を示すものではなく、直上の投稿から続くチャンネル内での会話の1つとして投稿され、いわば全員が返信先となります。チャンネル内の特定の相手に向けて返信したいのであれば、「メンション」を使ってメッセージの冒頭に「@(相手の名前)」を追加します(Section 05-09)。

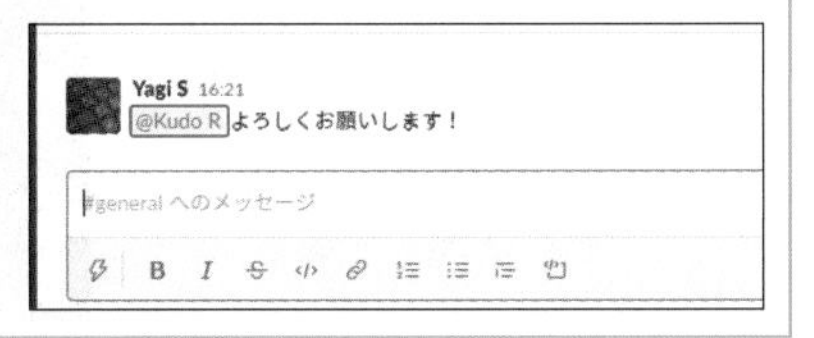

スレッドを作って返信する

1 返信するメッセージにマウスポインターを合わせるとメニューが表示されるので、「スレッドを開始する」をクリック。

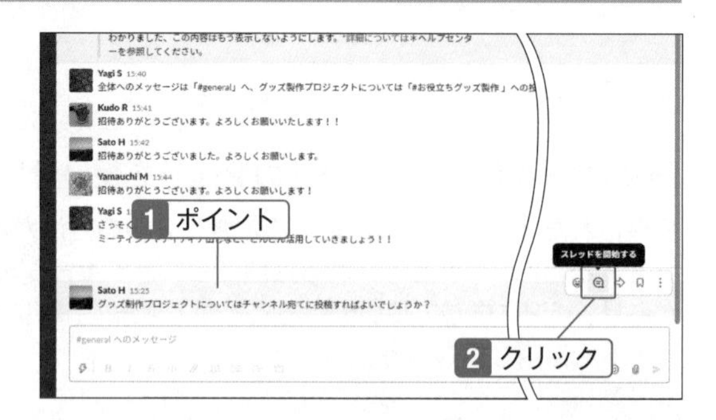

スレッドの使い方

メッセージが多くなると、複数の話題が飛び交うようになり、話の流れがわかりにくくなることがあります。そのようなときにスレッドを使うと、話題ごとに整理することができます。

2 画面右側に返信を入力して「送信」ボタンをクリック。

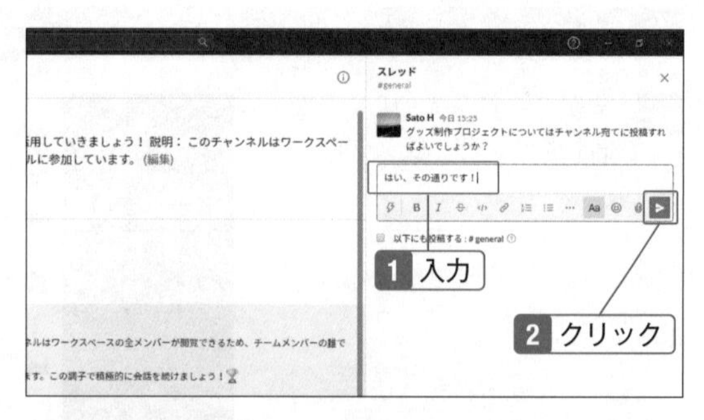

3 返信が投稿される。

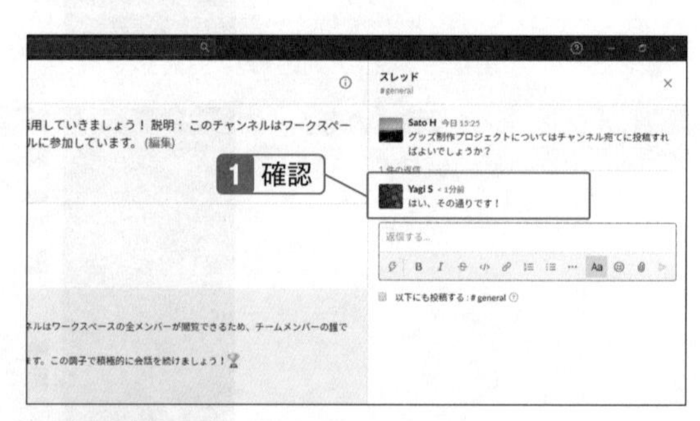

すでにあるスレッドに返信する

すでにスレッドが作成されているメッセージに返信するとき、メニューには「スレッドに返信する」と表示されます。

4 メイン画面には「1件の返信」と表示され、クリックするとスレッドが表示される。

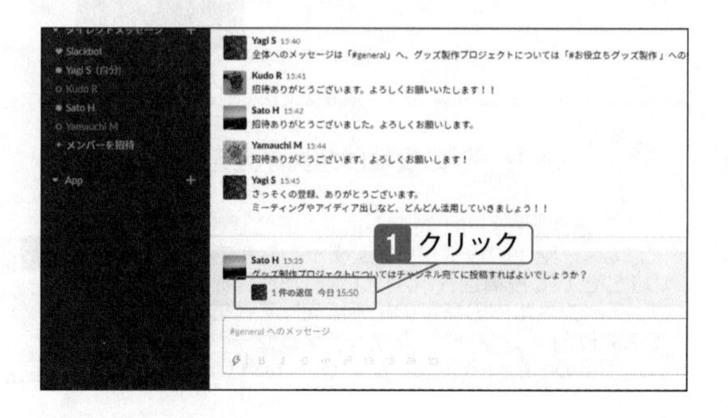

メッセージにリアクションを返す

絵文字でメッセージに返信する、「いいね！」などに近い機能

投稿されたメッセージに返信する方法の1つに「リアクション」があります。リアクションはメッセージに絵文字を送信する機能で、簡単な返信や、取り急ぎ返信するときなどに利用できます。「OK」「完了」「おめでとう」など種類が豊富なので使い勝手がよく、使用頻度は高いでしょう。

リアクションを送る

1 リアクションを送るメッセージにマウスポインターを合わせるとメニューが表示されるので、「リアクションする」をクリック。

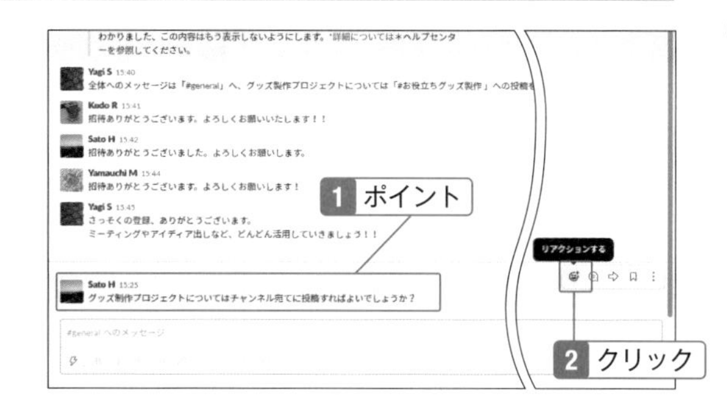

2 送信する絵文字をクリック。

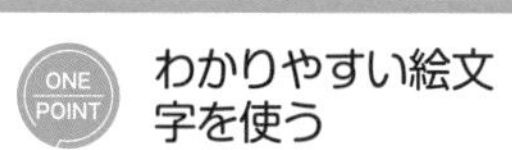

わかりやすい絵文字を使う

リアクションで送れる絵文字は、スマートフォンのメッセージアプリなどで利用しているものとほぼ同じで、表情やさまざまなイラストを利用できます。ただし、リアクションでは絵文字1文字だけを送りますので、意味が分かりやすい絵文字を使うようにしましょう。

3 リアクションが送信される。

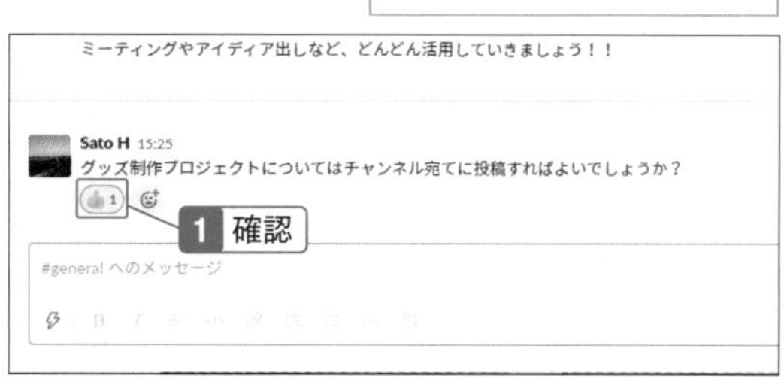

05-04 SECTION

絵文字を入力する

メッセージ本文にも、リアクションと同じ絵文字を入れられる

メッセージには絵文字を入力することもできます。Slackの絵文字はスマホで使われているものと共通で、パソコンでもスマホでも表示することができます。入れられる絵文字の種類や入れ方は、前セクションの「リアクション」と同じです。

メッセージで絵文字を送る

1 メッセージの入力欄で「絵文字」をクリック。

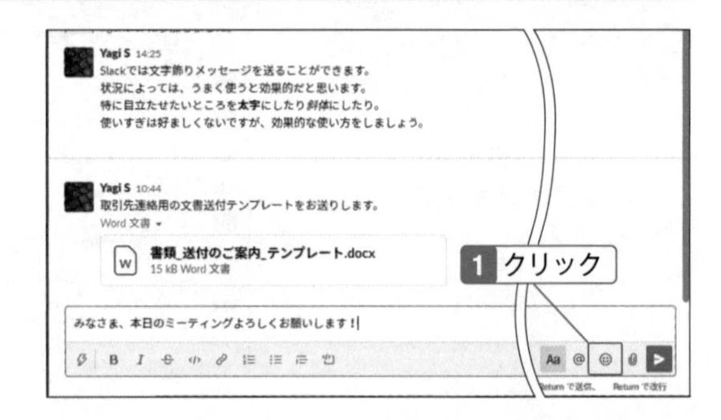

2 入力する絵文字をクリック。

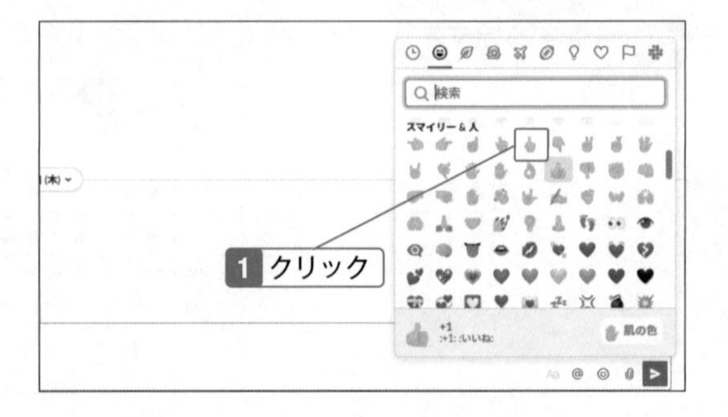

ONE POINT 絵文字を検索する

絵文字の種類は時代を経るにつれ増え、今では記憶できないほどの数が存在します。使う絵文字に迷ったら、分類をクリックして探すか、「検索」にキーワードを入力して絵文字を探すと見つけやすくなります。

メッセージに絵文字が入力される。「メッセージを送信する」をクリック。

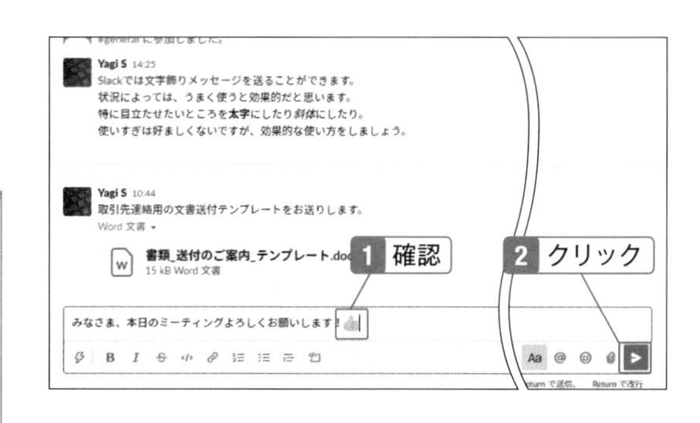

ONE POINT ビジネスなら絵文字はほどほどに

ビジネスで利用する場合、相手や場面を考えて絵文字を使うようにしましょう。重要な話し合いの中で絵文字を多用すると、取り組み方が軽いという印象を与えてしまいます。

大切なプロジェクトの内容を議論しているときのように、真剣さが求められる場面では、絵文字の利用は控えましょう。一方で、すばらしい提案に取り急ぎ「いいね！」を送るといったスピード感のある会話には絵文字が役立ちます。いずれも場の空気を読んで使うことが大切です。

絵文字が付いたメッセージが投稿される。

ONE POINT 絵文字の国際化

絵文字は日本の携帯電話からはじまったイラスト文字ですが、その巧妙な表現方法が世界に広まり、今では世界共通の文字として利用されています。そのため以前あった機種ごとに表示できない、文字化けするといった現象も解消され「emoji」という呼び方も世界で利用されています。

05-05
SECTION

チャンネルにメッセージを投稿する

そのチャンネル宛でないメッセージは投稿しないこと

メッセージを投稿するとき、チャンネルを指定しておくと、そのチャンネルを開いたときだけに表示されます。チャンネルごとに決められたテーマに合わせて、情報を整理することができます。基本的には、話題や目的でチャンネルを分け、それぞれにメッセージを投稿します。

チャンネルに投稿する

1 投稿するチャンネルをクリック。

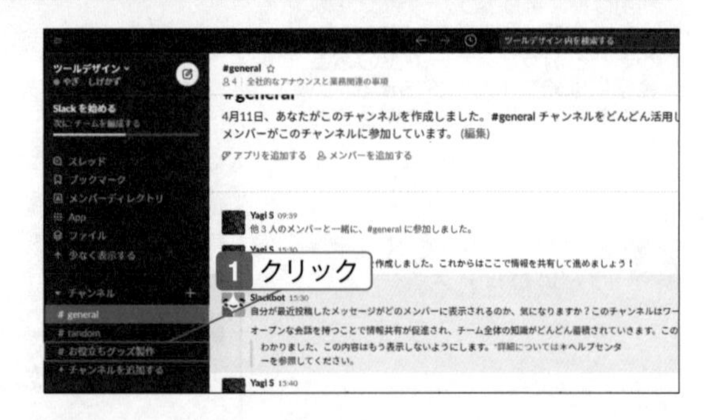

2 投稿する文章を入力して「送信」をクリック。

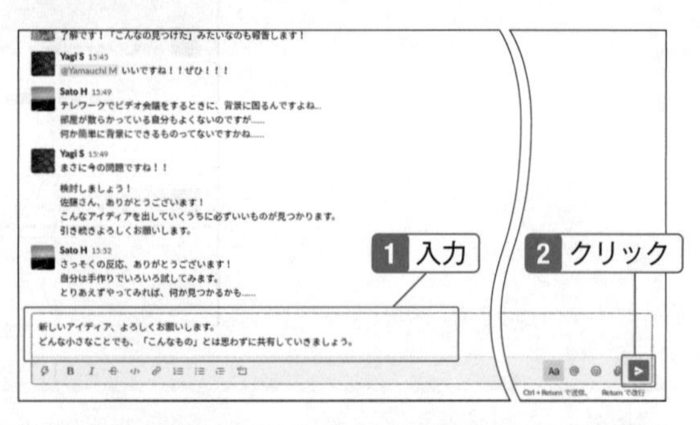

入力欄を確認する

文章を入力するときに、入力欄には「#(チャンネルの名前) へのメッセージ」と表示されています。

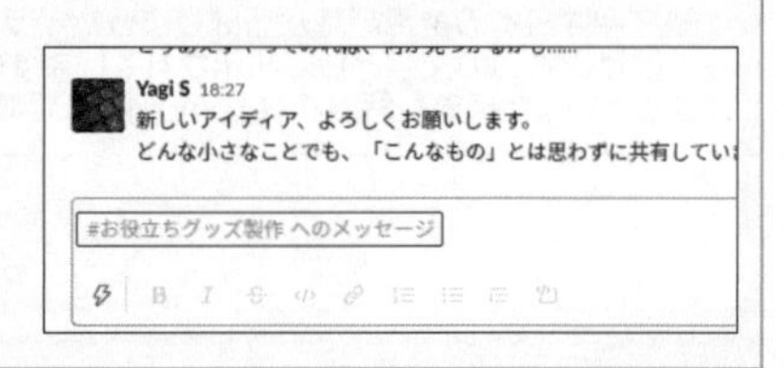

3 チャンネルにメッセージが投稿される。

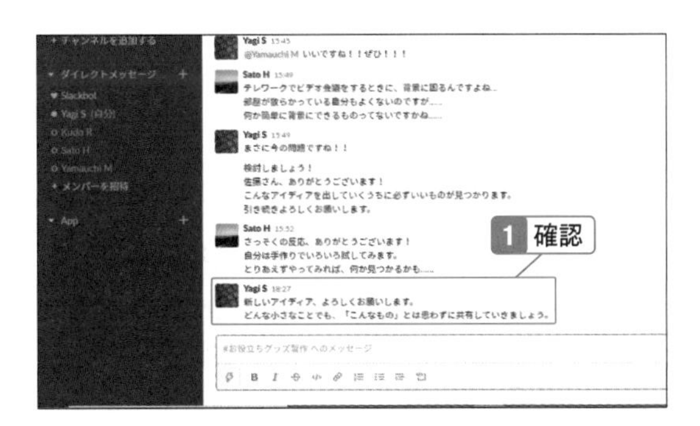

チャンネルのメッセージを見る

1 表示するチャンネルをクリック。

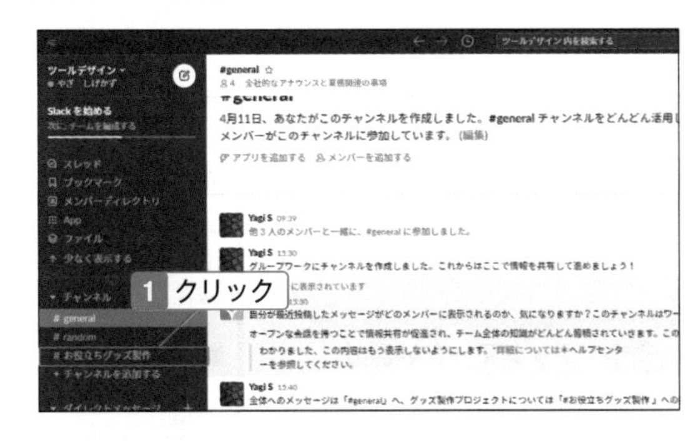

2 チャンネルに投稿されたメッセージが表示される。

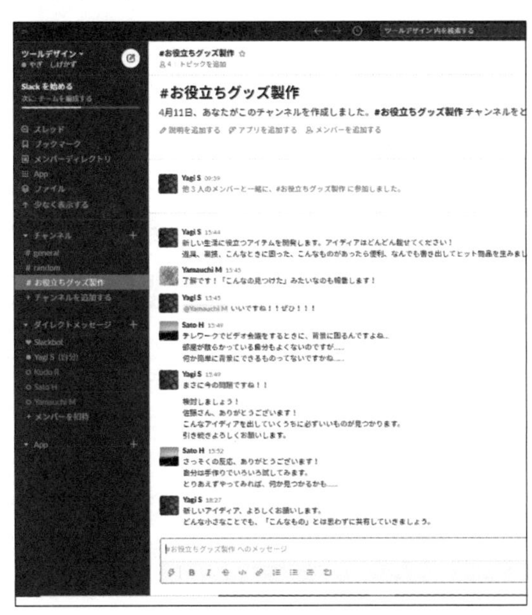

05-06
SECTION

重要なメッセージをブックマークする

後で見直したい大事なメッセージを登録しておこう

重要なメッセージはブックマークに登録しておくと、あとから探しやすくなります。ブラウザーの「お気に入り」と同様の機能です。ユーザーがそれぞれ登録でき、自分が登録したブックマークは他ユーザーには見えないので、備忘録として役立ちます。

ブックマークに登録する

1 ブックマークするメッセージにマウスポインターを合わせるとメニューが表示されるので、「ブックマークに登録する」をクリック。

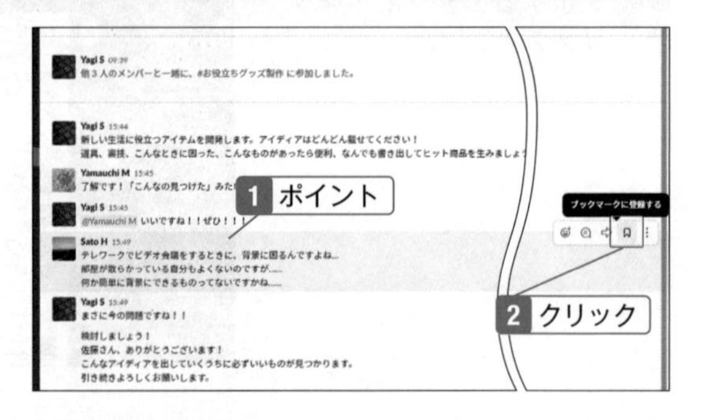

ブックマークは自分専用

メッセージに付けたブックマークは、自分が見たときだけブックマークが付いた状態になります。ブックマークはほかのユーザーには共有されません。

2 ブックマークに登録される。

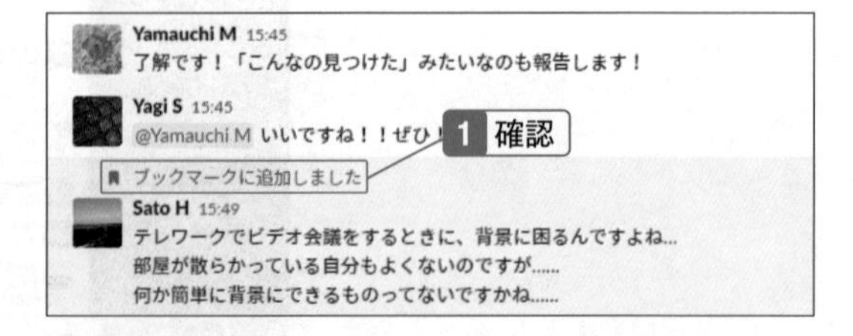

ブックマークを外す

ブックマークを外したいときは、メッセージを選択して「ブックマークから外す」をクリックします。

ブックマークのメッセージを見る

ブックマークしたメッセージは一覧になっている

大切なメッセージをブックマークしておくと、ブックマークの一覧で簡単にメッセージを表示できるようになり、必要な情報をすばやく探し出すことができます。ただし、ブラウザーの「お気に入り」のように、ファイル分けをして整理することはできません。

ブックマークのメッセージを表示する

1 「ブックマーク」をクリック。

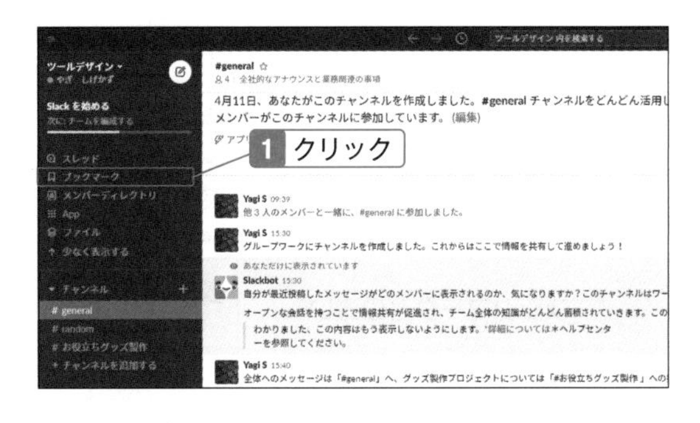

2 ブックマークに登録されているメッセージが表示される。

ブックマークの名前は「ブックマーク」のみ

ブックマークはブラウザーの「お気に入り」に似ています。しかしブラウザーの「お気に入り」はいくつものフォルダーを作って整理できることに対し、Slackのブックマークは「ブックマーク」だけになります。メッセージが多くなると必要な情報を探しにくくなるので、用が済んだメッセージはブックマークを外すなど、ブックマークは定期的に整理しましょう。

05-08
SECTION

メッセージをピンで留めて目立たせる

ブックマークは「個人用」でこちらは「チャンネル全体で共有」

重要なメッセージをピンで留めると目立たせることができます。ピンで留めたメッセージは、参加しているユーザー全員に対してピンで留まっている状態になります。全員で共有する情報はピン留め、個人ならブックマークという使い分けが基本です。

重要なメッセージをピンで留める

1 ピンで留めるメッセージにマウスポインターを合わせるとメニューが表示されるので、「その他」をクリック。

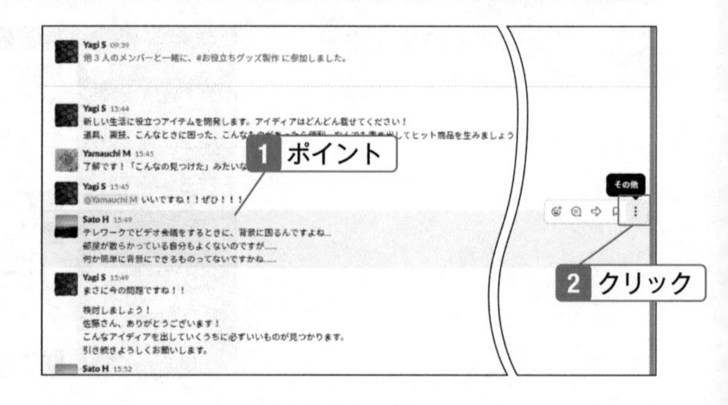

ブックマークとの違い

ピンで留めたメッセージは、参加しているユーザー全員がピンで留まった状態で表示されるようになります。ブックマークは、ブックマークに登録したユーザーだけに対して設定されます。全員ならばピン留め、自分だけであればブックマークというように使い分けます。

2 「チャンネルへピン留めする」をクリック。

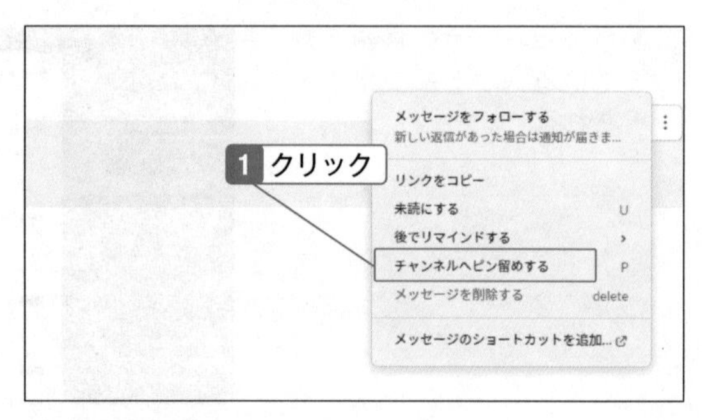

3 メッセージがピンで留められる。

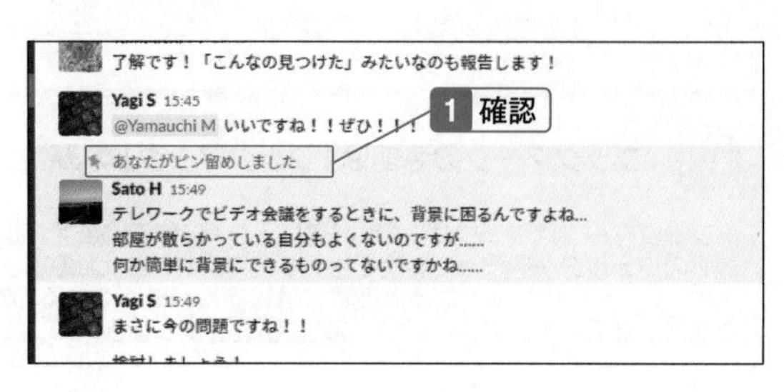

ピンで留まったメッセージを見る

1 チャンネル上部の「ピン留めアイテムを確認」をクリック。

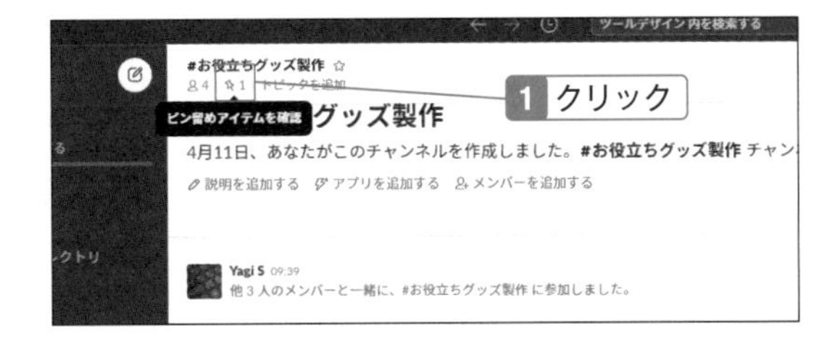

2 ピンで留められたメッセージが表示される。

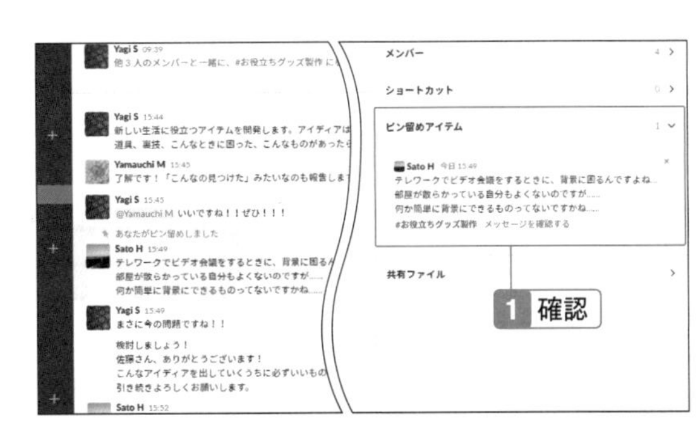

メッセージのピン留めを外す

1 「ピン留めアイテム」に表示されたメッセージの「×」をクリック。

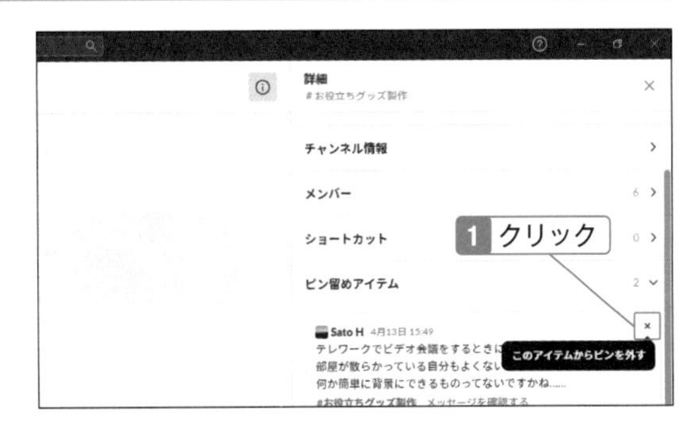

2 「ピン留めしたアイテムを外す」をクリック。

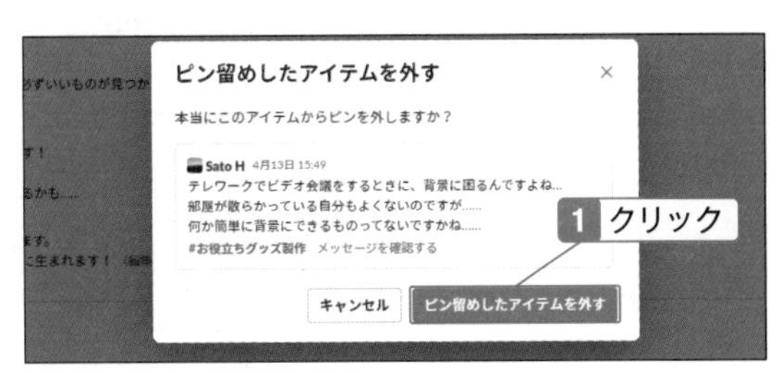

特定の相手に向けて返信する

特定の相手あてでも、チャンネル全体あてでもメンションできる

チャンネルのメッセージに返信するときに、誰かにあてて送りたいのであれば「メンション」を利用します。チャンネルの中で公開されながら、特定の相手向けの返信であることがわかります。TwitterやInstagramなどのSNSと同じように、「@」の次に相手の名前を入れてメンションします。

メンションしたメッセージを送る

1 メッセージの入力欄で「@」をクリック。

「@」を直接入力する

メッセージの入力欄に「@」を入力してもメンションする相手の候補が表示されます。

2 メンションする相手をクリック。

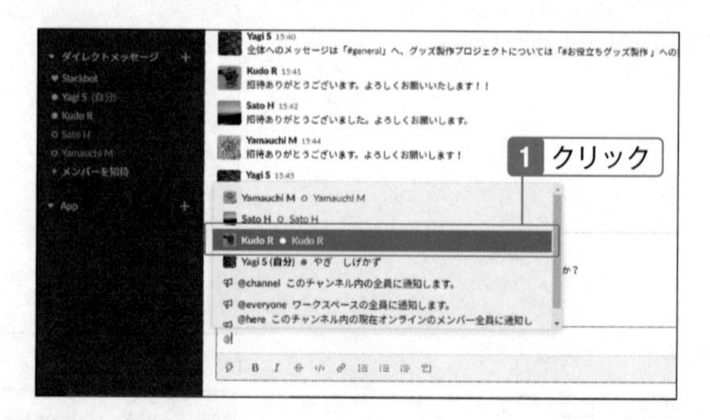

3 メッセージを入力して「送信」をクリック。

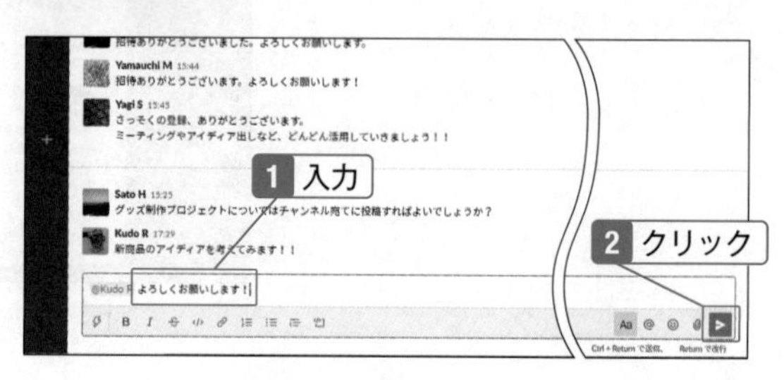

メンションが付いたメッセージが投稿される。

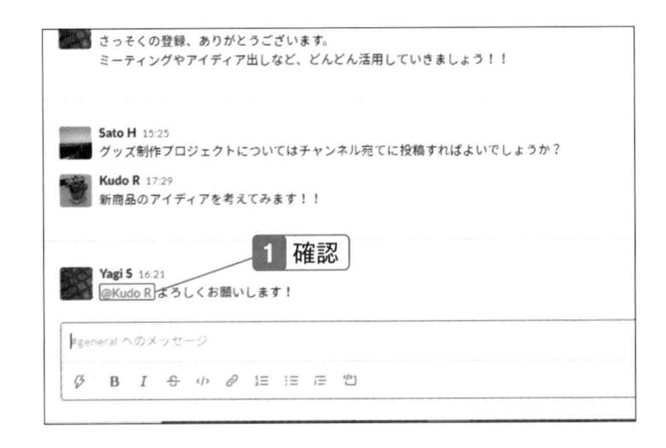

ONE POINT

SNSの返信と同様の機能

メンションは「特定のユーザーやグループについて話している」ことを示す機能です。これはSlackだけの機能ではなく、TwitterやInstagramなどのSNSでも「@」ではじまる投稿をすることでメンションできます。

オンラインの相手にメッセージを送る

1 「@」をクリックして、「@here」をクリック。

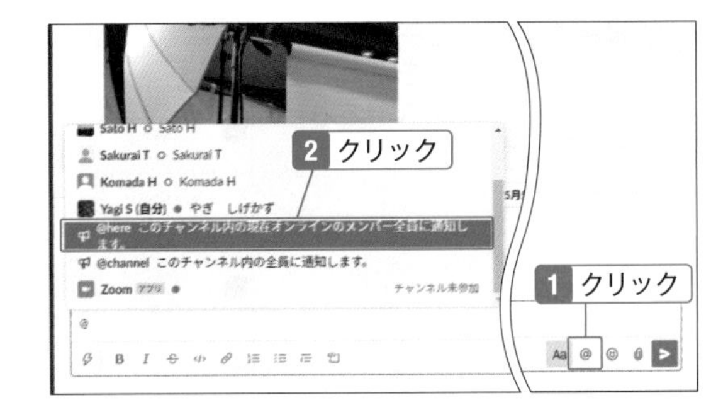

2 メッセージを入力して「送信」をクリック。

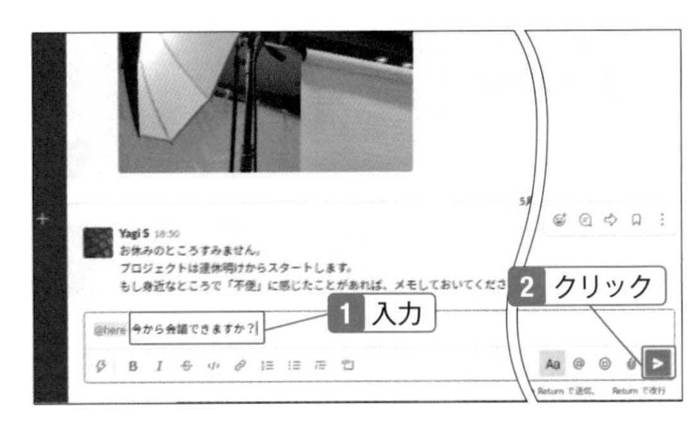

オンラインの相手にだけ通知が表示

「@here」を使うと、そのときのステータスがオンラインのメンバーにだけ新着メッセージの通知が表示されます。離席中や休暇中などオンライン以外のメンバーには未読メッセージがあることだけが表示されます。

05-10
SECTION

送信したメッセージを編集する

送信済みのメッセージの内容を修正したいときに

送信したあとでもメッセージを編集することができます。編集したメッセージには、最後の編集時刻が記録されますので、ほかのユーザーにも内容が変わったことがわかります。ただし、編集できるのは自分のメッセージだけで、他のメンバーの投稿は編集できません。

送信済みのメッセージを編集する

1 編集するメッセージにマウスポインターを合わせるとメニューが表示されるので、「その他」をクリック。

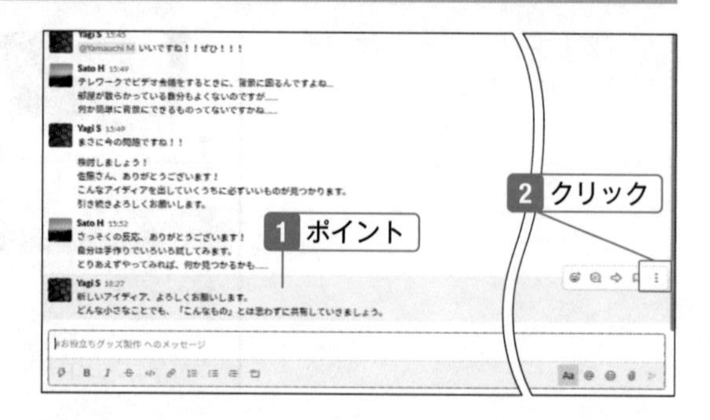

2 「メッセージを編集する」をクリック。

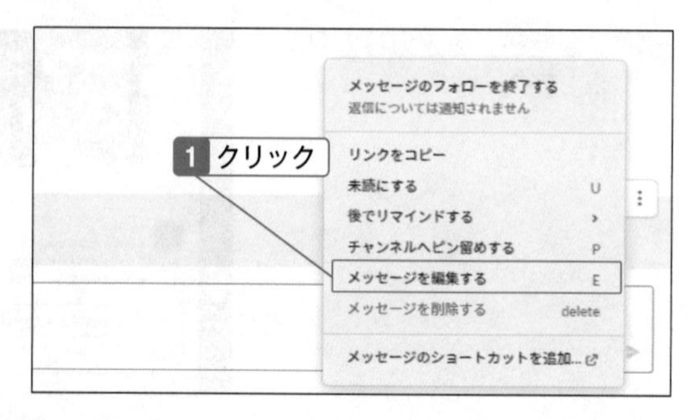

ONE POINT

編集できるメッセージは自分のものだけ

編集できるメッセージは自分が投稿したものに限ります。ほかのユーザーが投稿したメッセージは編集できません。

3 メッセージを編集して、「変更を保存する」をクリック。

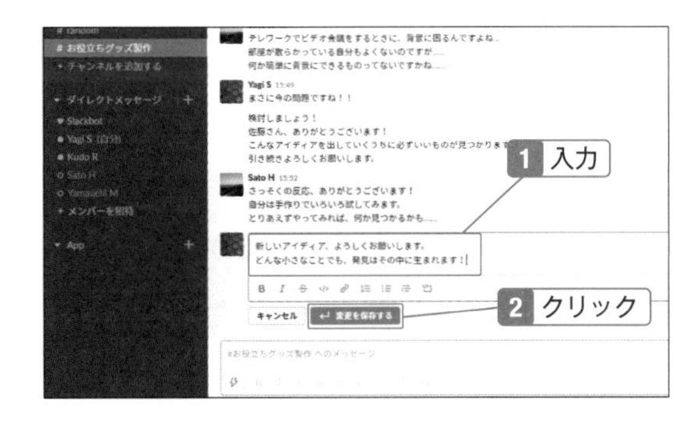

4 メッセージが更新される。

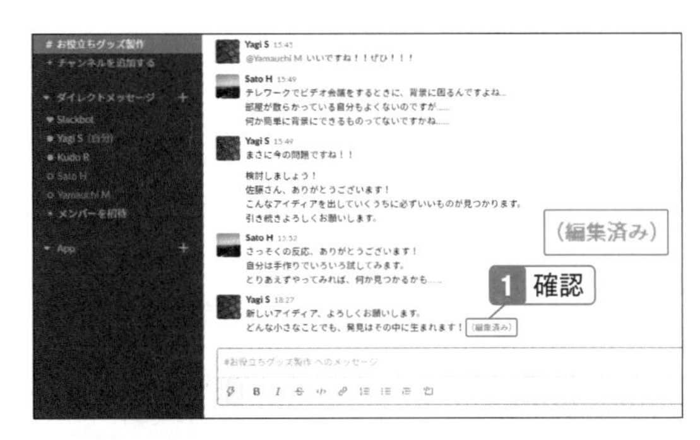

5 「編集済み」にマウスポインターを合わせると、最後に編集された時刻が表示される。

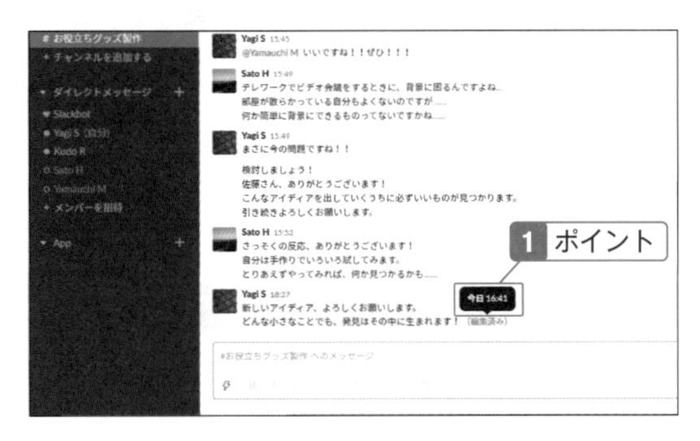

編集したことを伝える

メッセージを編集するとメッセージに（編集済み）と表示されますが、通知はされないのでメンバーはメッセージを見るまではわかりません。細かい修正であればそのままでも構いませんが、内容に大きな修正があった場合には、「内容を修正しました」などの新規メッセージを送って変更を伝えましょう。

05-11
SECTION

メッセージを削除する

不要なメッセージを削除できるが、復活はさせられない

誤って投稿したり、不要になったりしたメッセージは削除できます。必要な情報を確実に伝えるためには、不要なメッセージを削除するのも大切です。また、添付ファイル（SECTION05-12）の差し替えができないため（2020年6月時点）、ファイルを間違えたらメッセージを削除します。

メッセージを削除する

1 ピンで留めるメッセージにマウスポインターを合わせるとメニューが表示されるので、「その他」をクリック。

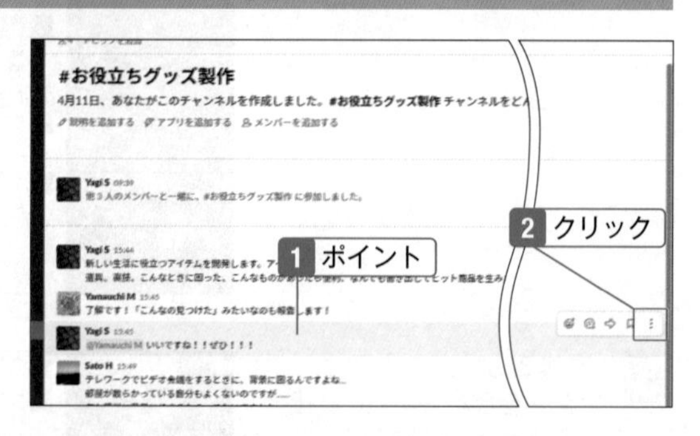

2 「メッセージを削除する」をクリック。

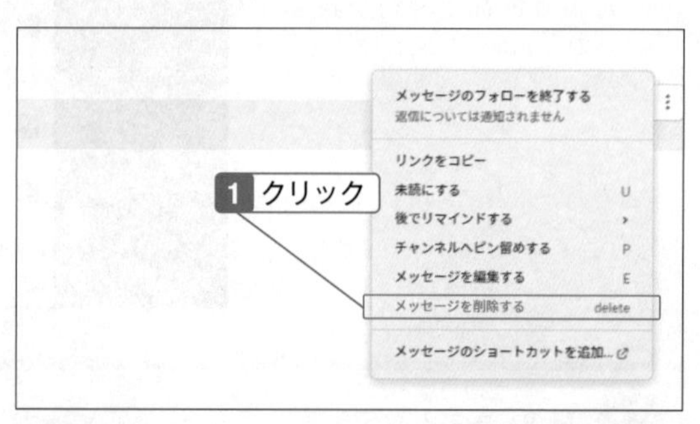

3 削除する内容を確認して、「削除する」をクリック。

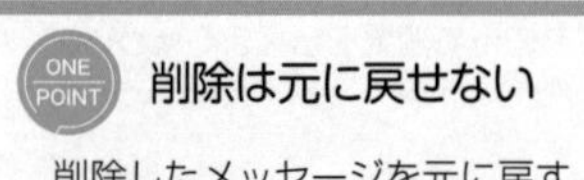

削除は元に戻せない

削除したメッセージを元に戻すことはできません。「ごみ箱」のような機能がないので、十分に確認してから削除しましょう。

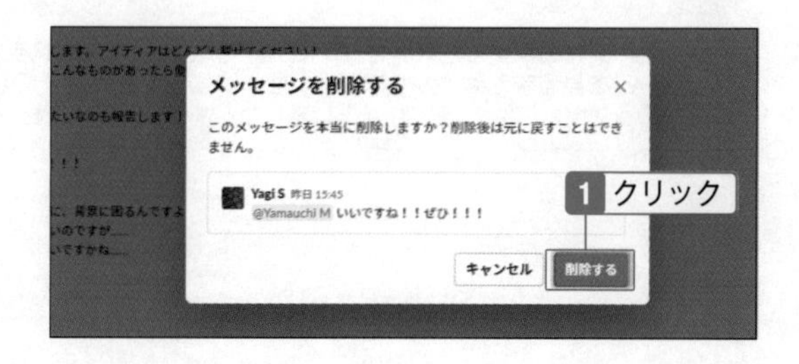

4 メッセージが削除される。

他ユーザーのメッセージ削除はホストだけ可能

ワークスペースを開設した管理者（ホスト）に限っては、ほかのユーザーが投稿したメッセージの削除もできます。招待されたユーザー（ゲスト）は、自分が投稿したメッセージだけ削除できます。

削除できないようにする

1 アカウントの名前→「設定と管理」→「ワークスペースの設定」をクリック。

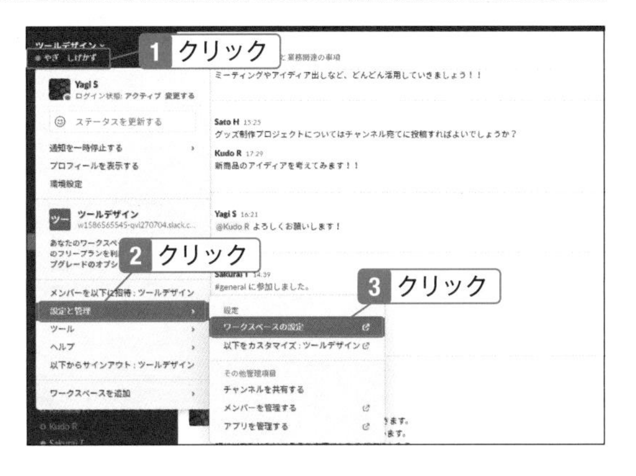

誤って削除してしまわないように

Slackではメッセージを削除すると元に戻せません。そのため、誤って削除しないように、オーナーと管理者以外のメンバーには削除できないような権限を設定することができます。

2 ブラウザーが起動してSlackのホーム画面が開くので「設定と権限」をクリック。

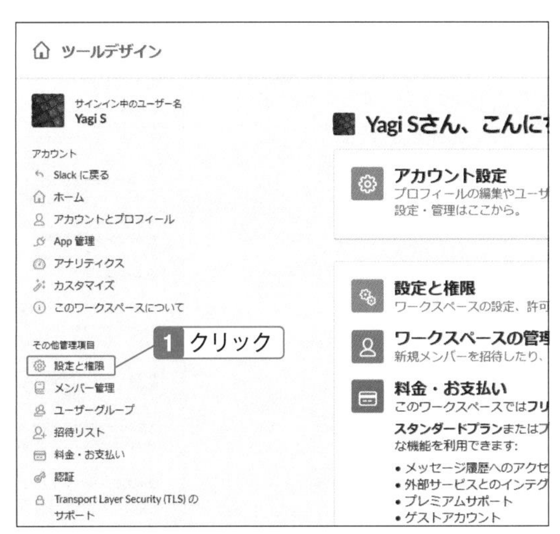

サインインが必要

ブラウザーが起動するときに通常はSlackにサインインした状態で開きますが、サインアウトしている場合はサインイン画面が表示されますので、サインインしてください。

3 「権限」タブの「メッセージの編集と削除」の「開く」をクリック。

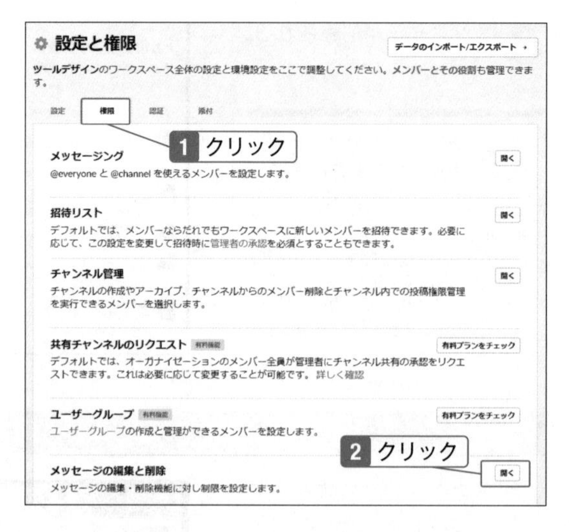

4 「ワークスペースのオーナーと管理者のみ」を選択。

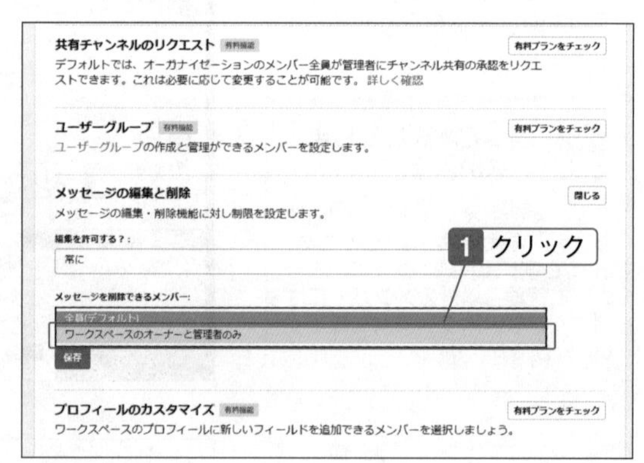

5 「保存」をクリックすると設定が完了するので、ブラウザーの「×」(閉じる)をクリック。

05-12
SECTION

メッセージにファイルを添付する

一度に複数のファイルを添付でき、後からダウンロードも可能

メッセージには、ファイルを付けて投稿することができます。写真を添付したり、資料となるデータファイルを添付したりして、参加しているユーザーと共有できます。添付されたファイルは専用の場所に格納されるため、後からファイルだけを再ダウンロードすることもできます。

メッセージにファイルを添付する

1 メッセージを入力して、「ファイルを添付」をクリック。

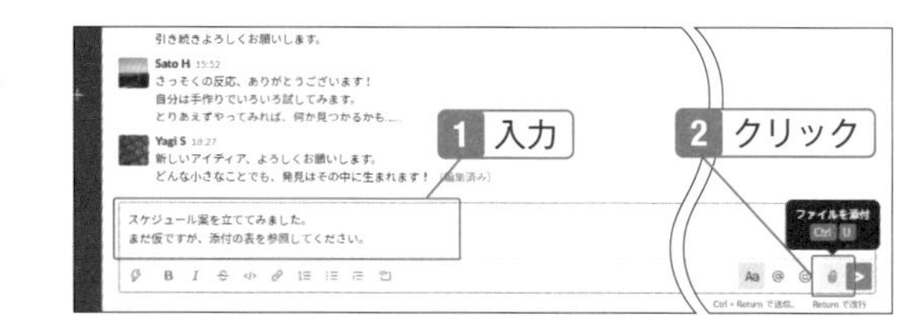

2 「自分のコンピューター」をクリック。

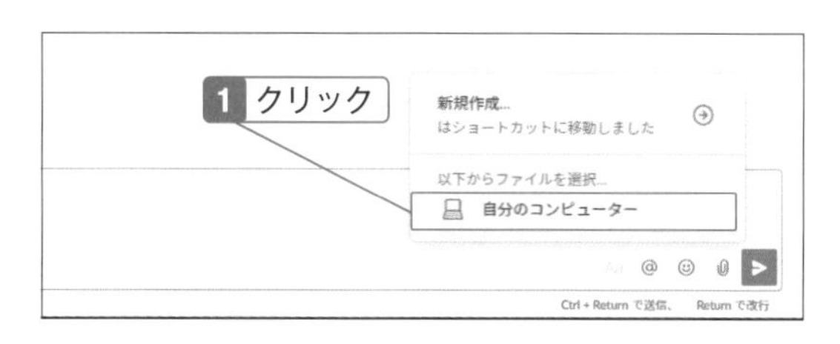

スマホからの添付

スマホからファイルを添付するときには、スマホの中の保存されているフォルダーを開いて添付します。機種によってはスマホ内のフォルダーを開く権限が制限されていることもあり、添付できないファイルもあります。

ファイルを添付するときは、下部の「ファイルを追加」をタップしてフォルダーからファイルを選択。

3 添付するファイルを選択して、「開く」をクリック。

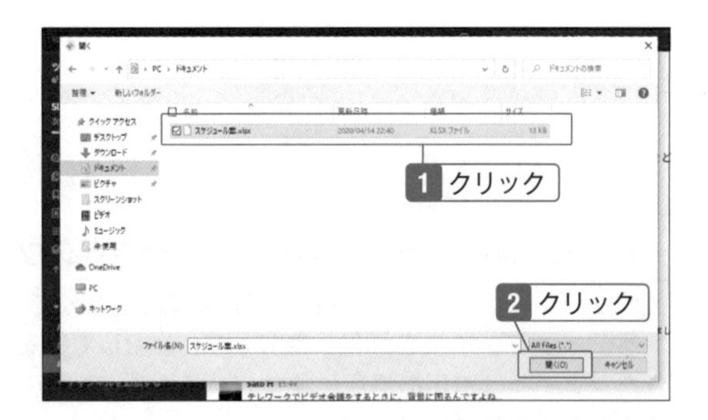

添付できるファイルの種類

Slackのメッセージには、写真や動画、データファイルなど、原則としてどのようなファイルも添付できます。ただしあまり容量が大きいと、アップロードやダウンロードに時間がかかりますので、圧縮するといった工夫をした方がよいでしょう。複数のファイルをまとめてアップロードしたいときも、圧縮ファイルにして1つのファイルにすれば効率よく共有できます。

4 メッセージとファイル、共有相手を確認して、「アップロード」をクリック。

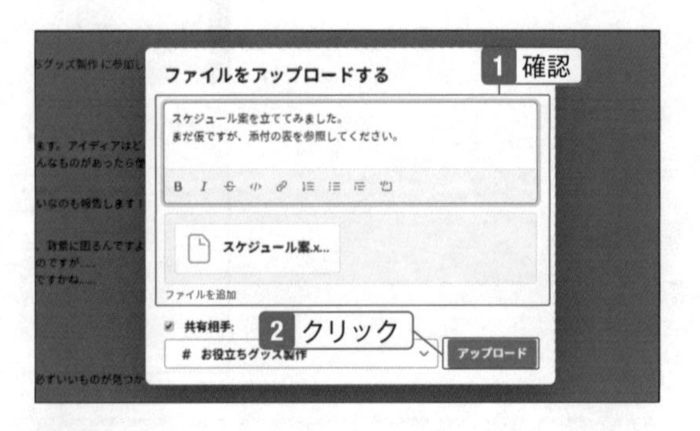

共有相手とは

共有相手とはチャンネルに参加しているユーザーのことを示します。

5 ファイルを添付したメッセージが投稿される。

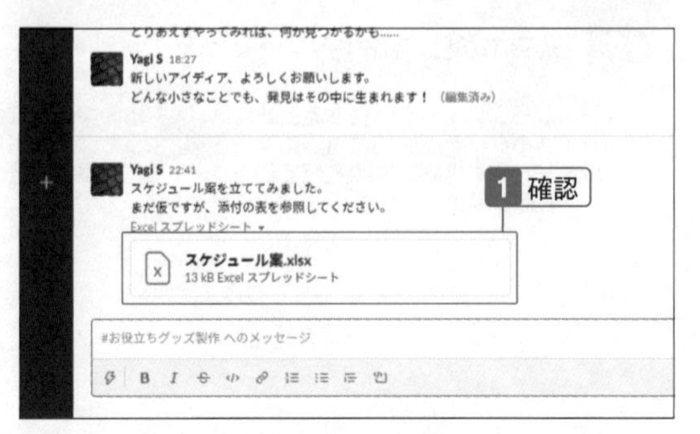

05-13
SECTION

添付されたファイルを保存する

Slack上に保存された添付ファイルを自分のパソコンにダウンロード

メッセージに添付されたファイルはSlackのサーバー上に保存されますが、内容を確認したいときなどにはパソコンにダウンロードして保存します。自分あてのメッセージにファイルを添付して送ることで、ストレージのようにも活用できます。

添付ファイルをダウンロードする

1 ダウンロードするファイルにマウスポインターを合わせる。

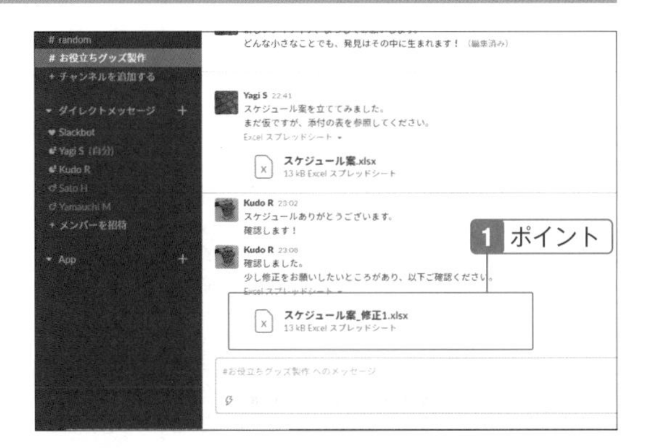

2 表示されるメニューから「ダウンロード」をクリック。

クリックして保存

添付ファイルをクリックしてもダウンロードできます。ただしファイルの種類によっては開いてしまうので、ダウンロードするときはメニューをクリックする方法の方が確実です。

3 ファイルがダウンロードされ、パソコンに保存される。

4 ダウンロードしたファイルは「ダウンロード」フォルダーに保存されている。

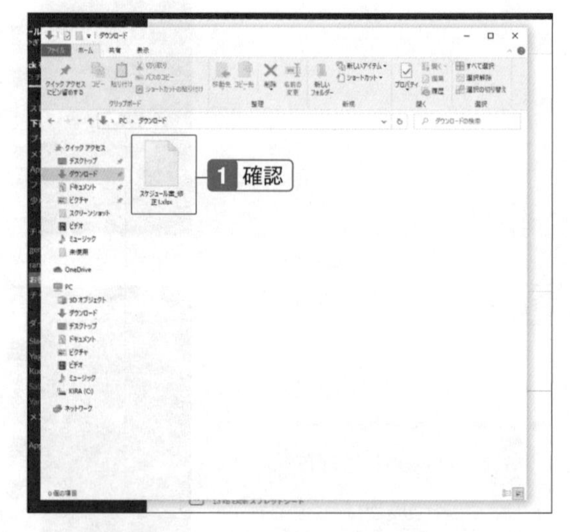

ダウンロードしなくても保存されている

Slackの添付ファイルはインターネット上のディスクスペースに保存されていますので、毎回ダウンロードして保存する必要はありません。ダウンロードしなければ開けないファイルや編集が必要なファイルだけダウンロードします。また編集したら添付して送信し、メンバーに最新のファイルを共有しましょう。

05-14
SECTION

メッセージを検索する

キーワードやフィルタを使って詳細に検索できる

投稿されたメッセージが多くなってくると、必要な情報を確認するとき手間がかかります。そこでキーワードを使い、投稿されたメッセージの中から必要なメッセージを検索します。メッセージの他に、ファイル名などでも検索することができます。

メッセージを検索する

1 上部の検索ボックスをクリック。

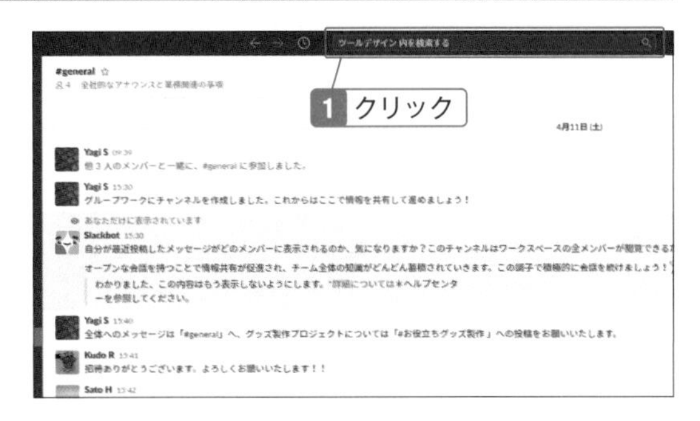

2 検索するキーワードを入力して、「メッセージやファイルなどを検索する」をクリック。

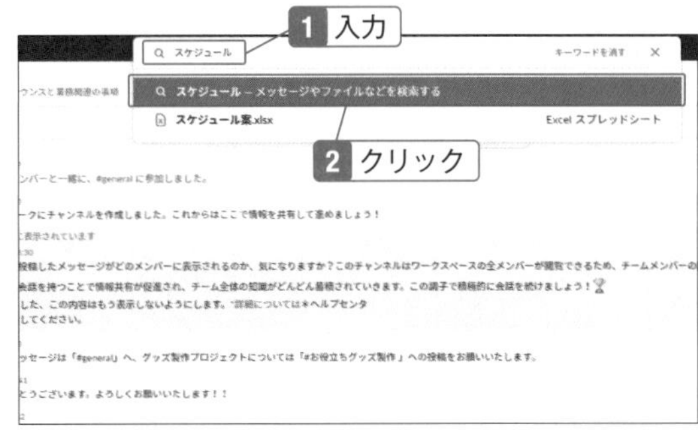

候補が表示される

キーワードを入力すると、投稿されたファイルの名前に該当するものがあるとき、候補として表示されます。

3 検索結果が表示される。

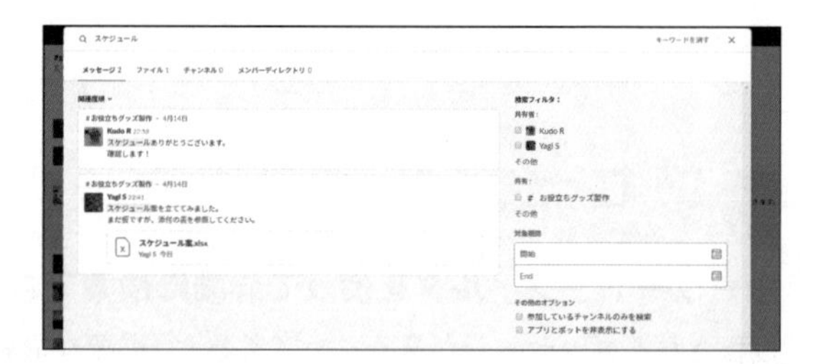

キーワードを消去する

検索結果が表示された画面を閉じてメイン画面に戻ったとき、入力した検索キーワードが表示されたままになっています。これを消去するときはキーワード右側の「×」(閉じる) をクリックします。

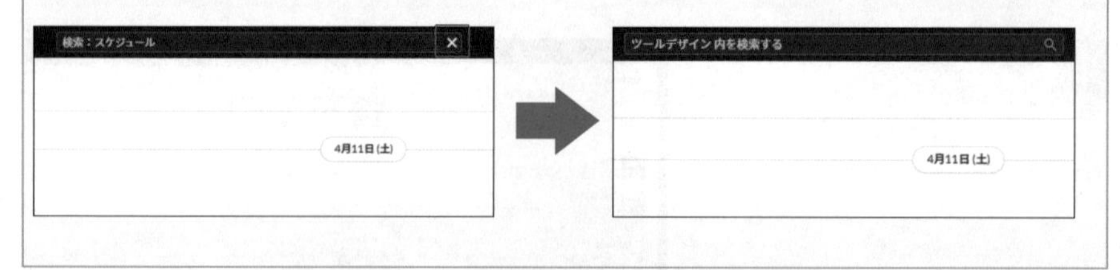

検索結果を絞り込む

1 「検索フィルタ」に絞り込む条件を設定すると、検索結果を絞り込める。

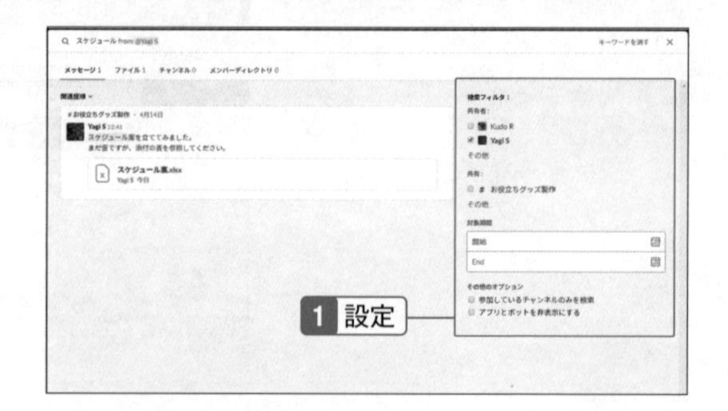

2 「ファイル」タブや「チャンネル」タブ、「メンバーディレクトリ」タブにはそれぞれ検索キーワードに一致するものがある場合、表示される。

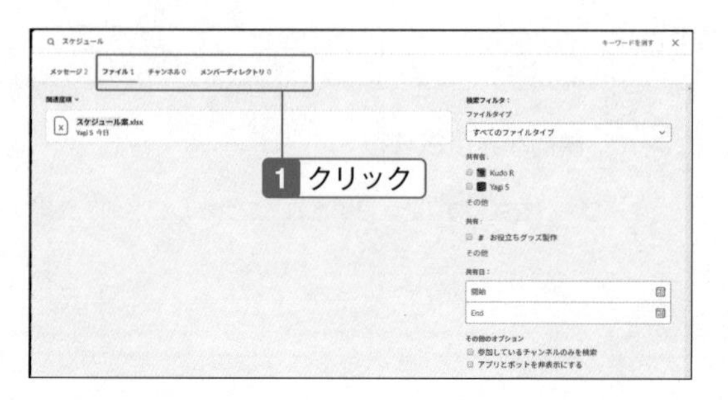

05-15
SECTION

未読メッセージを確認する

未読メッセージはすぐにわかるようになっている

メッセージが投稿され、未読になっている状態ではチャンネル名が太字で強調表示されます。未読メッセージがあることがわかりますので、開いて確認しましょう。また、メッセージが届くと端末には通知が届き、Windowsではタスクバーのアイコンに未読件数が表示され、未読メッセージがあることがわかります。

未読メッセージを表示する

1 未読メッセージがある場合、チャンネル名が太字で表示される。太字のチャンネルをクリック。

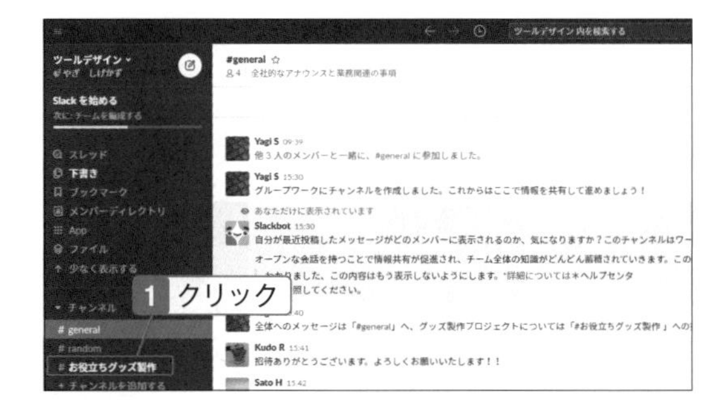

2 未読メッセージが表示される。

ONE POINT 未読と既読の境目

チャンネルのメッセージには既読と未読のメッセージの境目に「New」と表示されます。「ここまで読んでいる」ことがわかります。

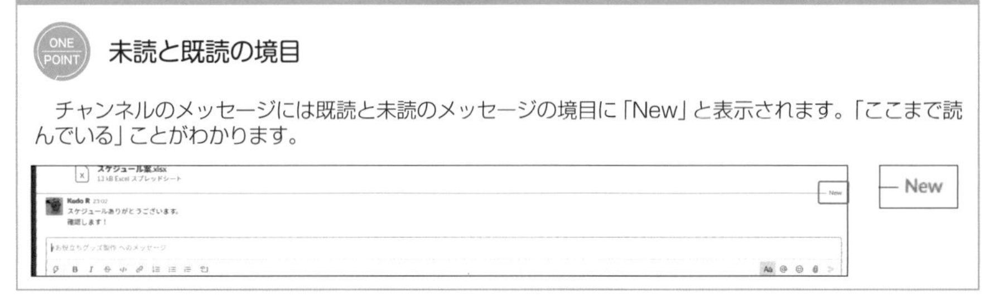

05-16
SECTION

下書きしてからメッセージを送る

長めのメッセージや、すぐに送らない場合などに活用しよう

メッセージを書きかけた状態でも、入力したメッセージは自動的に下書きとして保存されます。下書きはいつでも編集して、送信することができます。また、やはり下書きを使わないといった場合も、送らずに削除することができます。

メッセージを下書きして後から送る

1 下書きがあるときは「下書き」が太字で表示される。「下書き」をクリック。

書きかけ自動的に保存される

メッセージの入力欄に文章を入力して、送信しないまま別のチャンネルなどに画面を移動すると、入力したメッセージは自動的に下書きとして保存されます。

2 下書きで保存されたメッセージをクリック。

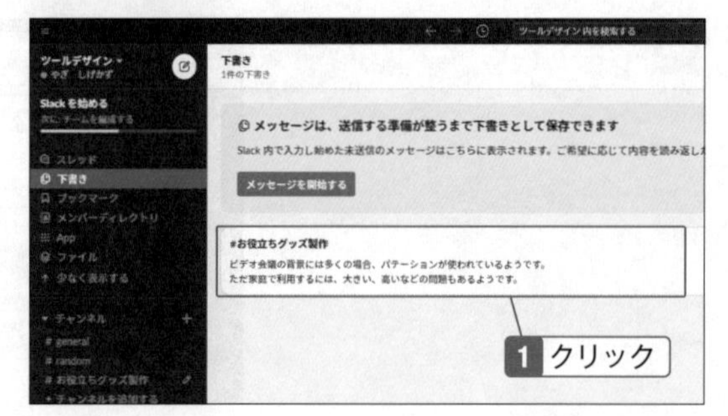

メニューから操作する

下書きメッセージにマウスポインターを合わせると、メニューから「削除」「編集」「送信」の操作ができます。「送信」では内容を編集せずにそのまま送信します。

3 メッセージを入力する画面に移動するので、メッセージを編集して「送信」をクリック。

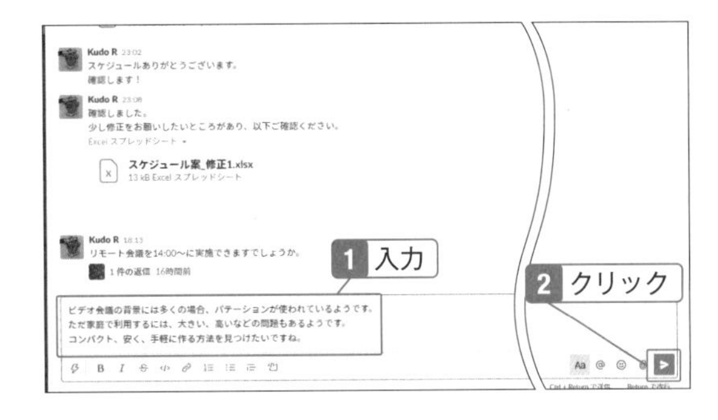

4 メッセージが送信される。

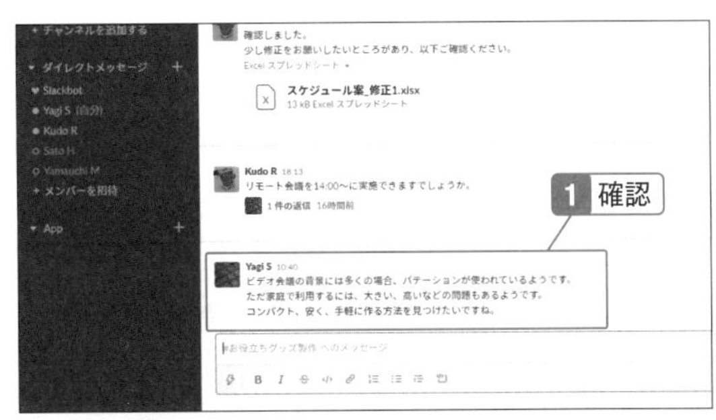

送信後には「下書き」から削除

下書きに保存されたメッセージを送信すると、「下書き」からは削除されます。

下書きを削除する

下書きにマウスポインターを合わせると表示されるメニューで「下書きを削除する」をクリックすると下書きを削除できます。削除した下書きは元に戻せません。

下書きからそのまま送信する

下書きにマウスポインターを合わせると表示されるメニューで「メッセージを送信する」をクリックすると、下書きに保存されているメッセージをそのまま送信します。下書きからの送信は、送信する時間を決めてあらかじめメッセージを用意しておきたいときなどにも利用できます。

05-17
SECTION

ダイレクトメッセージを送る

1対1でもメッセージをやり取りできる

ダイレクトメッセージは、メールと同じように個人をあて先に指定して送るメッセージです。メールアプリのやりとりと切り替えることなく、Slackを使ってメールのやりとりができます。なお、読んでも「既読」はつかないので、返信やリアクションをするようにしましょう。

ユーザー1人に宛てたメッセージを送信する

1 「ダイレクトメッセージ」の下に表示されているユーザーの中で送る相手をクリック。

ステータスを確認する

ユーザーの左側にはステータスが表示されています。グリーンの「●」はオンラインを示していて、Slackを使っている状態なので、すぐに届くと考えられます。一方で離席している場合やオフラインでも、メッセージを送ることはできます。

2 メッセージを入力して「送信」をクリック。

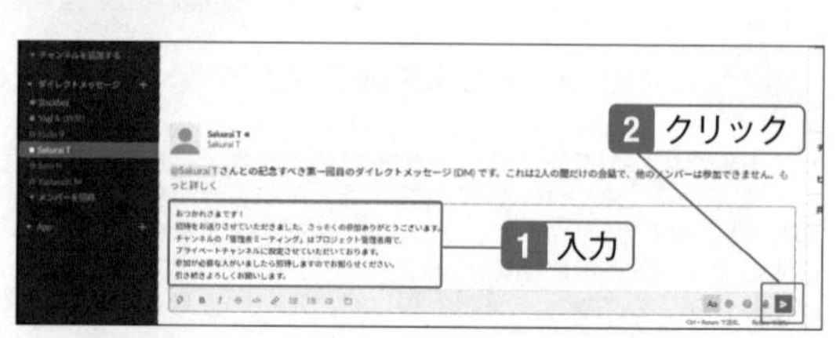

3 ダイレクトメッセージが送信される。

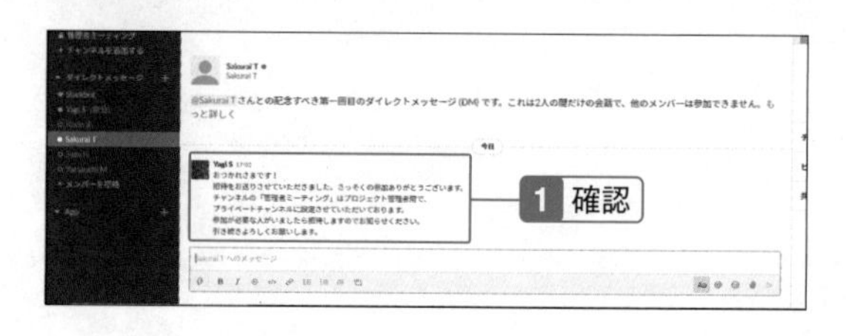

既読の確認機能はない

Slackのダイレクトメッセージには、LINEのように「既読」を示す機能はありません。一般的なメールと同じで、相手が読んだかどうかはわからないので、返信が必要なメッセージには、確実に返信をするようにしましょう。

05-18
SECTION

届いたダイレクトメッセージを読む

表示などはチャンネルでのやり取りと同じ

Slackのユーザーとはメールのように、ダイレクトメッセージをやりとりできます。ダイレクトメッセージはほかのユーザーが見ることのできない個人的な連絡などに利用します。なお、自分がオフラインになっているときでもメッセージを受け取ることはできます。

ダイレクトメッセージを開く

1 ダイレクトメッセージが届くと通知が表示されるので、差出人をクリック。

未読件数が表示される

ワークスペースに参加しているユーザーの名前の右側に、未読のダイレクトメッセージ件数が表示されます。

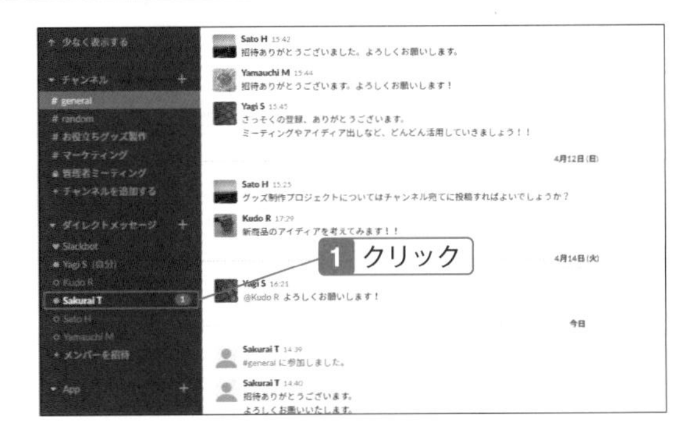

Windowsの通知が届く

ダイレクトメッセージが届くと、画面の右下にWindowsの通知も表示されます。ただしWindowsの設定で通知が許可されていない場合は表示されません。

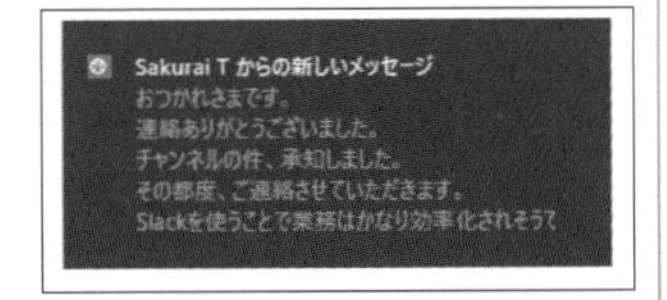

2 受信したメッセージが表示される。

メッセージは会話形式

ダイレクトメッセージは、LINEなどのメッセージアプリのように、会話形式で表示されます。

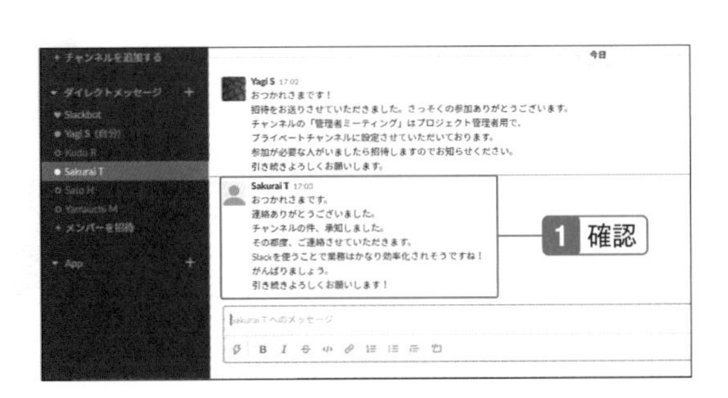

05-19 SECTION

メッセージに文字飾りを付ける

メッセージに太字や斜字を使って重要な部分を目立たせよう

投稿するメッセージには、いくつかの文字飾りを設定できます。ワープロソフトやホームページのように多くの文字飾りはありませんが、目立たせたい部分などに使うときには十分な機能です。ただし、スマホでは文字飾りの一部が対応しておらず、表現されない場合があります。

文字を飾る

1 文字飾りを設定する文字を選択して、使用する文字飾りのアイコンをクリック。

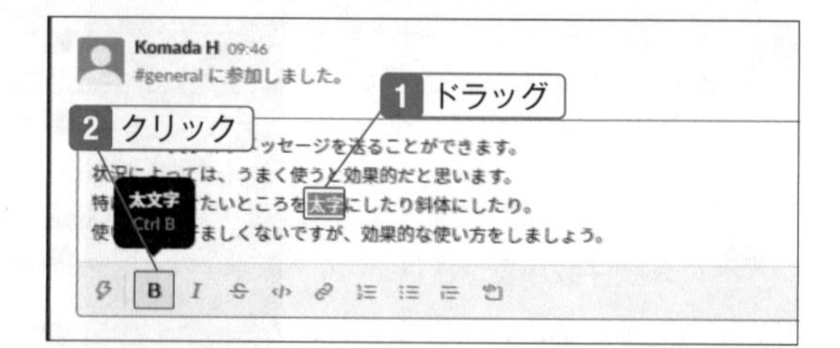

2 文字飾りが設定される。

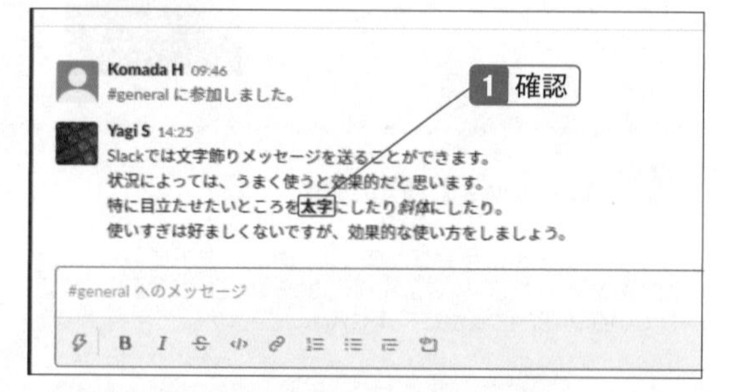

使える文字飾り

文字飾りには、「太字」「斜字」のほかに、「取り消し線」「順序付きリスト」「箇条書き」「引用（インデント）」があります。

スマホでは表示できないものも

スマホでは文字飾りの一部が対応していません。機種によっても異なりますが、スマホで利用するユーザーがいる場合には、文字飾りは最小限にとどめておきましょう。

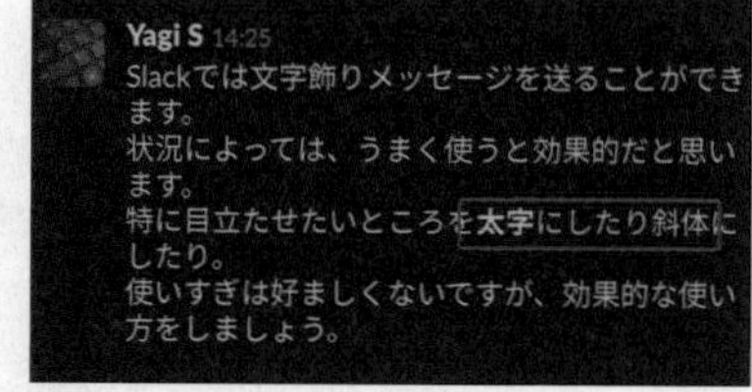

▲iPhoneでは太字の表は可能だが斜字は表示できない。

ほかのユーザーと通話する

登録しているメンバーと音声/ビデオ通話できる

Slackでは、ワークスペースに登録しているメンバーと通話ができます。無料プランでは相手1人との音声通話、ビデオ通話のみになりますが、インターネット回線を使うため、通話料もかかりません。なお複数人で音声・ビデオ通話を行う場合は、有料プランにする必要があります。

メンバーと通話する

1 通話する相手をクリックしてダイレクトメッセージの画面を表示し、右上の「通話を発信する」(受話器のアイコン)をクリック。

相手のオンラインを確認

通話を開始するときは、相手のステータスがオンライン(緑色の●)になっていることを確認します。オンラインであれば相手が通話に出られる状態です。

2 相手を呼び出す。相手が出ると通話できる。

ビデオ通話する

通話中に「ビデオ通話を有効にする」をクリックしてオンにする(または「V」キーを押す)と、ビデオ通話ができます。ただし相手のパソコンにカメラが付いていない場合は、こちらの映像を送るだけで、相手の映像は見られません。

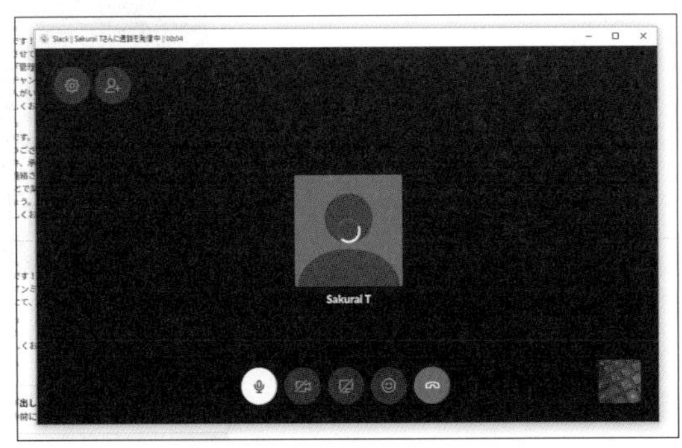

通話を終了する

1 「通話を終了」をクリックして終了する。

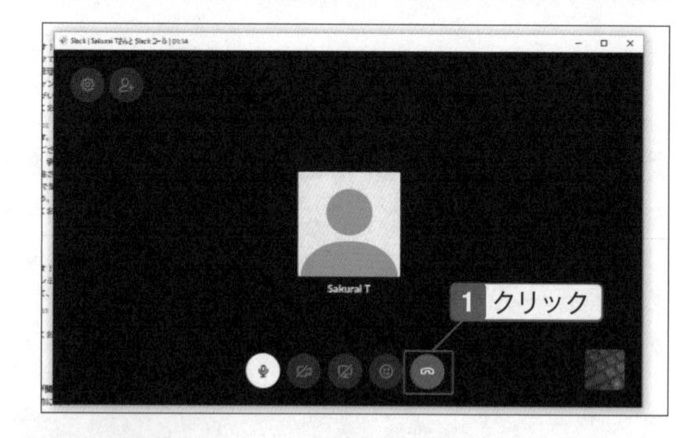

2 通話が終了する。

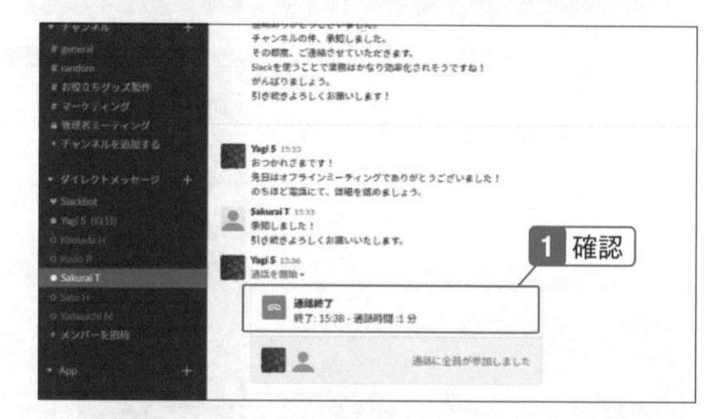

有料プランで追加できる通話機能

無料プランでは1対1の通話のみ利用できますが、有料プランを使うと、複数ユーザーでの同時通話（音声・ビデオ）ができるようになります。

通話中にリアクションを送る

1 通話中に「リアクション」をクリック。

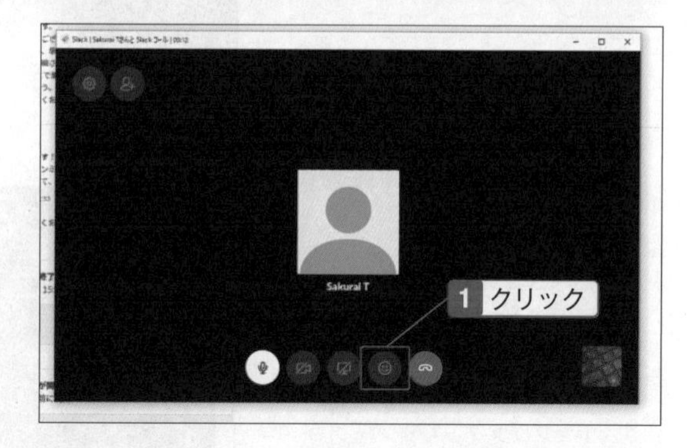

リアクションの使い道

通話中のリアクションは音声通話でやりとりする感情を補助します。拍手や頷きなど、音声通話では伝えにくい感情をリアクションで表現できます。

2 送信するリアクションをクリック。

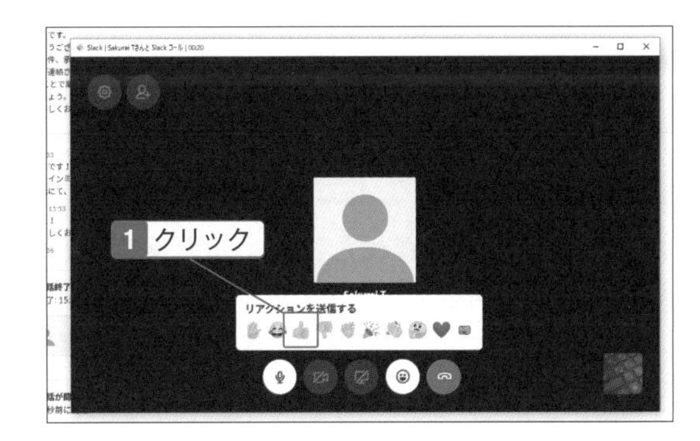

3 リアクションが送信される。

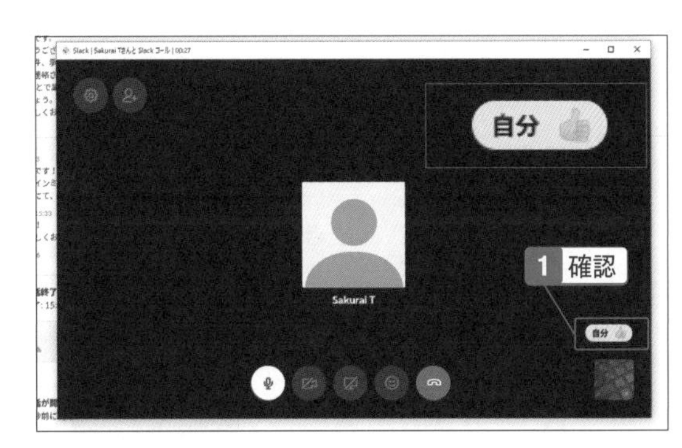

ONE POINT リアクションを受信する

リアクションを受信すると、通話画面に相手の名前とリアクションが表示されます。

05-21
SECTION

アップロードされているファイルを確認する

メッセージに添付されたファイルが保存されている

Slackにはファイルを保存するスペースがあります。情報を共有したいファイルをアップロードしておけばワークスペースに参加しているメンバーがいつでも使えるようになります。条件を設定して表示を絞り込むこともできるので、ファイルが増えてきてもすぐに探せます。

ファイルを確認する

1 「ファイル」をクリック。

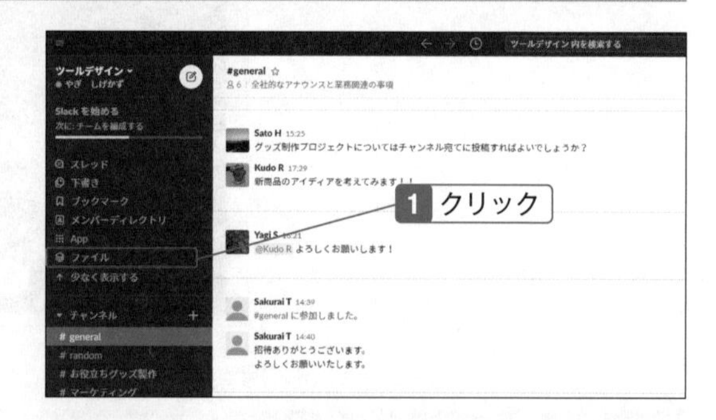

2 保存されているファイルの一覧が表示される。

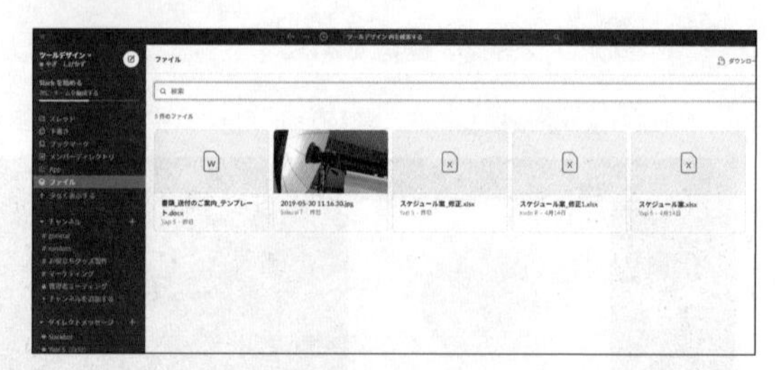

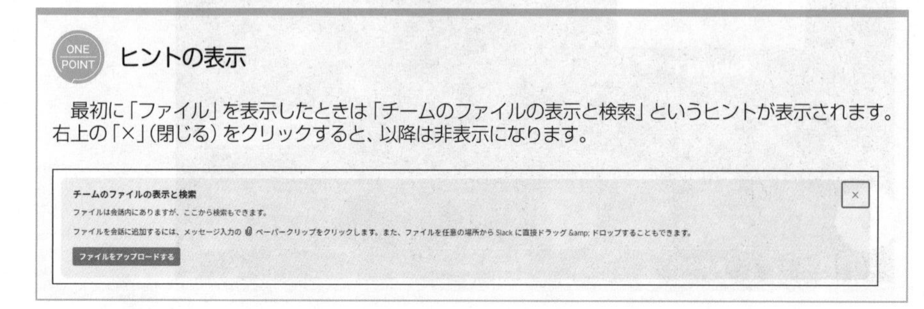

ONE POINT ヒントの表示

最初に「ファイル」を表示したときは「チームのファイルの表示と検索」というヒントが表示されます。右上の「×」(閉じる) をクリックすると、以降は非表示になります。

3 ファイルをクリックするとファイルの情報が表示される。

写真や動画を表示する

保存されているうちの写真や動画は、サムネイルが表示されます。クリックすると拡大表示されます。

表示するファイルを絞り込む

1 ファイルの一覧で「フィルター」をクリック。

2 絞り込む条件を設定する。

3 条件に一致するファイルだけが表示される。

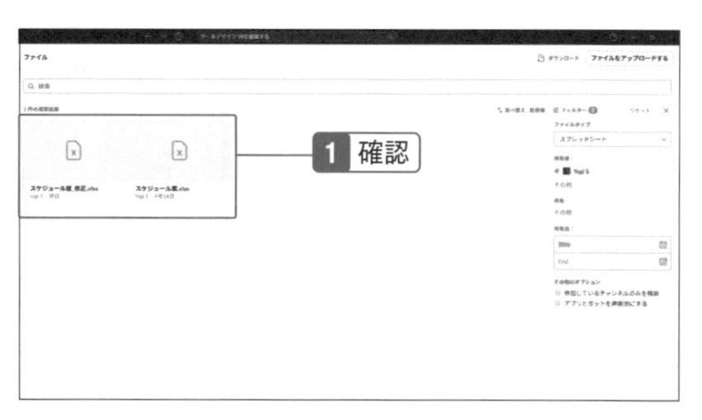

05-22
SECTION

ファイルをアップロードして共有する

チャンネルでなく共有ファイルの一覧からでもアップロード可能

情報の共有に必要な文書やデータは、ファイルをSlackにアップロードしておくと、参加しているユーザーがいつでも使えるようになります。なお、アップロードしたファイルが「ファイル」に表示されるまでに時間がかかることがあります。

ファイルをアップロードする

1 「ファイル」をクリック。

2 「ファイルをアップロードする」をクリック。

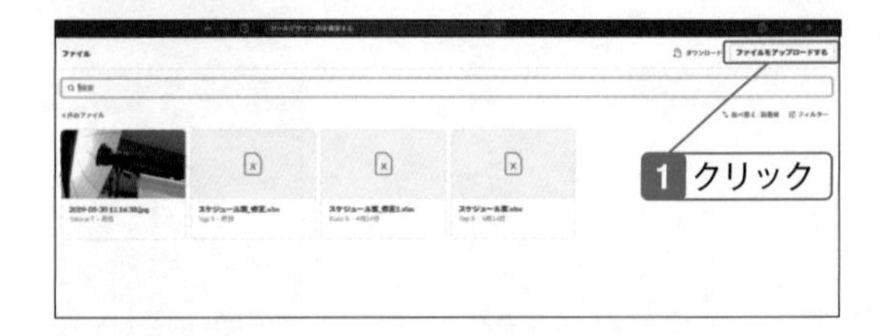

3 アップロードするファイルを選択して「開く」をクリック。

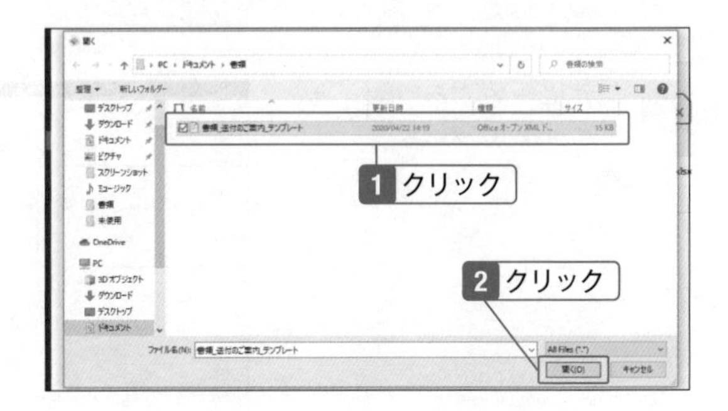

4 メッセージを入力する。「共有相手」を選択して「アップロード」をクリック。

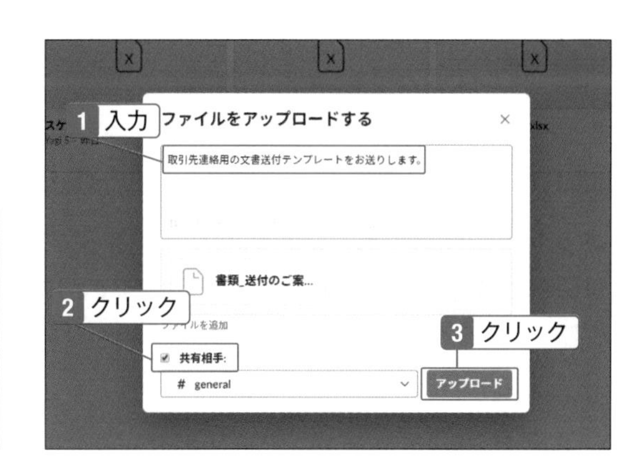

メッセージとして投稿される

ファイルをアップロードするときは、メッセージとして投稿されます。結果はメッセージに添付ファイルを付けて投稿するときと同じになります。

5 アップロードしたファイルがメッセージに添付され、投稿される。

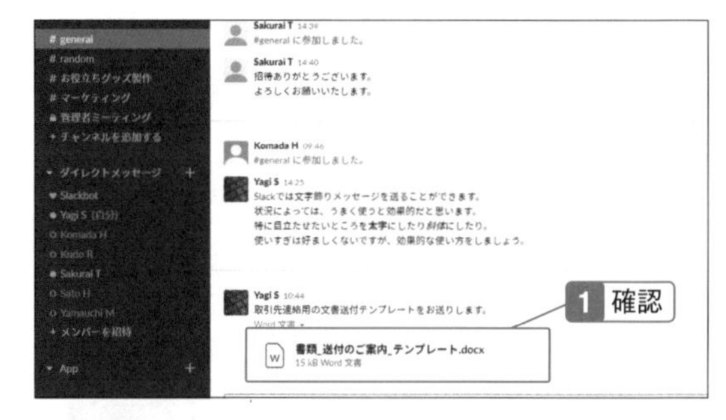

6 「ファイル」にアップロードしたファイルが登録される。

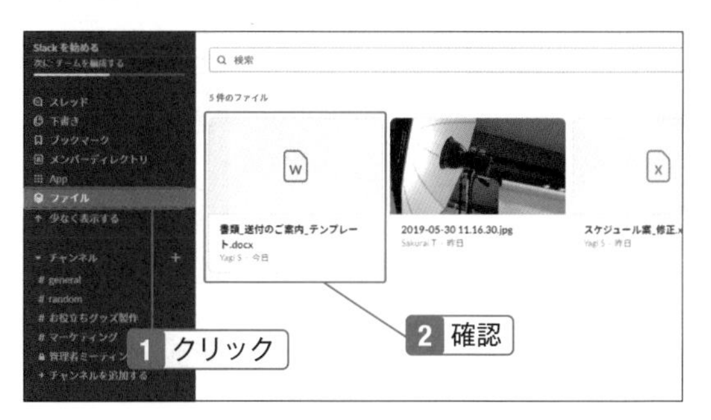

「ファイル」一覧の更新に時間がかかる

アップロードしたファイルが「ファイル」に表示されるまでには少し時間がかかります。すぐに「ファイル」を表示してもアップロードしたファイルが見つかりませんが、しばらくすると表示されるようになります。

05-23
SECTION

ファイルをダウンロードする

メッセージからでも、ファイルの一覧からでもダウンロード可能

Slackの「ファイル」スペースにアップロードされているファイルは、パソコンにダウンロードして使うことができます。修正したものを再度アップロードすれば履歴を管理しながら共有できます。ダウンロードすると、パソコンの「ダウンロード」フォルダなどに保存されます。

ファイルをダウンロードする

1 「ファイル」をクリック。

2 ダウンロードするファイルをクリック。

ダウンロードしたファイルの保存先

通常、ファイルのダウンロードはパソコンの「ダウンロード」フォルダーに保存されます。ただし環境によっては「名前を付けて保存」ダイアログボックスが表示され、ダウンロードするフォルダーを選択することがあります。

3 ファイルの詳細表示でダウンロードするファイルをクリック。

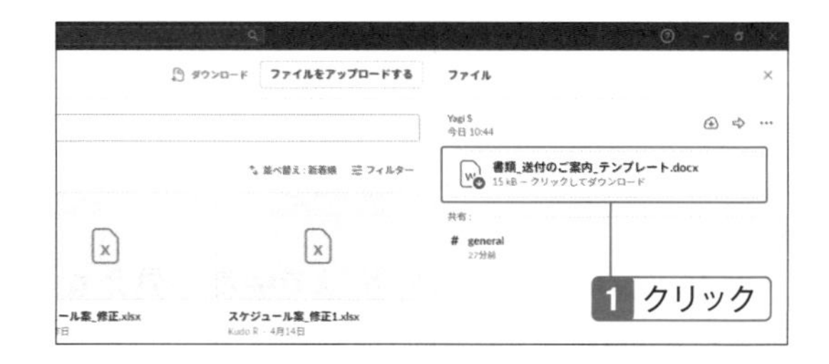

4 ダウンロードが完了する。

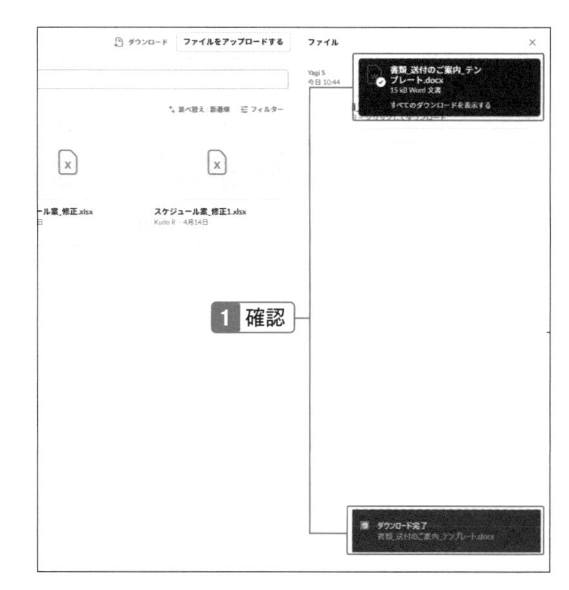

5 フォルダーにファイルが保存される。

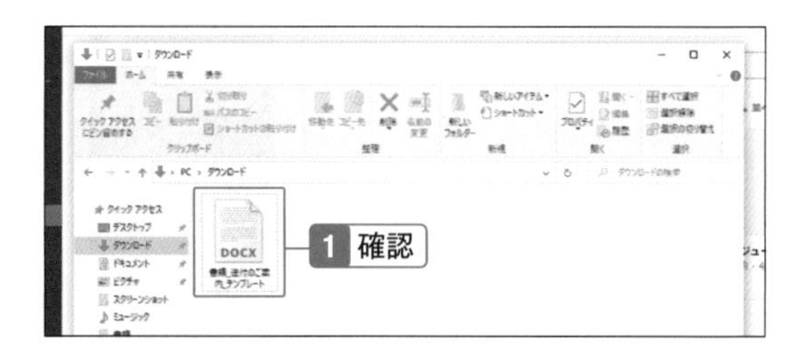

メッセージからダウンロードする

ファイルが添付されているメッセージの場所がすぐにわかる場合、メッセージに表示されたファイルで「ダウンロード」をクリックして保存することもできます（SECTION 05-13）。

05-24
SECTION

ファイルのサムネイルを削除する

メッセージに添付された状態で中身が見えないようにする

ファイルの種類によっては、メッセージやファイルの一覧でサムネイルが表示され、おおまかな内容がわかります。しかし安易に内容を表示してのぞき込まれるといったトラブルを避けたいときには、サムネイルを削除します。ただし、一度サムネイルを削除すると、再び表示することはできません。

サムネイルを削除する

1 サムネイルにマウスポインターを合わせると、メニューが表示されるので「…」(その他) をクリック。

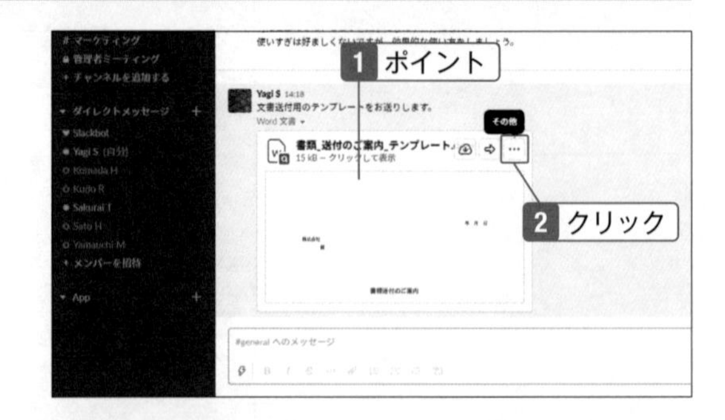

2 「プレビューを削除する」をクリック。

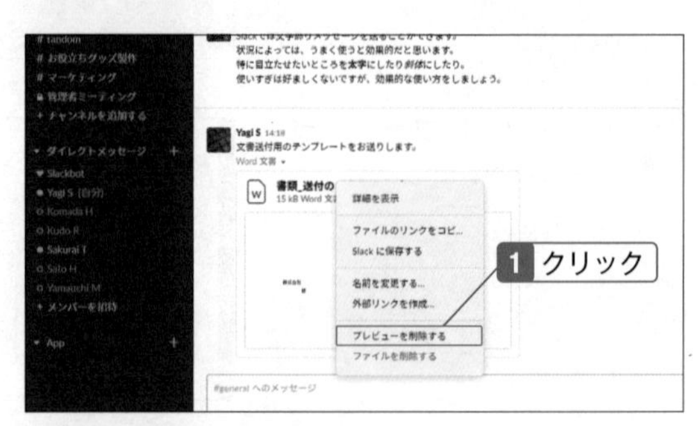

3 プレビューが削除される。

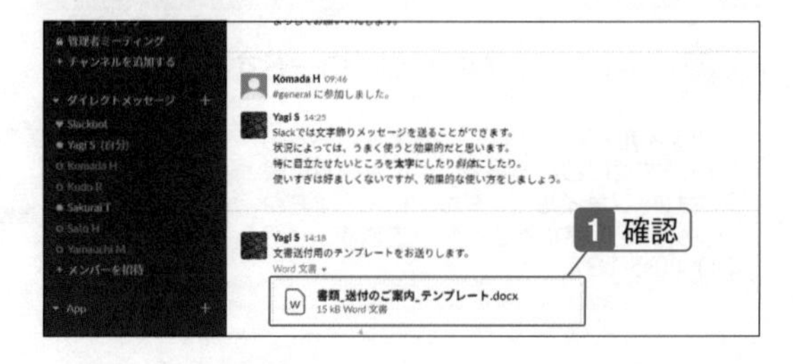

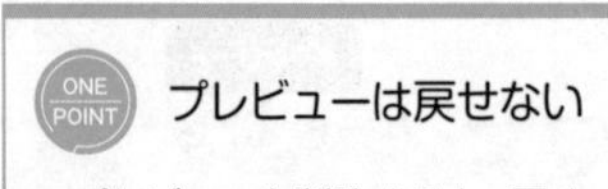

プレビューは戻せない

プレビューを削除すると、戻すことはできません。

Chapter

06

Slackの便利な機能を使いこなして効率的にコミュニケーションしよう

Slackは、ビジネスで日常的にメッセージのやりとりをしているだけでもその便利さを感じられます。ただときどき「もう少しこんなことはできないだろうか」と思うこともあるでしょう。特にチャンネルやメンバーが増えて多くの情報が飛び交うと、やりたいことや欲しい機能が増えてきます。そこでさらに便利な機能に踏み込んで、Slackを使いこなしましょう。連絡がスムーズに取れる、必要なメンバーとだけ情報をやりとりするなど、ビジネスの効率化、生産性の向上につながる使い方があります。

06-01
SECTION

ステータスを変える

「会議中」や「休暇」など、自分の状態を表示できる

「ステータス」は、自分の状態をほかのユーザーに知らせることができます。ステータスを見ることで、相手がオンライン中なのか、離籍しているかなどがわかり、効率よく連絡を取ることができます。特定の日時を設定し、そのタイミングでステータスを終了させることもできます。

ステータスを設定する

1 自分の名前をクリック。

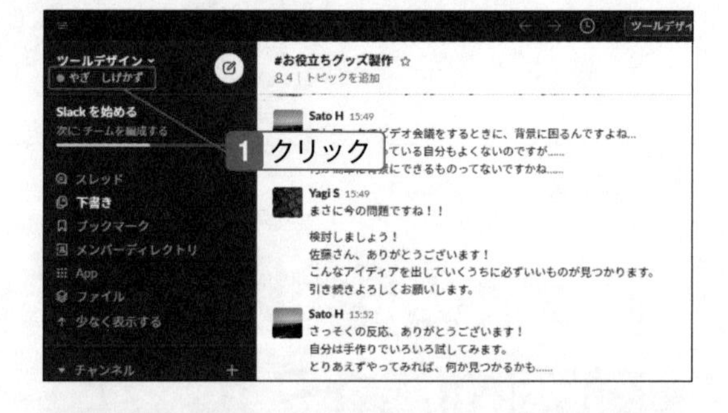

オンライン時のステータス

Slackを利用しているときは「オンライン状態」になり、緑色の「●」が表示されます。

2 「ステータスを設定する」をクリック。

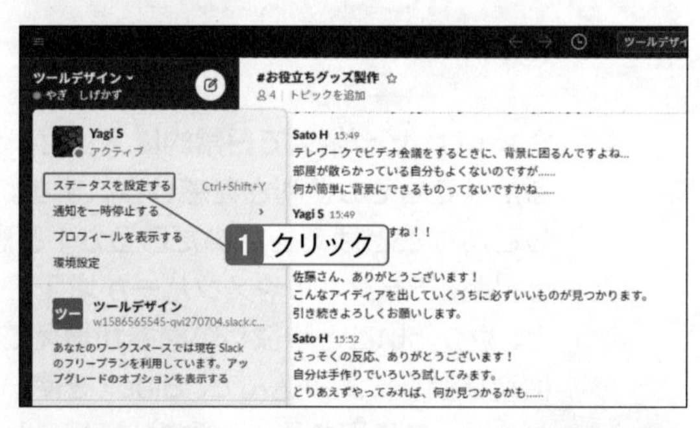

ショートカットキーを使う

すばやく操作するには、キーボードで「Ctrl」+「Shift」+「Y」を押すと、ステータスの設定が開きます。

3 設定するステータスをクリック。

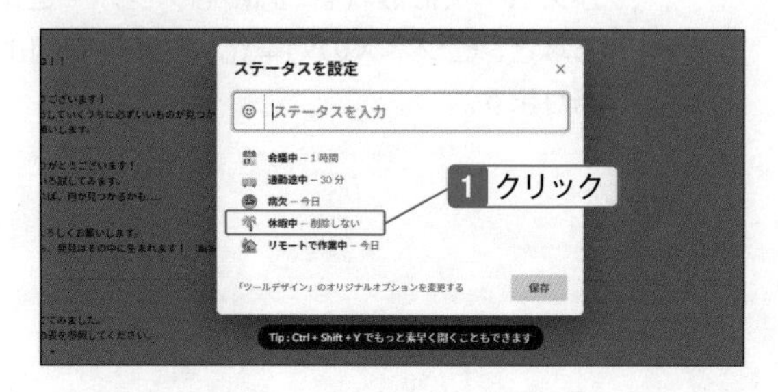

4 「保存」をクリック。

ステータスの終了日時

「次の時間の経過後に削除」から日時を選択すると、その日時になったときステータスを自動的に削除することができます。

5 ステータスが設定される。

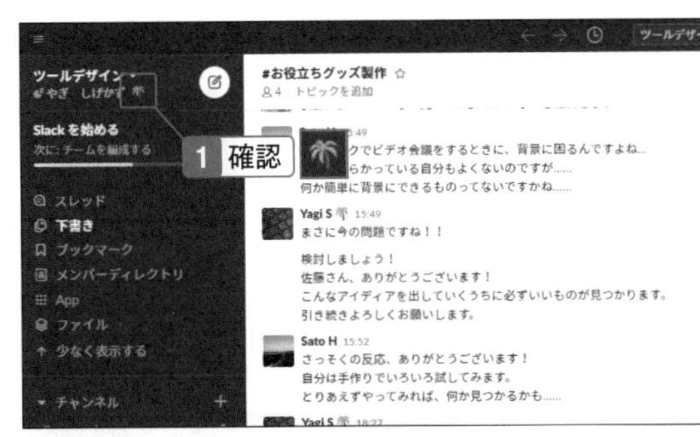

ステータスを削除する

1 自分の名前をクリック。

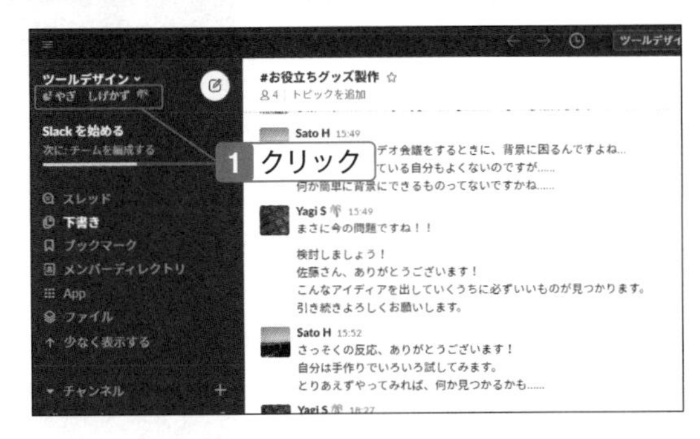

2 「ステータスを削除」をクリック。

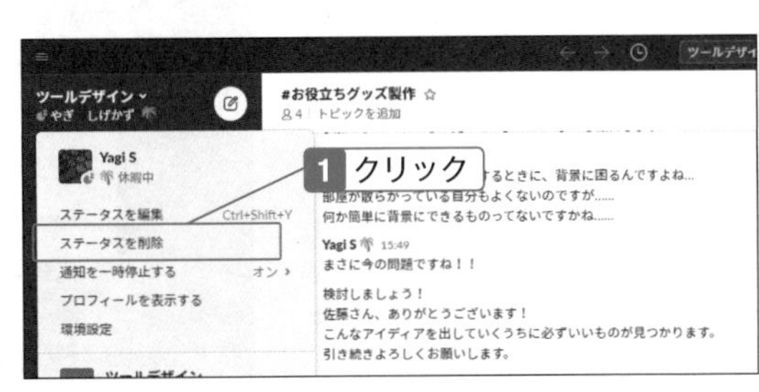

3 ステータスが削除される。

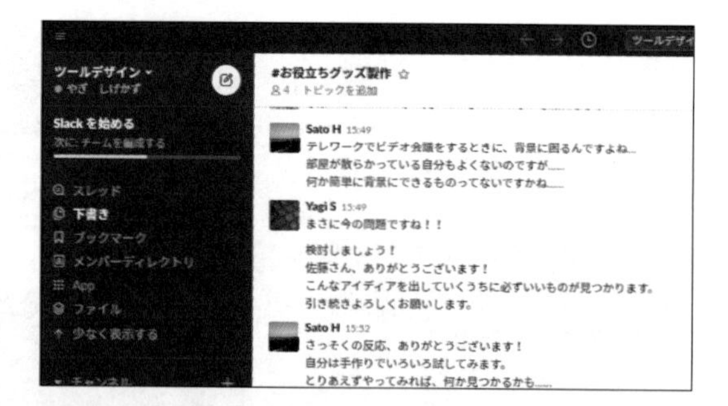

オンラインになる

ステータスを削除すると「オンライン状態」(緑色の「●」) になります。

ステータスを入力して設定する

1 自分の名前をクリック。

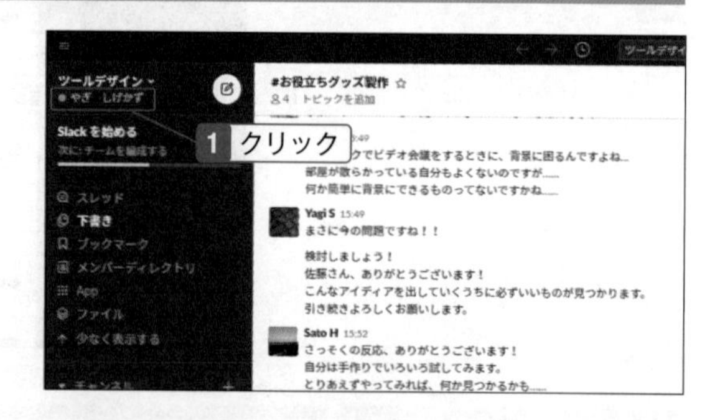

2 「ステータスを設定する」をクリック。

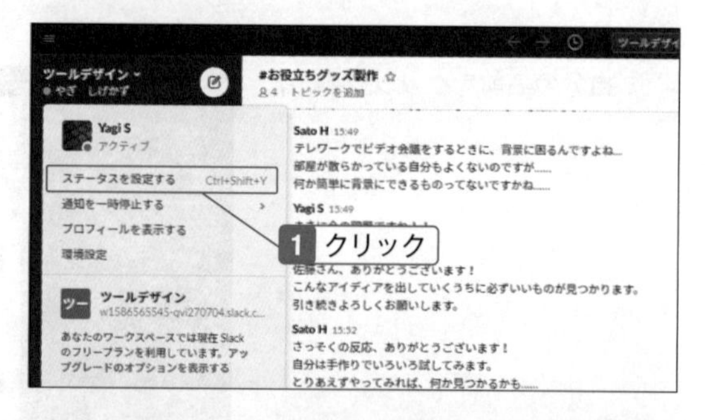

3 ステータスを入力して、「保存」をクリック。

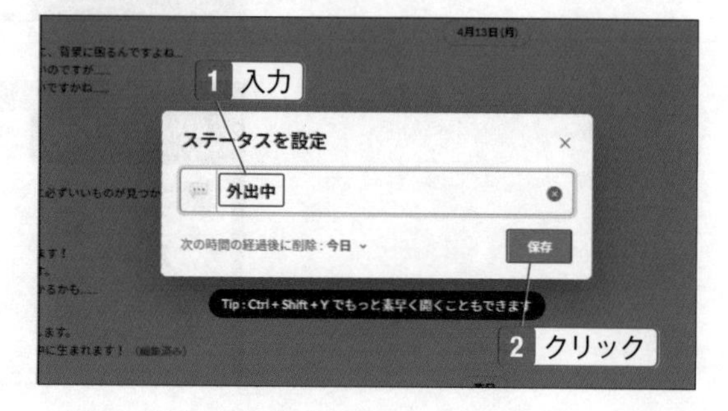

アイコンを選ぶ

ステータスを入力したときに、好みのアイコンを選ぶこともできます。

削除する日時を設定する

前ページの手順3で「次の時間の経過後に削除」を選択すると、ステータスを自動的に削除します。

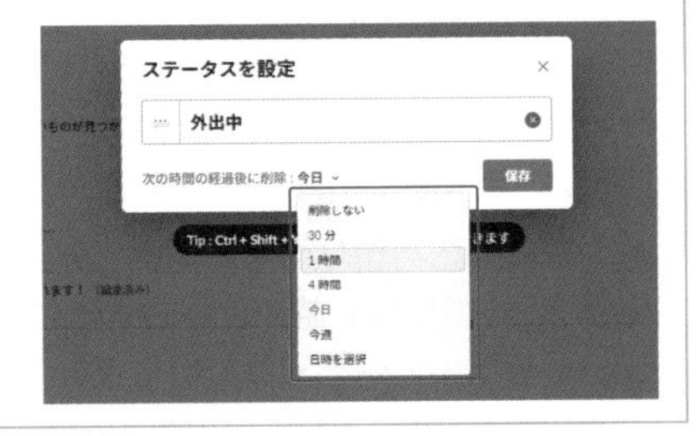

ステータスが設定される。

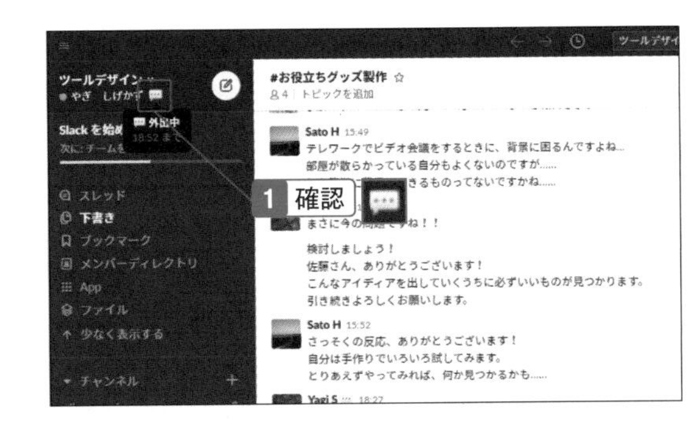

ステータスの項目を変更する

あらかじめ用意されているステータスの項目を変更することができます。ステータスの設定画面で「(ワークスペース名) のオリジナルオプションを変更する」をクリックすると、ブラウザーが起動し、設定画面が開きます。

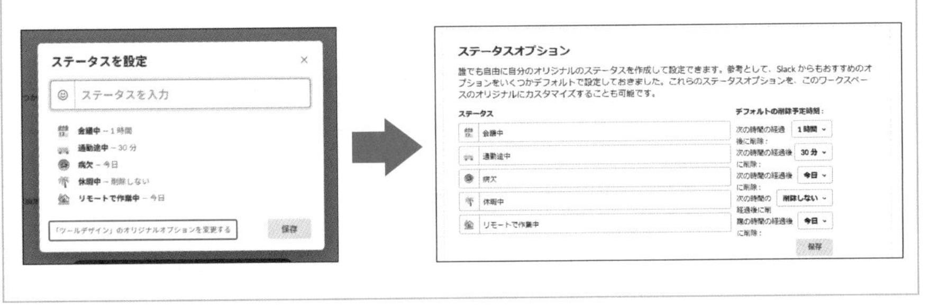

06-02
SECTION

メッセージにリマインダーを設定する

指定した時刻に、自分にメッセージを送って通知できる

会議の日時や締め切りのある用件など、あとで確認したいメッセージにリマインダーを設定すると、指定した時刻に通知することができます。リマインダーを設定しておけば、リモート会議の開始を忘れていて遅刻した、提出物の作成を忘れていて間に合わないといった、仕事を進めるうえでの重大なミスもなくなります。

リマインダーを設定する

1 リマインダーを設定するメッセージにマウスポインターを合わせるとメニューが表示されるので、「その他」をクリック。

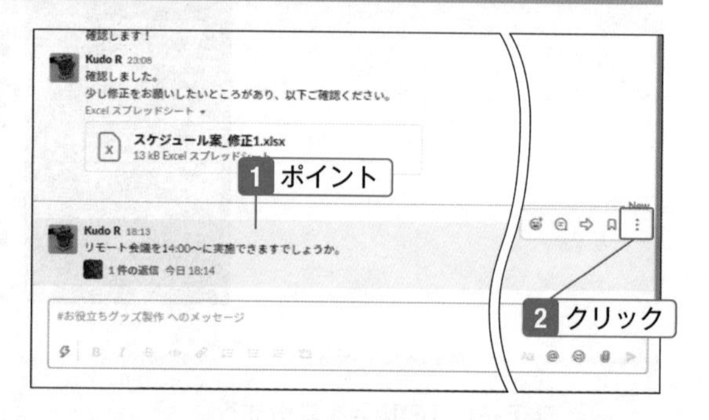

2 「後でリマインドする」をクリック。

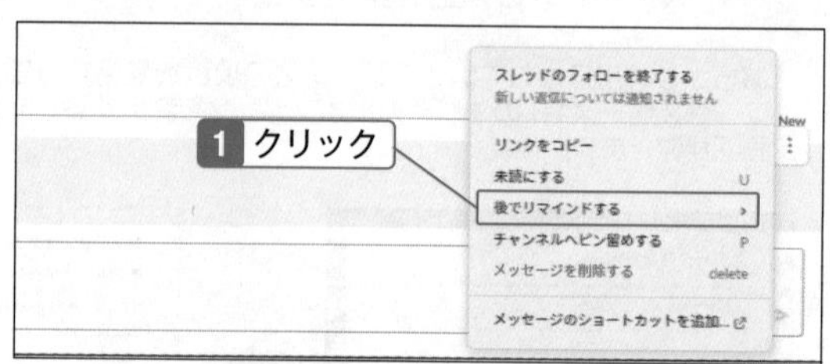

3 通知する時間を選択する。詳しく設定したいときには「カスタム」をクリック。

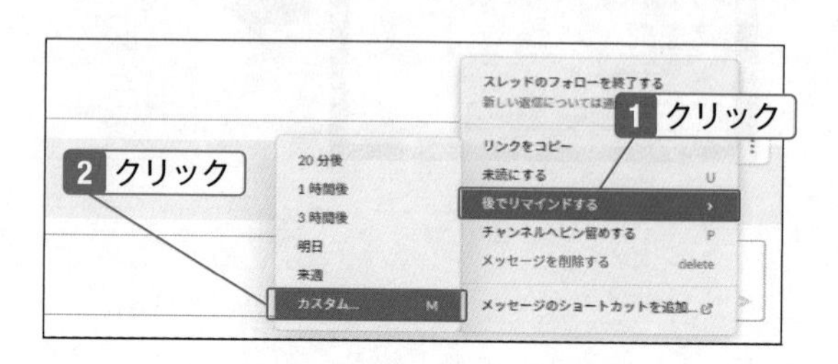

「日付」を選択した場合

リマインダーの設定で「明日」を選択すると明日の午前9時、「来週」を選択すると来週月曜日の午前9時に設定されます。

日付、時刻を選択し、必要であればメモを入力して「作成」をクリック。

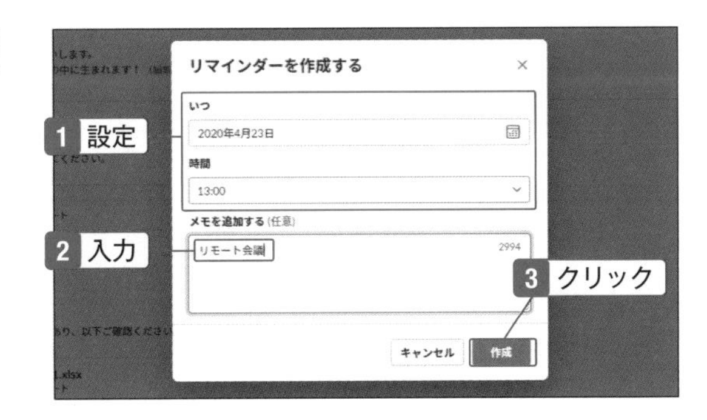

コマンドでリマインダーを設定する

ONE POINT

「カスタム」を使ったリマインダーは1時間単位で設定できます。さらに細かく分単位での設定をしたいときにはコマンドをメッセージ欄に入力して投稿します。コマンドを使うとチャンネル全体や別のユーザーにリマインド(通知メッセージ)を送信することもできます。

(例)2020年の4月23日に自分宛てに「リモート会議」と表示するリマインドを送信する

/remind リモート会議 2020-4-23 10:30

(例)2020年の4月23日に「Ymauchi M」宛てに「リモート会議」と表示するリマインドを送信する

/remind @Ymauchi M リモート会議 2020-4-23 10:30

(例)2020年の4月23日に「お役立ちグッズ制作」チャンネルの全員宛てに「リモート会議」と表示するリマインドを送信する

/remind #お役立ちグッズ製作 リモート会議 2020-4-23 10:30

メッセージにリマインダーが設定される。

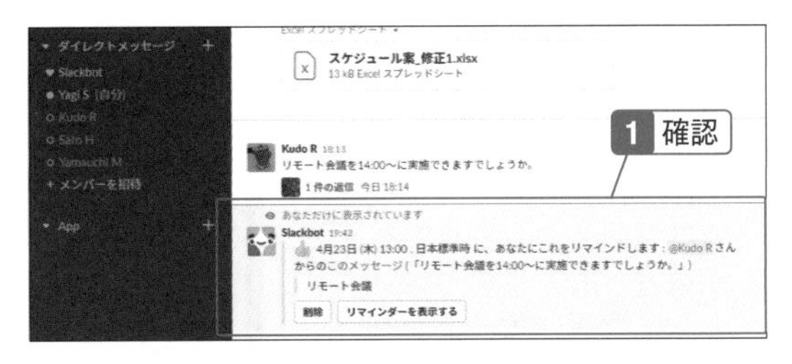

設定したリマインダーの確認

ONE POINT

「リマインダーを表示する」をクリックすると、設定したリマインダーを確認できます。

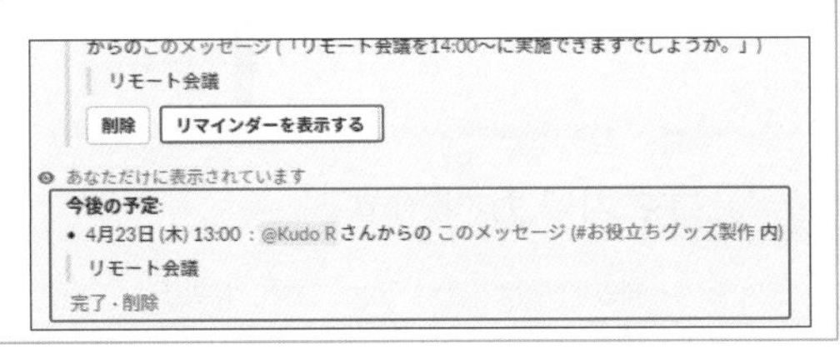

リマインダーを確認する

1 リマインダーを設定した日時になると、ダイレクトメッセージが届き、画面に通知が表示される。

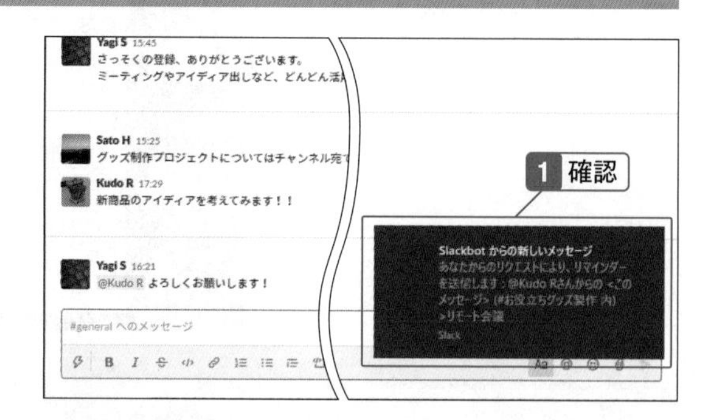

リマインダーの通知

リマインダーは「Slackbot」からダイレクトメッセージで届きます。

2 メッセージを確認して、「完了にする」をクリック。

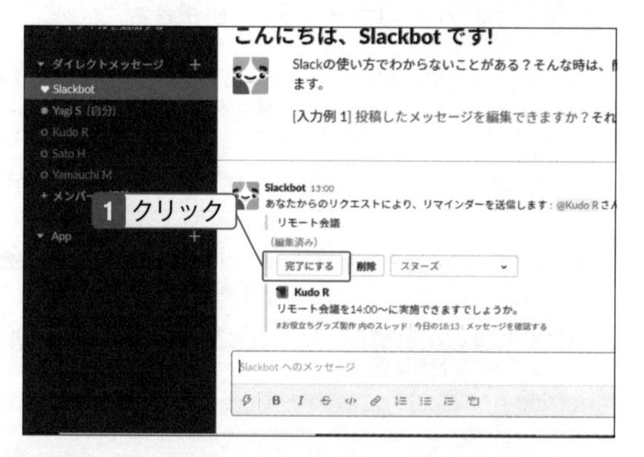

リマインダーを操作する

リマインダーで「完了にする」と「用件は済んだ」ことになります。「削除」をクリックすればリマインダーのメッセージを削除します。また「スヌーズ」で時間を選択すると、選択した時間に再度通知が届きます。

リマインダーのリストを表示する

1 メッセージの投稿欄に「/remind list」と入力して「送信」をクリックすると、現在、未完了のリマインダーがメッセージに表示される。「リストを閉じる」をクリックすると表示が消える。

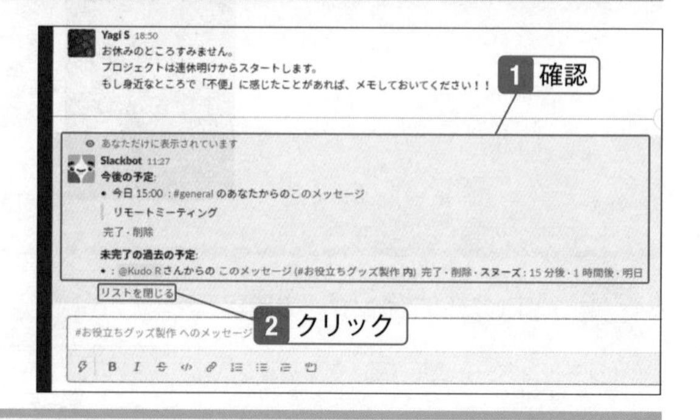

コマンド入力で操作する

Slackの一部の機能はこのような「コマンド入力」で行います。Slackの操作はもともとほとんどの機能がコマンド入力でしたが、より多くの人が使いやすくなるように、メニューやボタンが追加されてきた経緯があります。

スレッドを表示する

スレッドは、「一連のつながった会話」のこと

メッセージに「返信」されると、メッセージ同士がつながったスレッドになります。スレッドは1つの話題をまとめて表示し、情報を整理するといったことに役立ちます。スレッドの場合、表示されるのは最初のメッセージだけで、後は「○件の返信」とまとめられます。

1つのスレッドを開く

1 スレッド形式のメッセージで「○件の返信」にマウスポインターを合わせる。

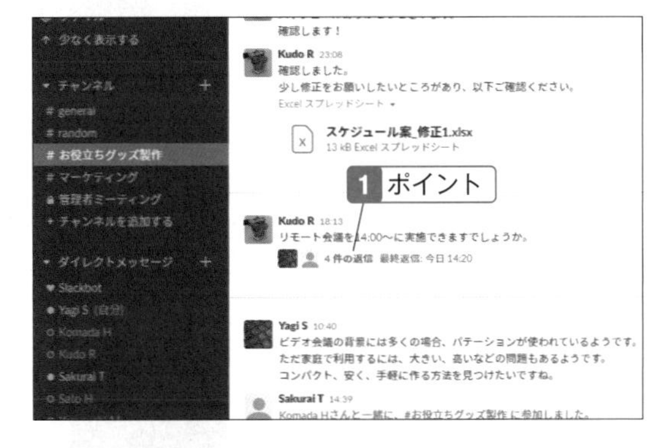

2 「スレッドを表示する」と表示されるので、「○件の返信」をクリック。

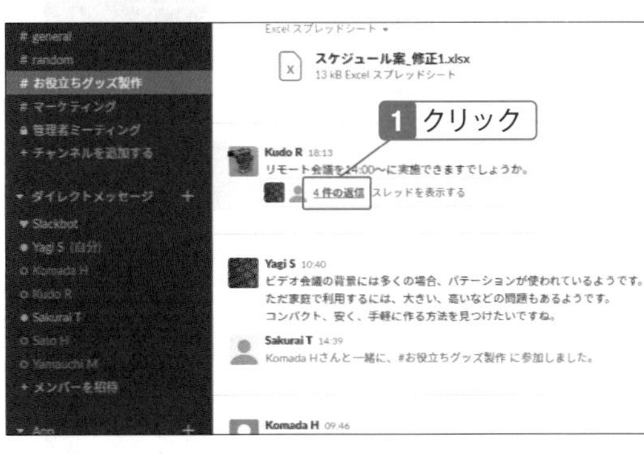

スレッドの表示は最初のメッセージのみ

スレッドで作成されているメッセージは、ワークスペースに最初のメッセージだけが表示され、返信は表示されません。すべてのメッセージを表示するためには、スレッドを開いて表示します。

3 メッセージのスレッドが表示される。

スレッドを閉じる

スレッドの表示を終了するときはスレッドの右上の「×」(閉じる)をクリックします。

スレッドをまとめて表示する

1 「スレッド」をクリック。

2 スレッド形式で作成されているメッセージが表示される。

チャンネルをミュートする

あまり見なくてもいいチャンネルの通知を表示しない

チャンネルにメッセージが投稿されると通知が届きますが、通知が必要のないチャンネルや、毎回メッセージを確認する必要がないようなチャンネルはミュートしておくと通知しないようになります。ただし、通知されなくともメッセージは受け取っているので、定期的に確認しましょう。

チャンネルをミュートする

1 ミュートするチャンネルを右クリックして「チャンネルをミュートする」をクリック。

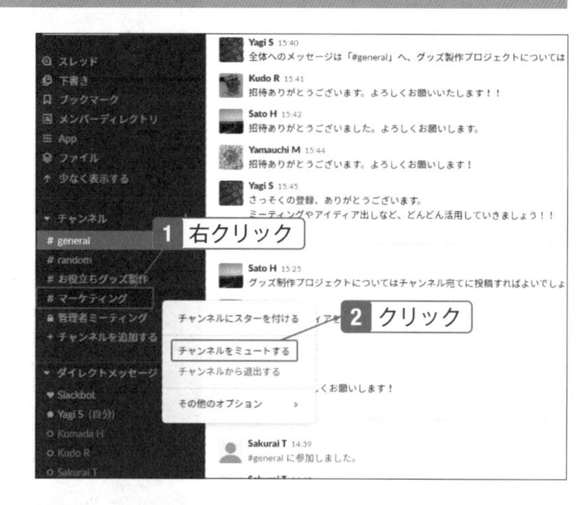

2 ミュートしたチャンネルがチャンネル一覧のいちばん下に移動し、表示が薄くなる。

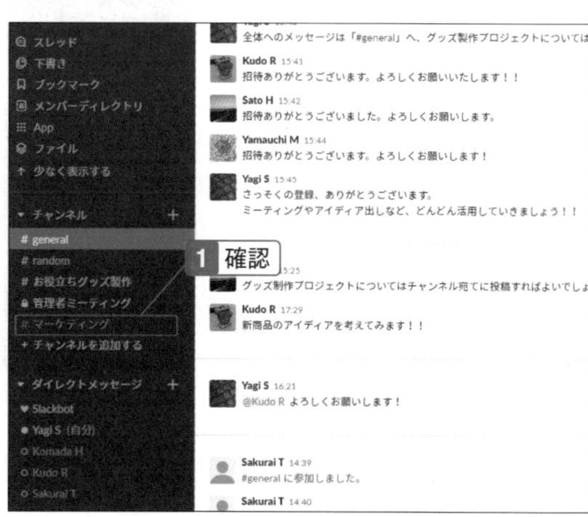

ミュートを解除する

1 ミュートを解除するチャンネルを右クリックして「チャンネルのミュートを解除する」をクリック。

2 ミュートを解除したチャンネルがチャンネル一覧の中に移動し、表示が通常の状態になる。

06-05 SECTION

チャンネルにスターを付ける

ブックマークと似た機能。こちらはチャンネルに付ける

投稿を見逃したくないチャンネルや頻繁に確認が必要なチャンネルには「スター」を付けておきます。「スター」が付いたチャンネルは「スター付き」にまとめて表示され、重要なメッセージも見逃しにくくなります。チャンネルが増えてきたら、優先的に確認したいチャンネルに付けるなどして整理しましょう。

チャンネルにスターを付ける

1 スターを付けるチャンネルを右クリックして「チャンネルにスターを付ける」をクリック。

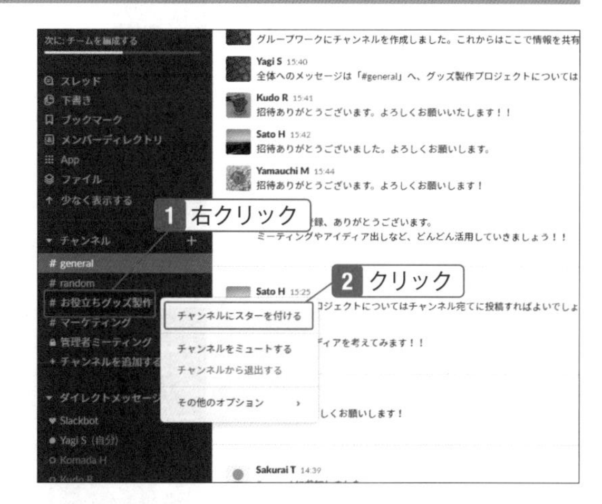

2 チャンネルが「スター付き」に表示される。

チャンネルのスターを外す

1 スターを外すチャンネルを右クリックして「スター付きから外す」をクリック。

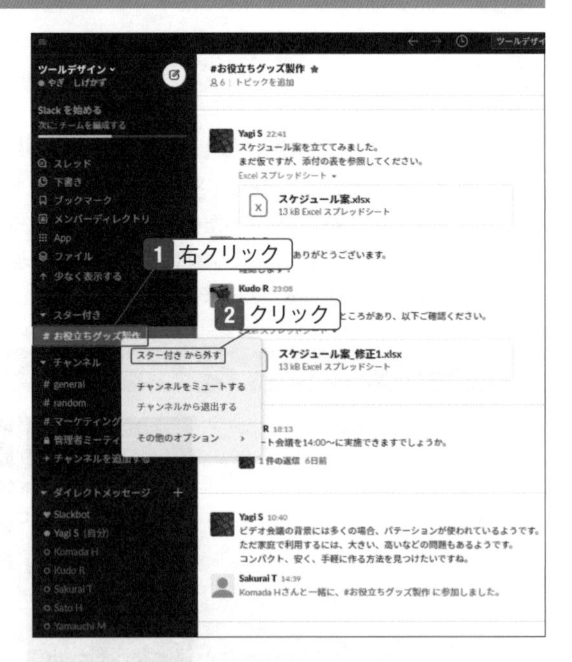

2 チャンネルのスターが外れ、表示場所が通常の位置になる。

06-06
SECTION

ダイレクトメッセージにスターを付ける

ダイレクトメッセージの宛先にもスターを付けられる

頻繁にやりとりする相手や、重要な連絡を取り合っている相手に「スター」を付けておくと、ダイレクトメッセージが「スター付き」に表示され、見逃すことを防げます。メニューでは「会話にスターを付ける」と表示されますが、スターは個別のメッセージではなく相手に付けます。

特定メンバーとのメッセージにスターを付ける

1 メンバーの名前を右クリックして「会話にスターを付ける」をクリック。

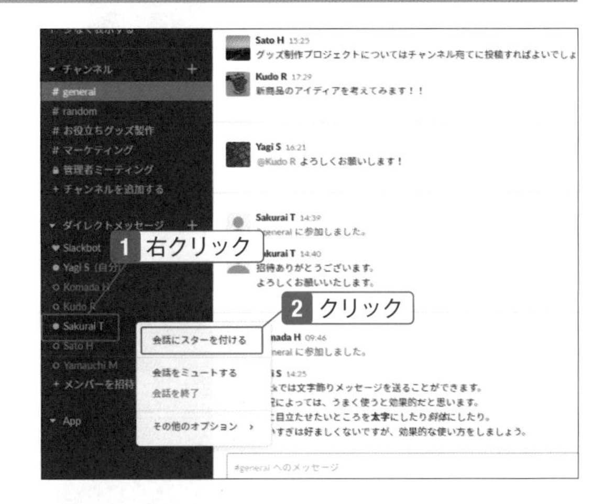

2 メンバーが「スター付き」に表示される。

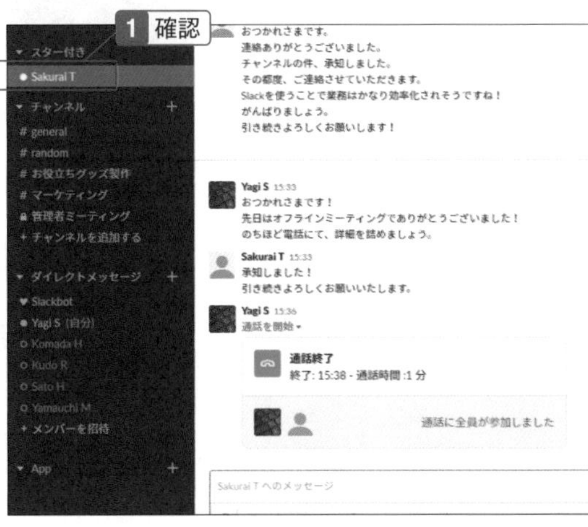

特定メンバーとのメッセージのスターを外す

1 メンバーの名前を右クリックして「スター付きから外す」をクリック。

2 メンバーの名前の表示位置が通常の状態になる。

06-07
SECTION

参加しているメンバーの一覧を確認する

メンバー一覧からダイレクトメッセージや通話もできる

ワークスペースのメンバーを一覧で表示すると、だれが今、参加しているのか把握できます。人数が多くなってきたときや、メンバーの詳細を知りたいときに便利です。
この画面で、メンバーがアップロードしたファイルを探したり、メンバーID を確認することも可能です。

参加メンバーを確認する

1 「メンバーディレクトリ」をクリック。

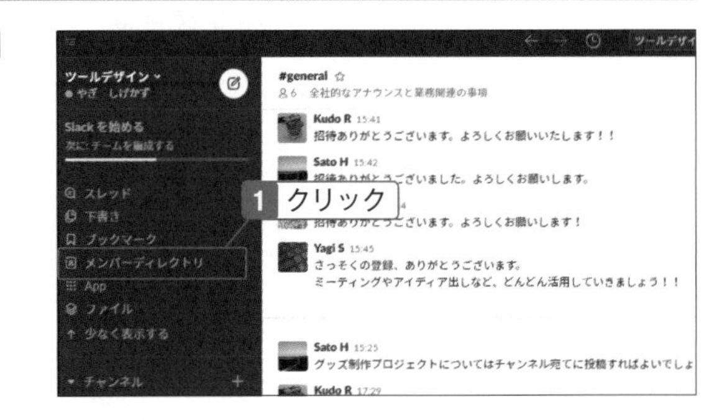

2 ワークスペースに参加しているメンバーの一覧が表示される。

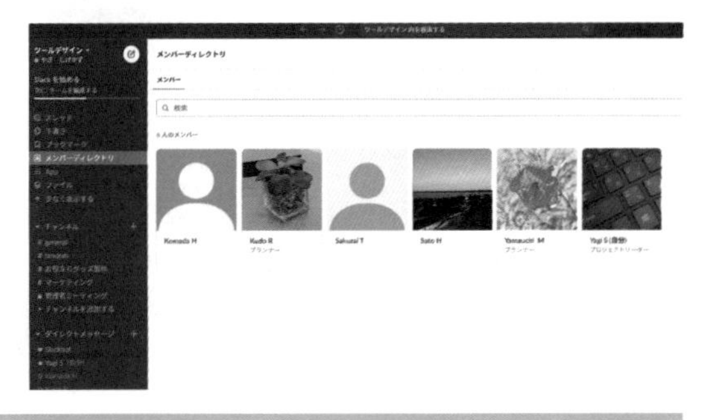

「招待しましょう」が表示される

はじめてメンバーディレクトリを表示すると「チームをSlackに招待しましょう」というメッセージが表示されます。右上の「×」をクリックすると表示されなくなります。

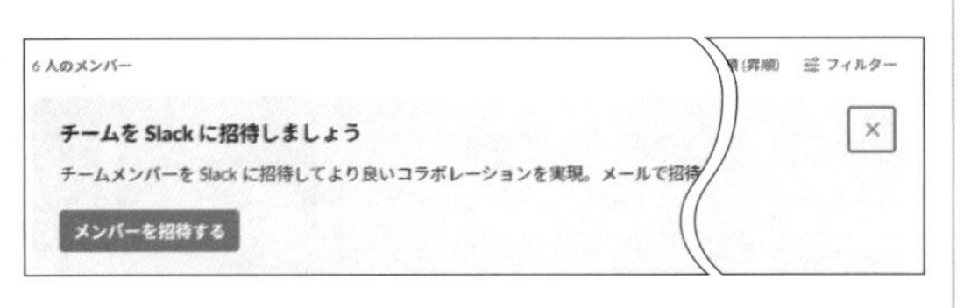

メンバーの詳細を確認する

メンバーの一覧で、詳細を表示するメンバーをクリックすると、メンバーの状態が表示される。

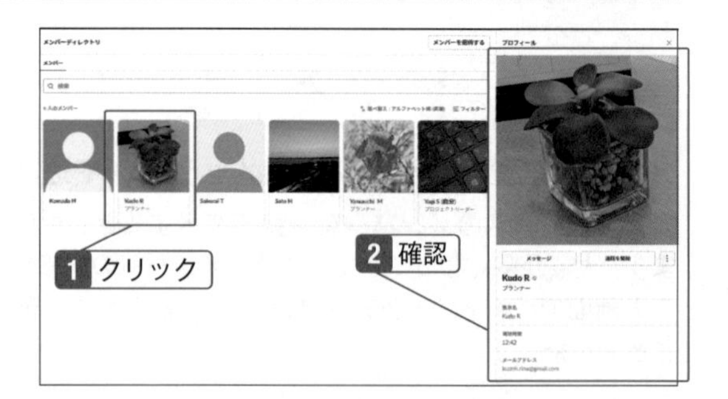

メッセージの表示や通話の開始ができる

ONE POINT

メンバーの詳細表示から「メッセージ」をクリックするとダイレクトメッセージの表示に移動できます。「通話を開始」をクリックすると通話を開始できます。また「メニュー」（右端のアイコン）ではメンバーがアップロードしたファイルの表示や、メンバーIDのコピーも可能です。

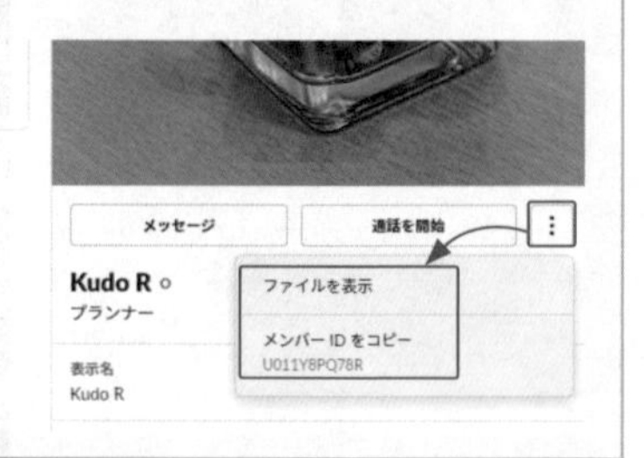

表示するメンバーを絞り込む

1 メンバーの一覧で、「フィルター」をクリック。

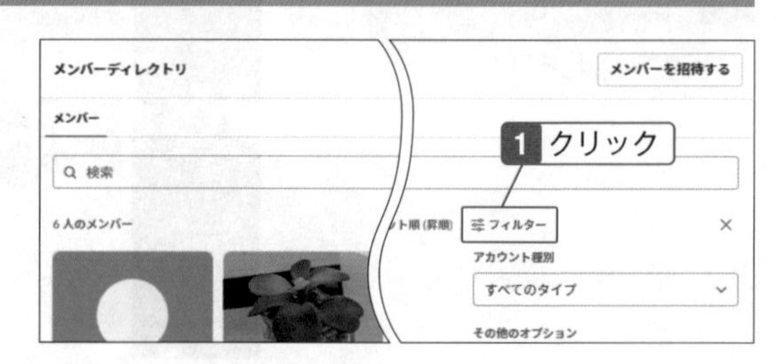

2 絞り込む条件を選択する。

06-08
SECTION

登録しているワークスペースを検索する

ワークスペースのURLを誰かに教えるときもここでコピーできる

ワークスペースのURL（Slack URL）は、英数字が羅列した覚えにくいものになっています。サインアウトした状態でURLがわからないときは、メールアドレスから確認できます。なお、登録したメールアドレス自体を忘れると検索できないので注意しましょう。

Slack URLを確認する

1 Slackを起動して「サインイン」をクリック。

2 「ワークスペースを検索する」をクリック。

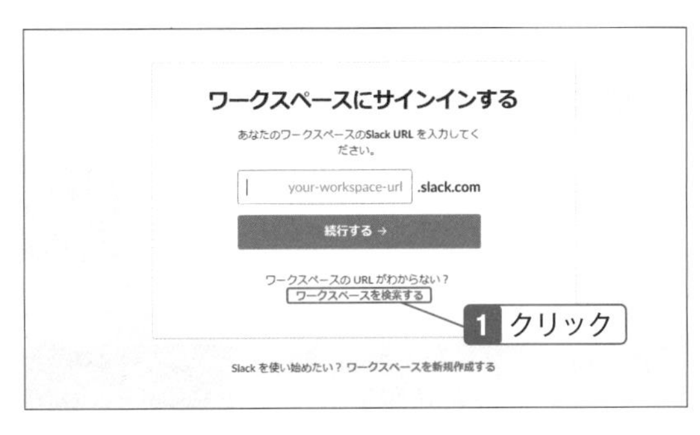

3 メールアドレスを入力して「確認する」をクリック。

4 確認用のメールが送信されるので、届いたメールを確認し、「メールアドレスの確認」をクリック。

メールは本人確認のため

ワークスペースの検索が本人による操作であることを確認するため、メールが送信されます。メールは「Slackでメールアドレスを確認してください」という件名で届きます。

5 「参加中のワークスペース」に、送信したメールアドレスで登録しているSlack URLが表示される。Slackの画面を開くには「起動する」をクリック。

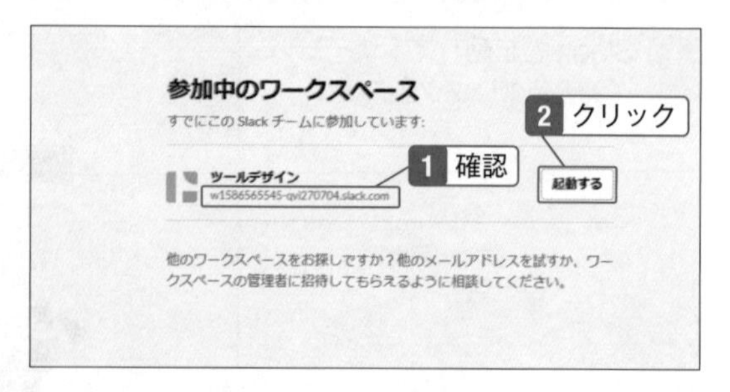

6 「はい」をクリック。

7 Slackアプリが起動し、サインインした状態でワークスペースが表示される。

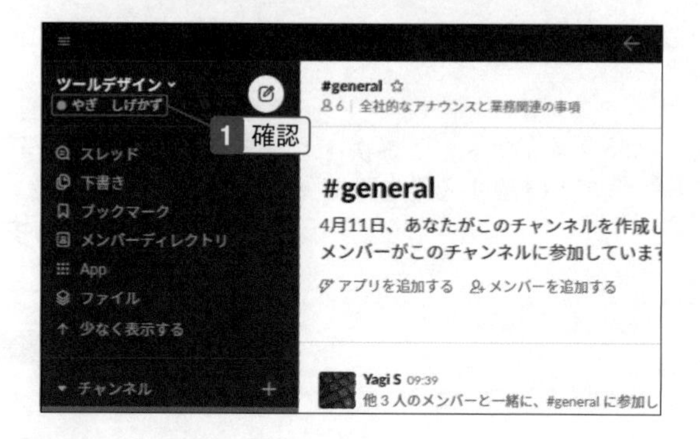

06-09
SECTION

外部アプリと連携する

ZoomやGoogleドライブなどと連携して使うことができる

Slackはさまざまな外部アプリに対応していて、ほかのアプリを連携させると、グループでの情報共有をよりスムーズに利用できるようになります。多数の連携アプリがあるので、自分が普段使っているものと連携すれば使い勝手が向上します。

外部アプリを追加する

1 左側メニュー部分の「App」をクリックすると、連携できるアプリが表示される。それぞれのアプリにある「追加」をクリックすることで、Slackのグループで共有しながら使うことができるようになる。

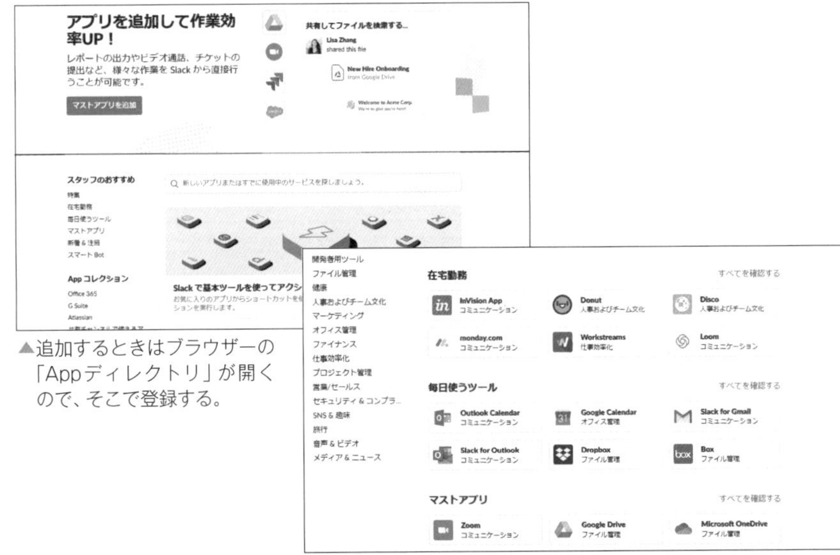

▲追加するときはブラウザーの「Appディレクトリ」が開くので、そこで登録する。

▲「Appディレクトリ」ではアプリが目的や新着などカテゴリに分類されていて、必要なアプリを探しやすい。

06-10 SECTION

Zoomと連携する

ビデオ会議でZoomを使っているなら連携すると便利

Slackではさまざまなアプリを連携でき、Zoomもその1つです。Slackのチャンネルでビデオ会議をするときなど、Zoomで個別の招待をする必要がなくなり、効率よくビデオ会議を実施できるようになります。なお、Slackは完全に日本語化されてはいないため、連携の過程で画面が英語表記になることがあります。

Zoomの連携を登録する

1 「App」をクリックして「Zoom」の「追加」をクリック。

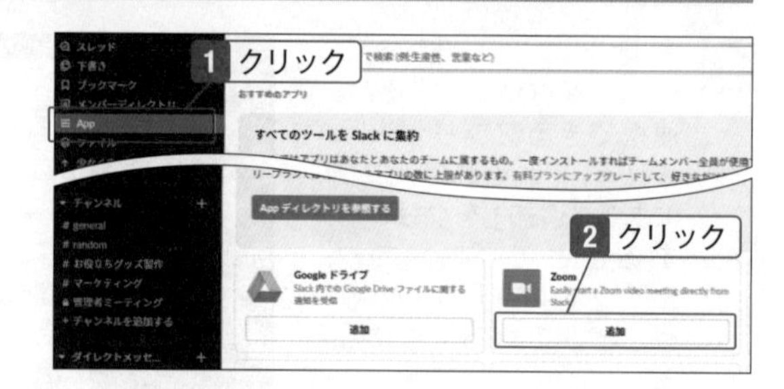

2 「Slackに追加」をクリック。

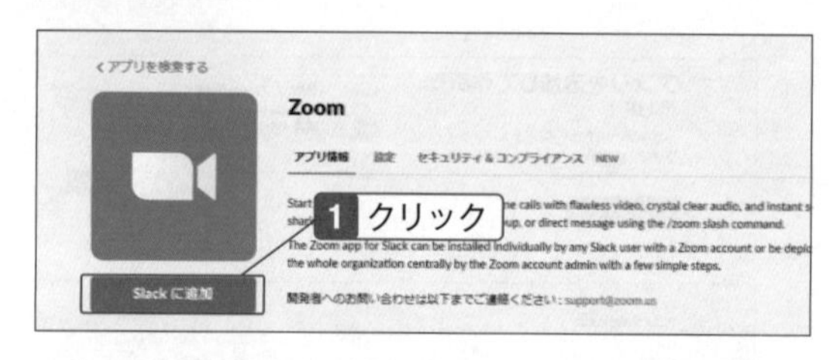

3 「Install Zoom for Slack company-wide」をクリック。

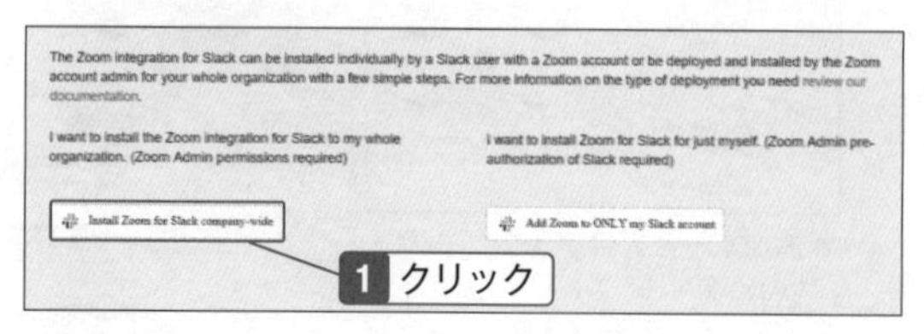

インストール先を選択

「Install Zoom for Slack company-wide」はSlackアプリ全体に連携を追加します。もう1つの「Add Zoom to ONLY my Slack account」は今サインインしているユーザーが利用するときにだけアプリを利用できるようにします。

4 サインイン画面が表示された場合、利用するアカウントのメールアドレスとパスワードを入力して「サインイン」をクリック。

5 「Authorize」（承認）をクリック。隣にある「Decline」は「拒否」を意味する。

Slackには英文が残る

Slackの機能の一部は日本語化がされていないものがあります。順次日本語化は進んでいますが、英語表記でも簡単な英文なので、利用してみましょう。

6 「Connect to Slack workspace」（Slackのワークスペースに接続する）をクリック。

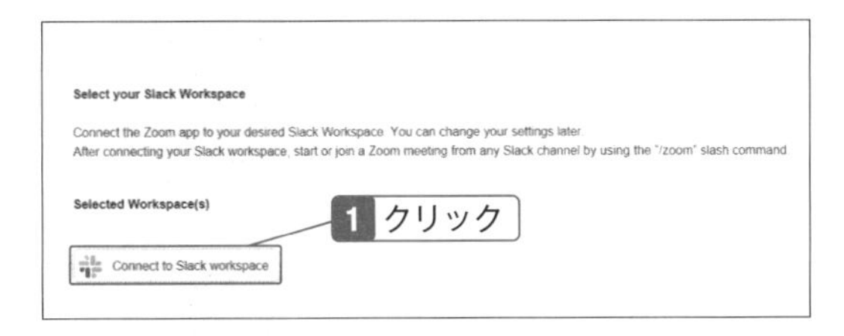

7 「許可する」をクリック。

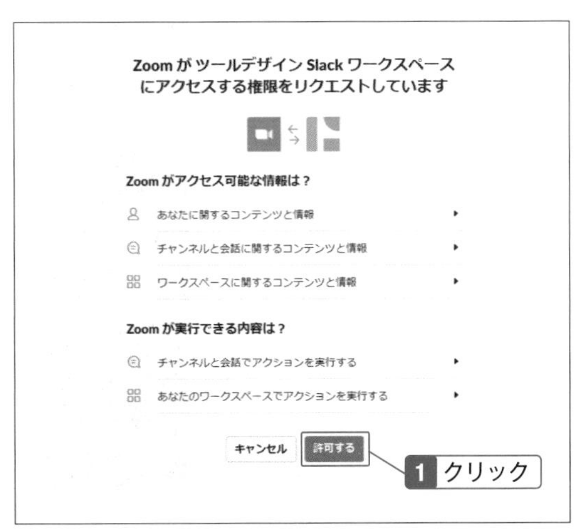

8 Zoomアプリの追加が完了する。

9 Slack画面の「App」に「Zoom」が追加されている。

10 「Zoom」にはよく使うコマンド入力が書かれたメッセージが届く。

コマンド操作が必要なことも

Slackは利用者の増加にあわせてメニューやボタンで利用できる機能が増えてきていますが、従来はコマンド入力によってさまざまな機能を利用していました。そのため今もまだコマンド入力でしか利用できない機能もあります。

06-11
SECTION

チャンネルでZoomのミーティングをする

チャンネルメンバーをZoomに招待し、Slack上でZoomを起動する

SlackのチャンネルでZoomを使うと、チャンネルのメンバー全員にミーティングIDとパスワードを送り、同時にミーティングを開始できるようになります。個別に招待したり連絡をしたりする必要がなくなります。なお、SlackからZoomを利用するときは、あらかじめZoomアプリでサインインしておきましょう。

チャンネルでミーティングを登録する

1 チャンネルを表示して、メッセージの入力欄に「/zoom」と入力して「メッセージを送信する」をクリック。

Zoomアプリを利用できるようにしておく

SlackからZoomを利用するときには、あらかじめZoomアプリでサインインした状態にしておきます。通常は一度サインインしておけば、次回以降はサインインした状態になっています。

2 招待メールが作成され、ミーティングIDやパスワードが表示される。

ミーティングを開始する

1 ミーティングのホストの場合、Zoomを起動し、「開始」をクリックしてミーティングを開始する。

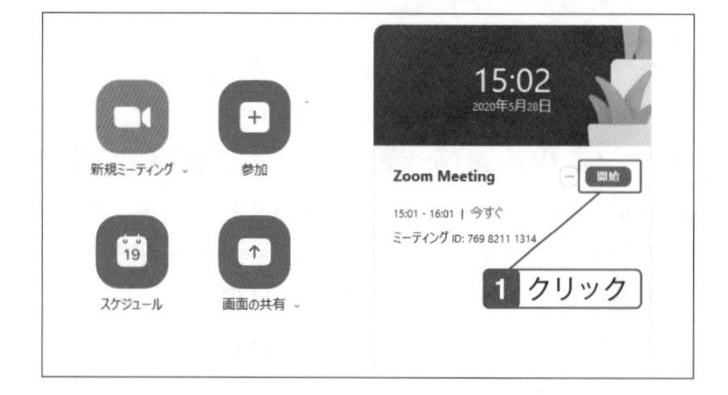

2 ミーティングに招待された場合、メッセージの「参加する」をクリックするか、ミーティングIDとパスワードを入力してミーティングに参加する。

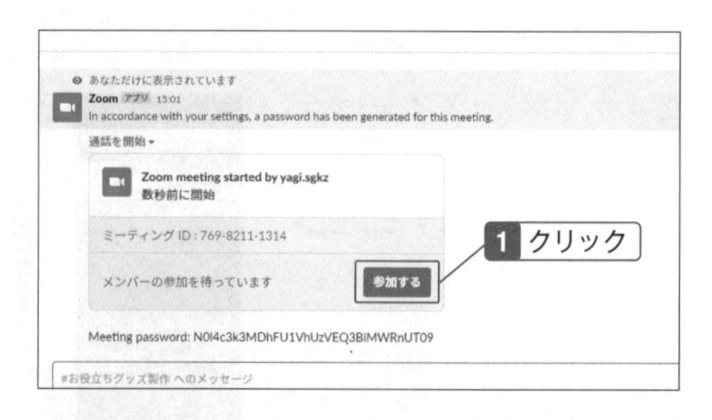

3 ミーティングが開始される。

06-12
SECTION

添付されたファイルを探す

どのメッセージか忘れてしまってもファイルだけを探せる

メッセージに添付されているファイルは、すべて「ファイル」に保存されています。そのため、ファイルが添付されていたのはどのメッセージだったか忘れてしまっても、ファイルの一覧から開けます。メンバーやファイル形式など、条件を絞り込んで検索し、表示することもできます。

ファイルを表示する

1 「ファイル」をクリック。

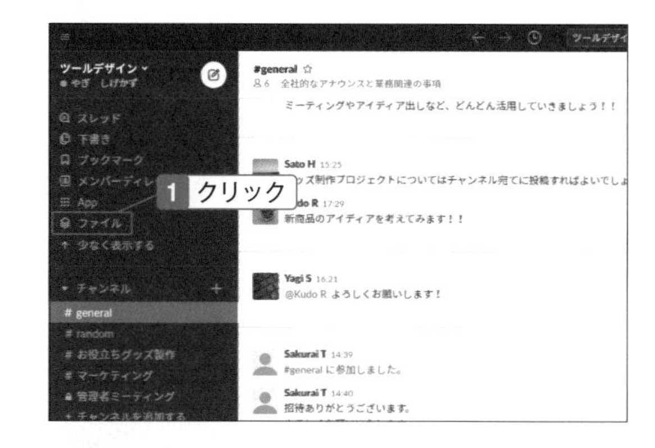

2 保存されているファイルが表示される。

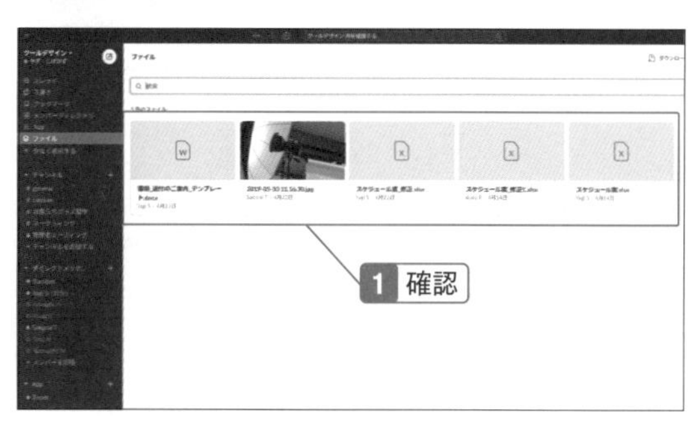

ファイルを絞り込む

1 画面右側の「フィルター」をクリック。

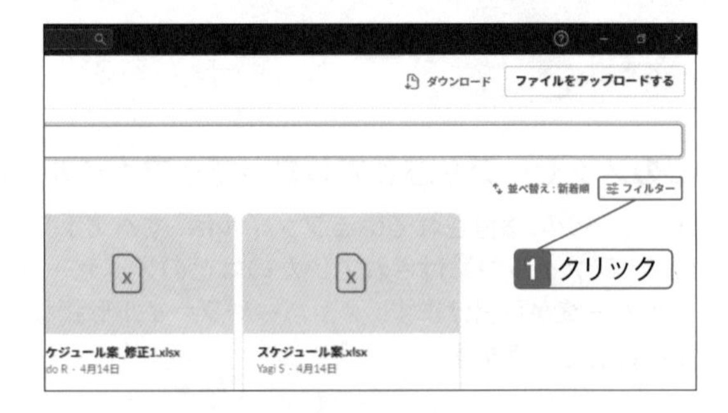

2 条件を指定する。投稿者で絞り込む場合は「共有者」に表示されている投稿者のチェックをオンにする。

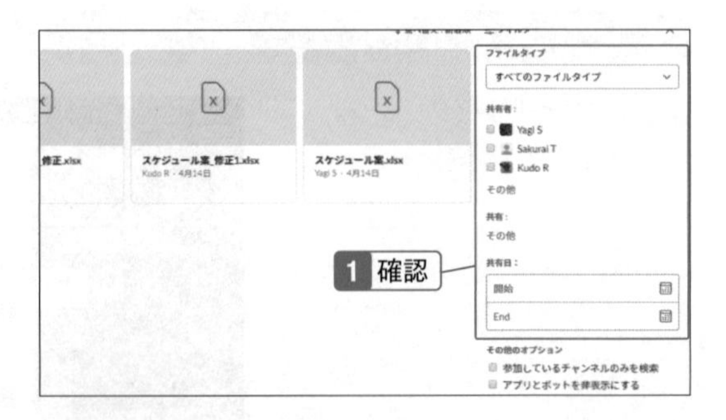

3 条件に一致するファイルが表示される。

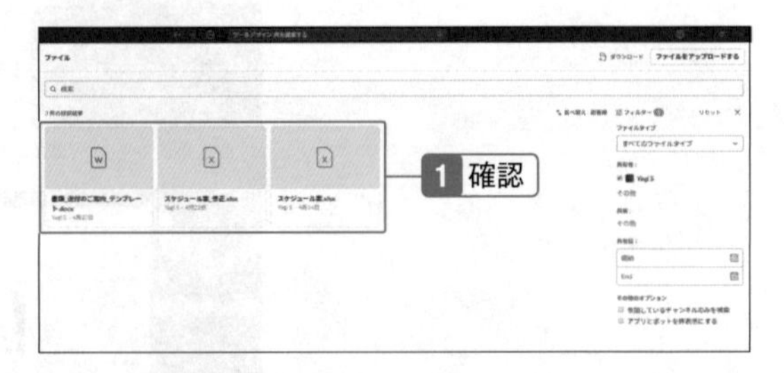

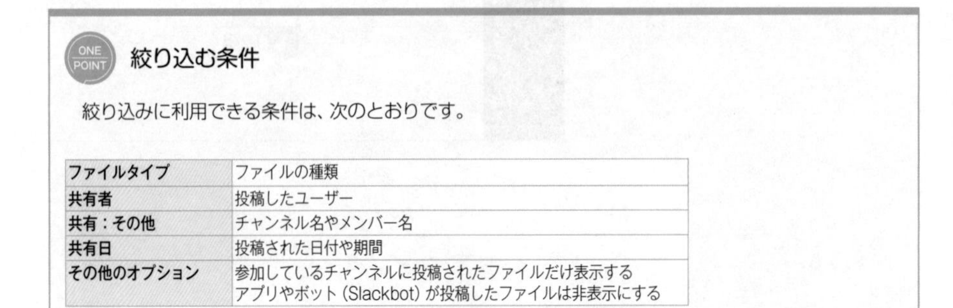

絞り込む条件

絞り込みに利用できる条件は、次のとおりです。

ファイルタイプ	ファイルの種類
共有者	投稿したユーザー
共有：その他	チャンネル名やメンバー名
共有日	投稿された日付や期間
その他のオプション	参加しているチャンネルに投稿されたファイルだけ表示する アプリやボット（Slackbot）が投稿したファイルは非表示にする

4 ファイルの種類で絞り込む場合は、「ファイルタイプ」で表示するファイルの種類を選択する。

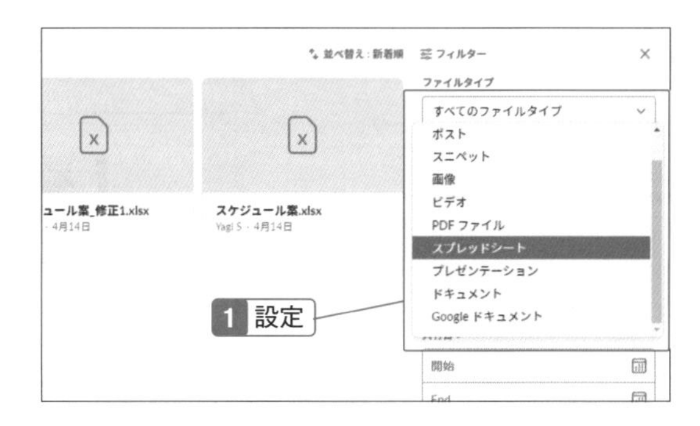

5 条件に一致するファイルが表示される。

複数の条件を指定できる

「ファイルタイプ」と「共有者」のように複数の条件を指定することもできます。

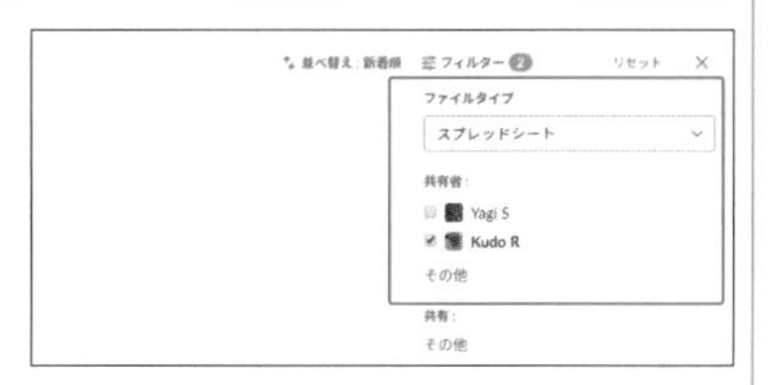

絞り込みを解除する

1 「リセット」をクリックすると、絞り込みが解除される。

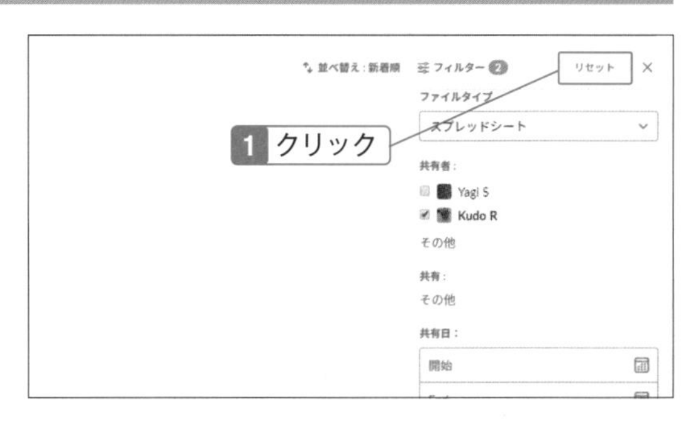

ファイルが投稿されたメッセージを表示する

1 ファイルをクリック。

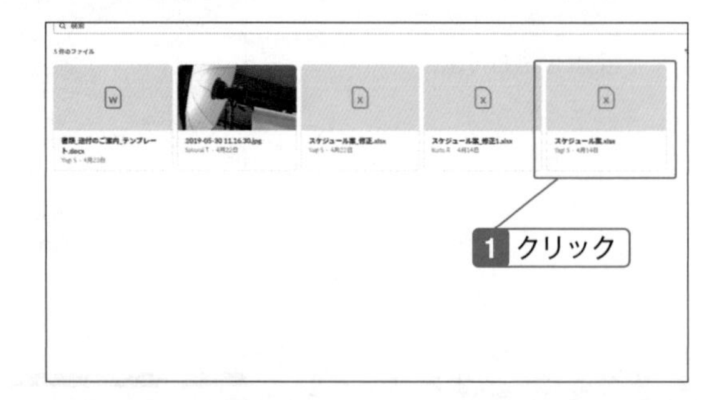

2 「共有」のチャンネル名をクリック。

3 メッセージが表示される。

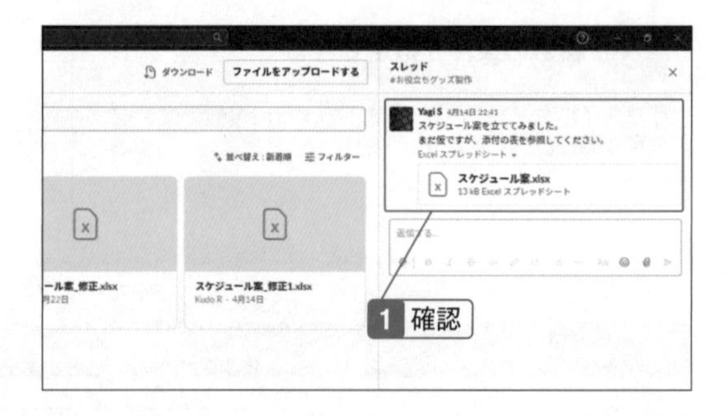

06-13
SECTION

Slackbotで操作方法を調べる

Slackbotにダイレクトメッセージで質問を送り、答えてもらう

Slackには「Slackbot」という特別なメンバーが存在します。Slackbotは一定の処理を自動化したプログラムで、さまざまな状況で通知や回答を伝えてくれます。操作がわからないときにも、ダイレクトメッセージで問い合わせると適切な回答を探し、返してくれます。

Slackbotに操作方法を尋ねる

1 「ダイレクトメッセージ」の「Slackbot」をクリック。メッセージの入力欄に聞きたいことを入力して「メッセージを送信する」をクリック。

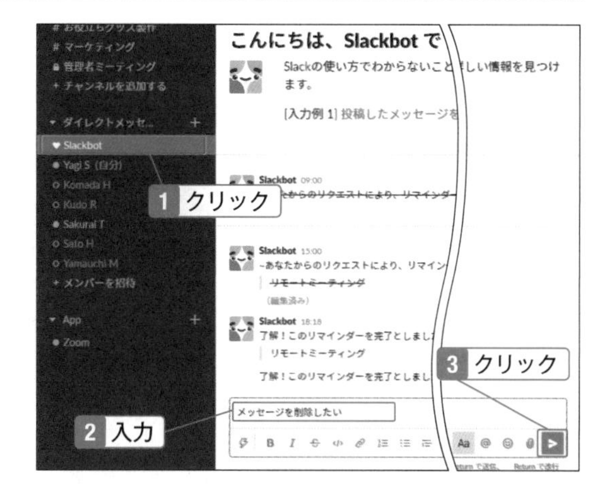

入力するメッセージ

Slackbotはロボットのような存在です。メッセージを送信するときは、自然な言葉で入力できます。

2 数秒後に自動的に回答が返信される。

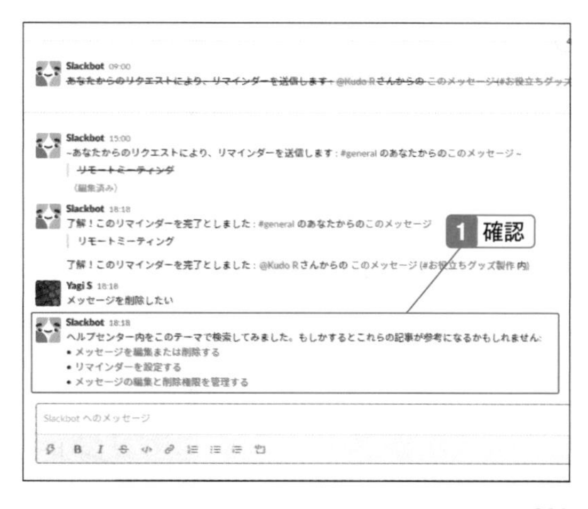

「Bot」とは

Bot（ボット）とは、ある一定の処理を自動化したプログラムのことです。たとえば言葉を検索してまとめる、アンケート結果を集計するなど、さまざまな機能を持ったボットがあります。最近では高度なものにAI（人工知能）を搭載し、より自由度の高い処理ができるようになっています。スマホやスピーカーに問いかけると答えが返ってくる仕組みもボットの1つです。

06-14
SECTION

Slackbotに返信の言葉を登録する

よくある質問の答えや自分へのアラートなど、使い道はいろいろ

「Slackbot」はユーザーからの問いかけに応えてくれる機能を持っています。あらかじめ搭載されているキーワードや回答に加え、使い方の場面に応じた言葉を追加することができます。メンバーからの質問に対して、Slackbotの回答をセットにして登録します。

Slackbotに言葉を追加する

1 ユーザー名をクリック。

2 メニューから「設定と管理」→「ワークスペースの設定」をクリック。

3 ブラウザーが起動して、設定画面が表示されるので、「カスタマイズ」をクリック。

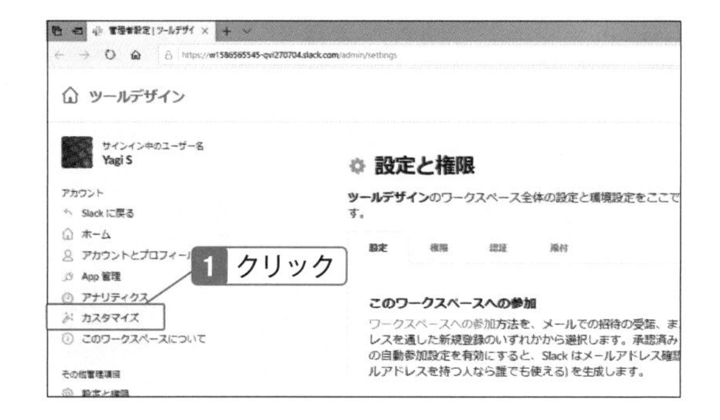

4 「Slackbot」タブをクリック。

5 キーワードと回答を追加して「レスポンスを保存する」をクリック。

キーワードの入力方法

Slackbotのキーワードは、「メンバーがこう言ったら」に入力します。複数のキーワードを指定したいときには「,」(カンマ)で区切ります。

回答の入力方法

Slackbotの解答は「Slackbotの返信」に入力します。1つの回答の中で改行するときには「\」を入力します。「\」は日本語キーボードでは「¥」を入力すると「\」になります。また、複数の回答を入力するときは改行します。この場合、回答の中からいずれかがランダムに返信されます。

キーワードと回答が登録される。

キーワードと回答をさらに追加する

さらにキーワードと回答を追加する場合「＋新しいレスポンスを追加する」をクリックして入力欄を追加します。削除する場合は「(×)」をクリックします。

自分宛てのダイレクトメッセージでキーワードを送信して確認すると、追加した回答が返信される。

はじめは自分宛てでテストする

Slackbotにキーワードと回答を追加したら、まず自分宛てのダイレクトメッセージで確認してから、チャンネルなどで利用するようにしましょう。

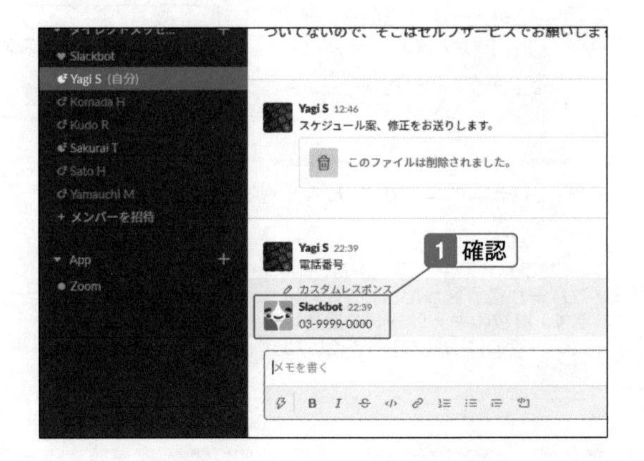

06-15
SECTION

メモを書く

メッセージとは少し違う、「ふせん」のような機能

メッセージとは別に、簡単なメモを書いて保存することができます。Slackの「ポスト」を使うと、外部のアプリを使う必要はなく、簡単にファイルに保存します。また、他のメンバーと共有もできます。印刷したり、リンクをコピーして送ることもできます。

ポストを作成して保存する

1 メッセージ入力欄の「ショートカット」をクリックし、「ポストを作成する」をクリック。

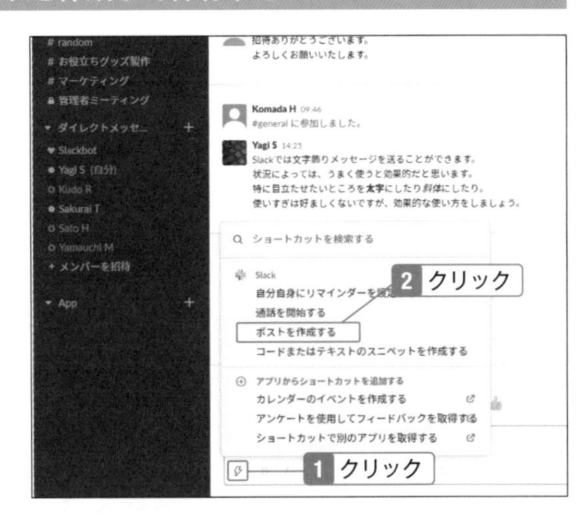

2 ポストのウィンドウが表示される。

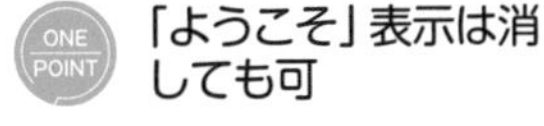

「ようこそ」表示は消しても可

はじめてポストを表示すると、下部に「ようこそ」のメッセージが表示されます。必要でなければ「×」(閉じる) をクリックして非表示にします。

3 タイトルと本文を入力して、「×」(閉じる) をクリック。

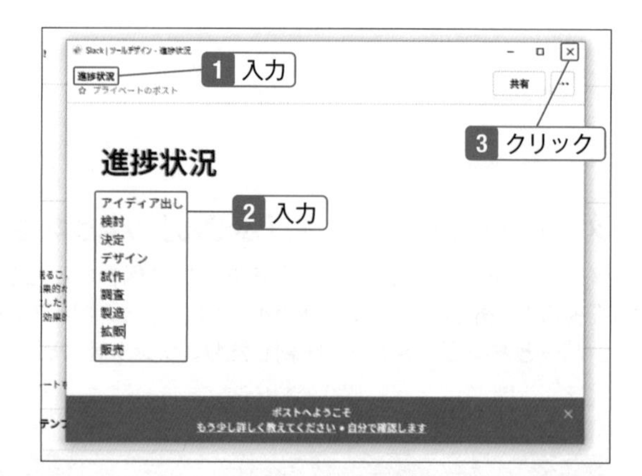

4 「…」(メニュー) では、必要に応じて印刷やリンクのコピーができる。

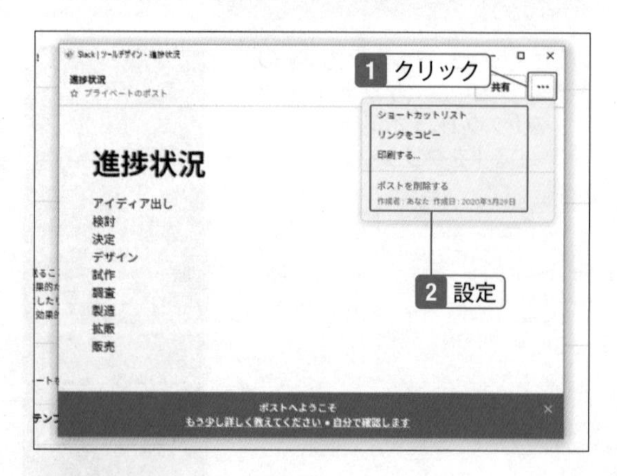

5 ポストが作成され、保存される。「ファイル」でポストをクリックすると、内容を表示できる。

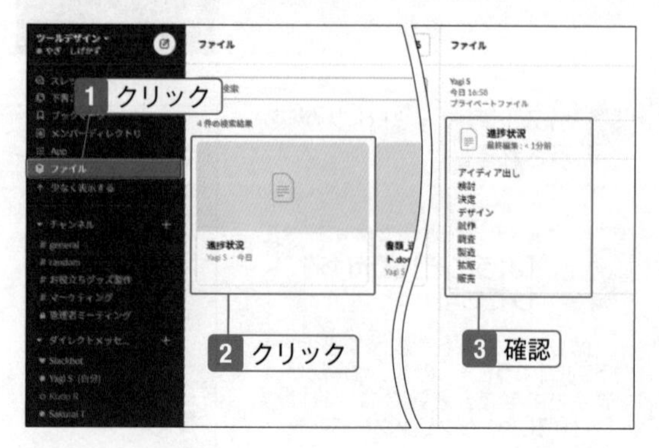

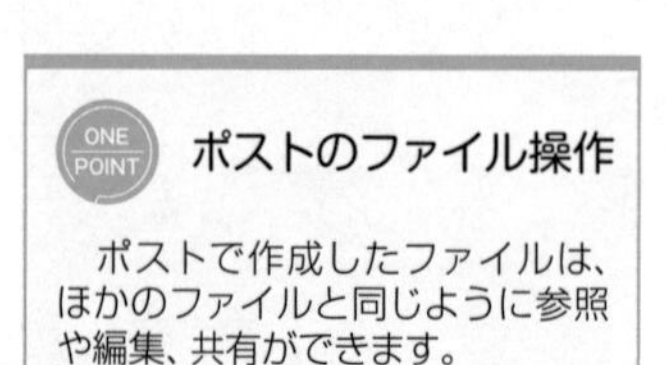

ポストのファイル操作

ポストで作成したファイルは、ほかのファイルと同じように参照や編集、共有ができます。

06-16
SECTION

テキストファイルを作成する

ポストとは違うもう一つのメモ書き機能「スニペット」を使う

Slackには「スニペット」と呼ばれるテキストファイル作成機能があります。ポストよりもさらに簡単なメモを作成し、共有できます。またプログラム言語の開発で分担している部分の共有などにも利用できます。「タイトル」「タイプ」「相手」など決まった項目を入力して作成します。

スニペットを作成する

1 メッセージ入力欄の「ショートカット」をクリック。

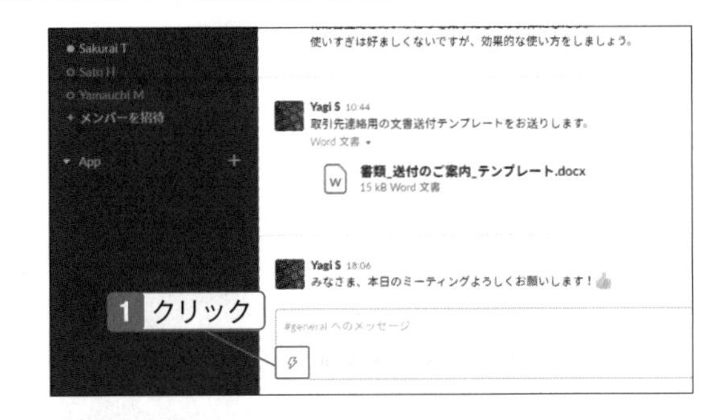

2 「コードまたはテキストのスニペットを作成する」をクリック。

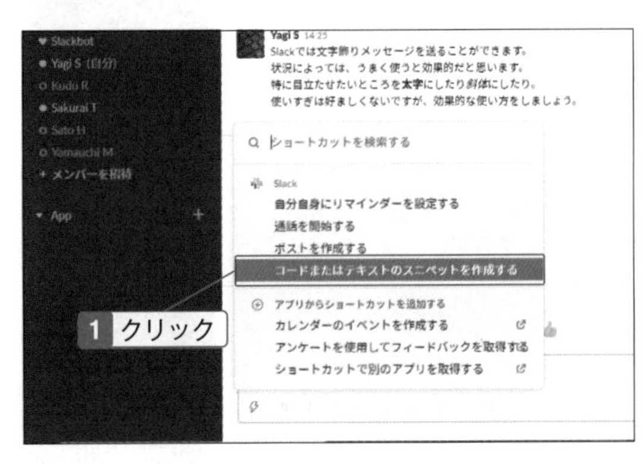

スニペットとは

スニペットとは、「断片」を意味し、プログラミング言語の一部分などを示すときに使われます。本来は大きなプログラム開発で担当部分を作成するときや、部分的な動作チェックの場面で使われる言葉ですが、Slackのスニペットでは手軽にメモ書きなどにも利用できます。

3 スニペットの内容を入力して「スニペットを作成する」をクリック。

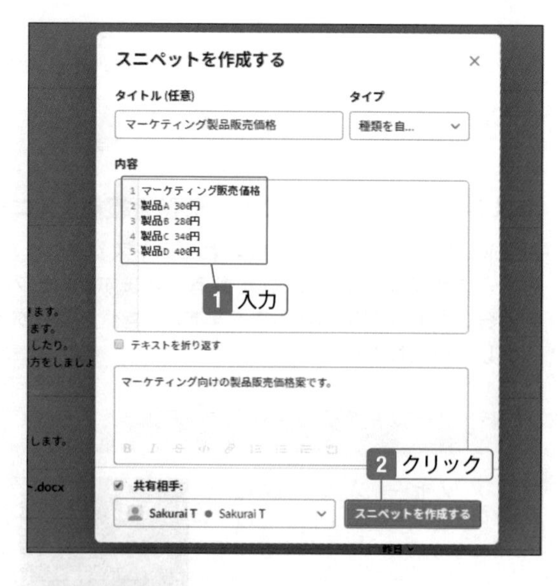

スニペットの内容

それぞれ、以下の内容を入力します。

・タイトル　スニペットのタイトルを入力
・タイプ　ファイルの種類を選択。選択しなければ自動的に判断する
・内容　内容を入力
・メッセージ　共有する相手へのメッセージを入力
・共有相手　スニペットを共有する相手を選択

4 スニペットが作成され、共有相手にも送信される。

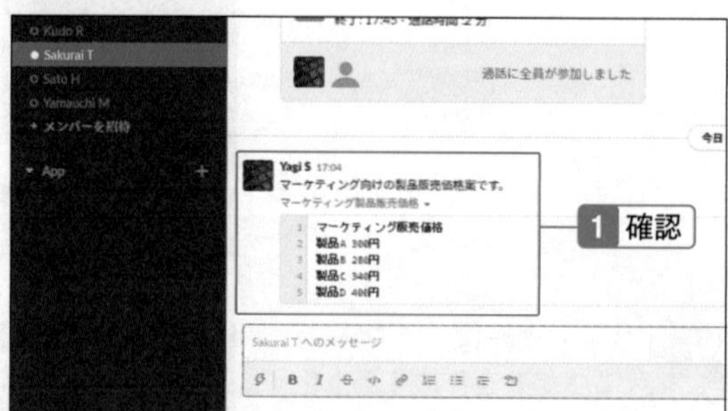

5 「ファイル」でスニペットをクリックすると、内容を表示できる。

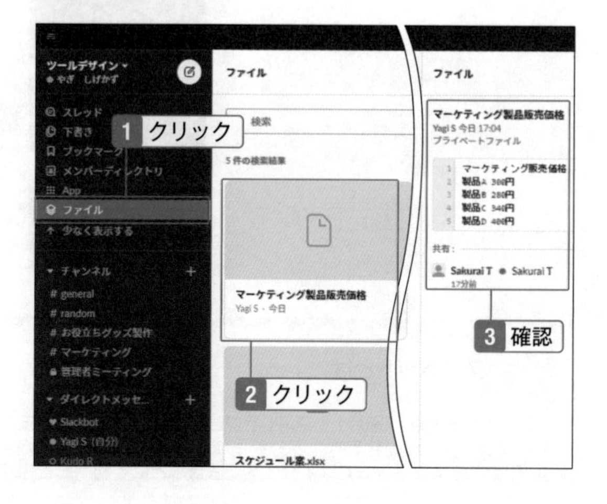

06-17
SECTION

チャンネルのメンバーで通話する

有料プランなら、複数のメンバーで同時に音声・ビデオ通話ができる

Slackの有料プランで利用する機会が多い機能の1つが、チャンネル内でのグループ通話です。簡単な操作だけで、チャンネルに登録されているメンバー同士で音声またはビデオを使った通話ができます。ZoomやGoogleなど、グループ通話ができるツールを使っていなくても、Slackだけでやり取りができます。パソコンで利用する際は、マイク（ビデオ通話する場合はマイクとカメラ）が搭載されている必要があります。

チャンネルのメンバーで通話する

1 通話するチャンネルを表示して「詳細」をクリック。

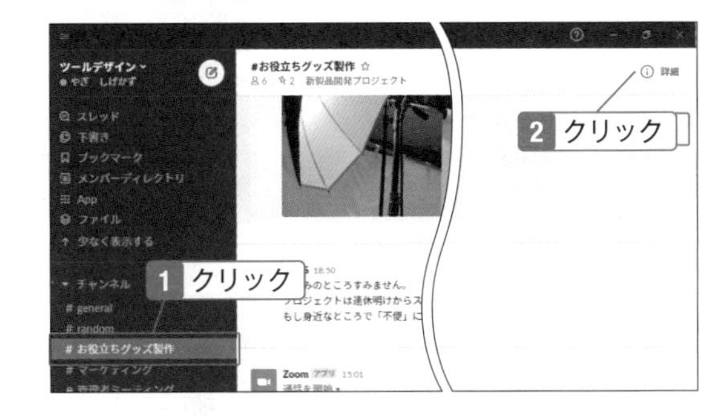

2 「通話を開始」をクリック。

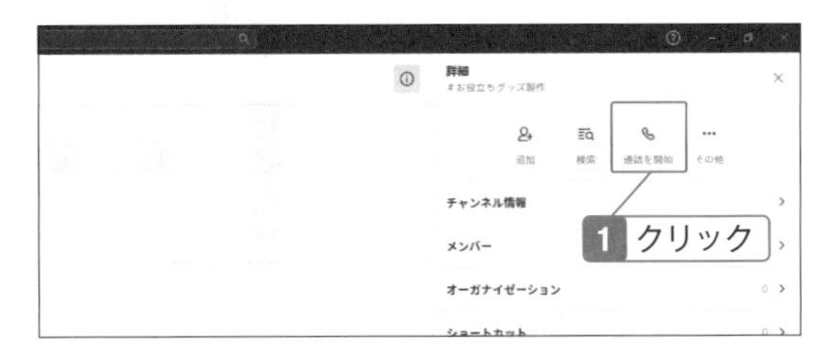

3 「通話を開始する」をクリック。

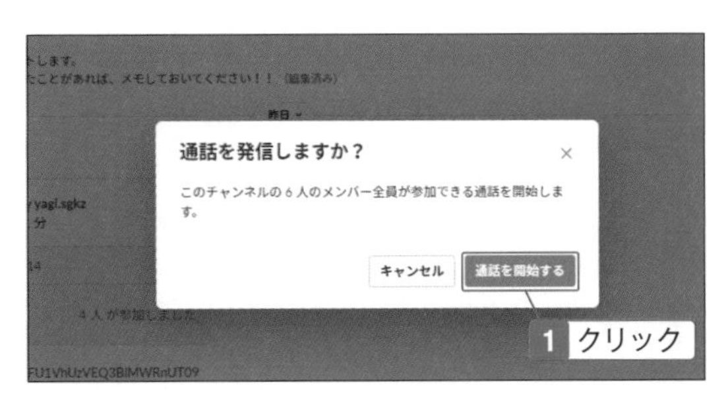

4 通話が開始される。

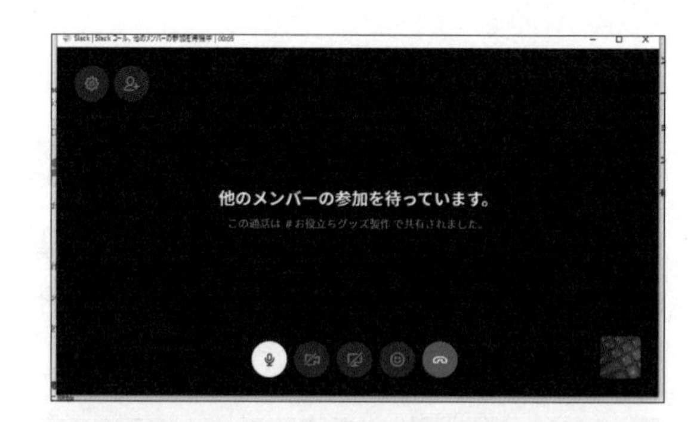

5 メンバーが参加するとアイコンやビデオが表示される。

通話を受けた場合

通話を受けた場合、メッセージが届き、「参加する」をクリックすると通話に参加できます。

6 通話を終了するとメッセージに記録される。

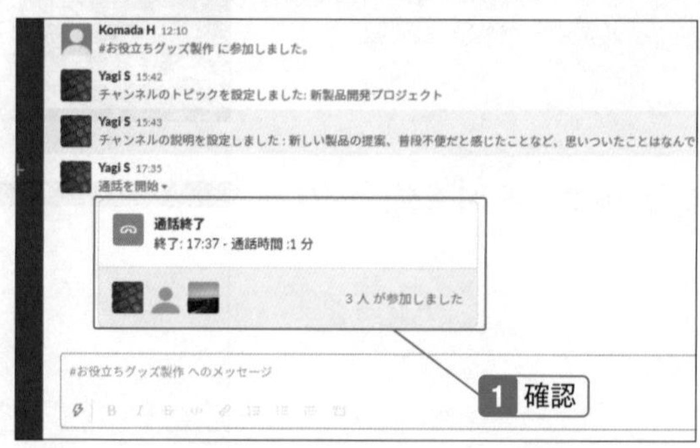

通話の操作方法

通話の操作方法は、無料プランで行う1対1の通話と同様です。

06-18
SECTION

画面のデザインテーマを変更する

変更されるのは自分の画面だけなので気にせず変更しよう

「テーマ」を変更すると、アプリの画面の色合いが変わります。初期状態では紫色が基本の比較的色数が少ない配色ですが、あらかじめ用意されているいくつかのテーマから選んで好みの画面にしましょう。なお、テーマの変更はSlack全体に反映されるので、チャンネルごとに色を変えることはできません。

テーマを変更する

1 ワークスペースの名前をクリック。

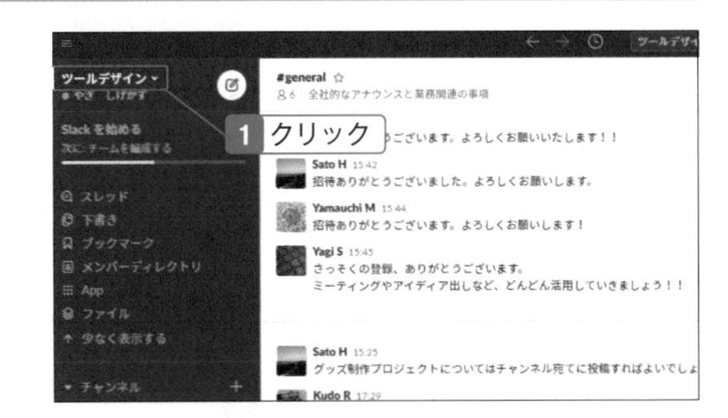

2 「環境設定」をクリック。

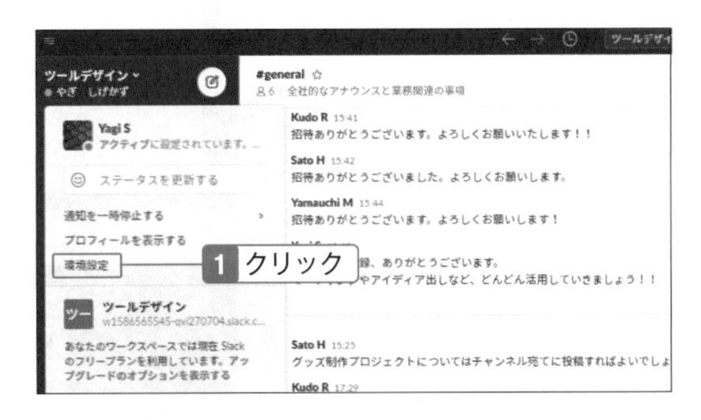

3 「テーマ」をクリック。

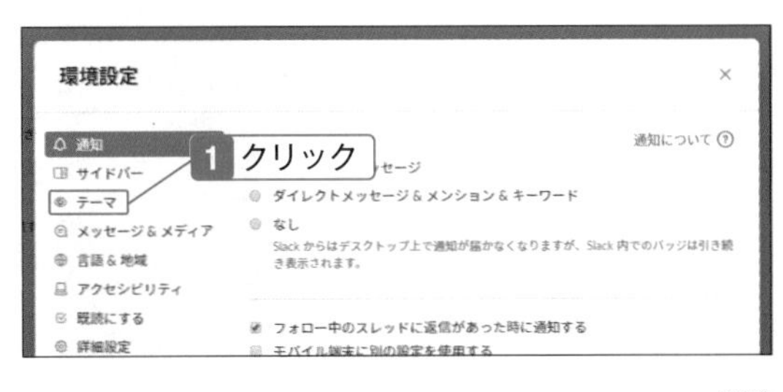

4 テーマが表示される。下にスクロールすると配色が異なるテーマが表示される。

5 テーマを選択する。

テーマの配色を確認する

テーマを選択すると背後の画面の色合いが変わり、確認できます。

6 テーマが変更される。

Chapter

07

Slackの管理機能や設定を理解して、安全性・快適性をアップしよう

Slackには、ビジネスの用途や場面に合わせた使い方ができるように、さまざまな管理機能があります。プロジェクトを管理する上で必要になる公開範囲の設定や、プロジェクトの変更にともなう設定といったように、時々刻々と変化するビジネスの場面でも臨機応変にSlackを操作してプロジェクトを進めましょう。大きなプロジェクトで必要となる有料プランの加入方法も紹介します。

07-01
SECTION

チャンネルを追加する

禁止されていなければ、管理者以外もチャンネルを作成できる

ワークスペースにチャンネルを追加すると、投稿されるテーマや話題を整理することができます。新しいプロジェクトやグループができたらチャンネルを追加しましょう。招待したメンバーだけしか見られない「プライベートチャンネル」(SECTION 07-02) を作ることもできます。

新しいチャンネルを追加する

1 「チャンネルを追加する」をクリック。

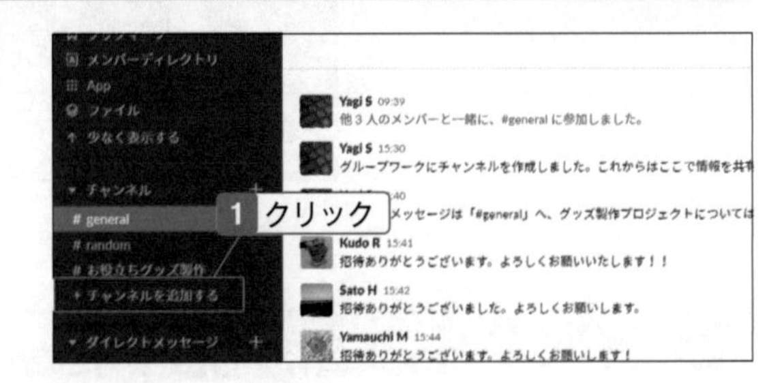

2 「チャンネルを作成する」をクリック。

3 チャンネルの名前と説明を入力して「作成」をクリック。

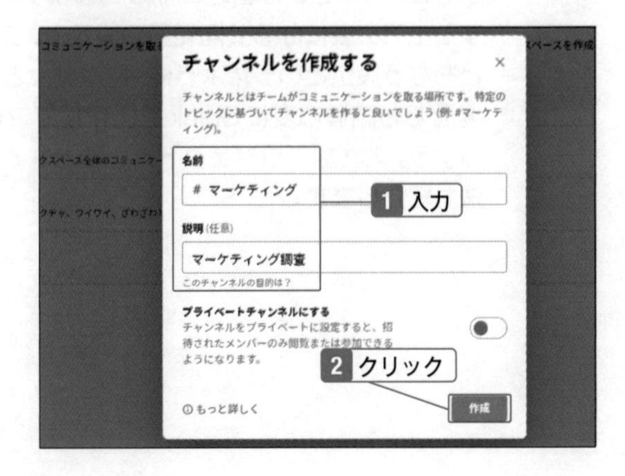

4 ワークスペースの全員を新しいチャンネルに追加する場合、「(ワークスペースの名前) のすべてのメンバー (人数) 人を追加する」を選択して、「終了」をクリック。

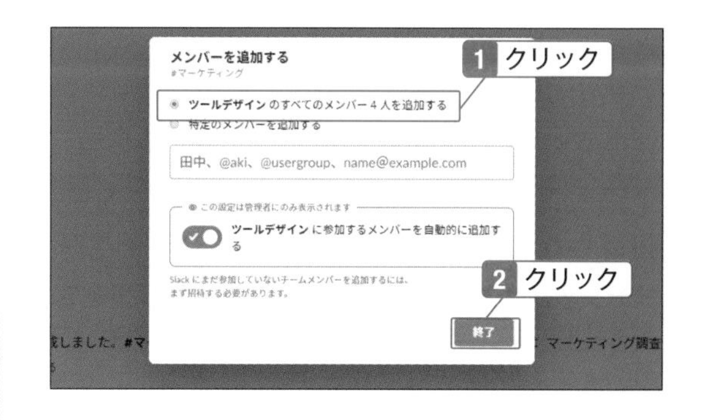

あらかじめ招待しておく

チャンネルに追加できるメンバーはすでにワークスペースに参加している必要があります。新しい人を追加する場合は、あらかじめ招待しておきます。

5 特定のメンバーを追加する場合、「特定のメンバーを追加する」を選択し、「@」を入力して表示されるメンバーをクリックして追加し、「終了」をクリック。

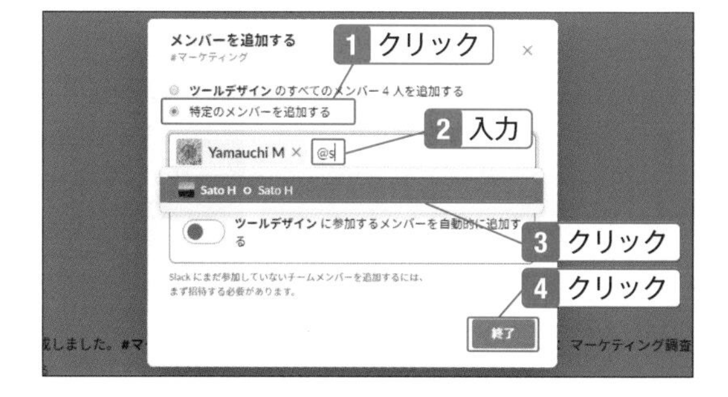

今後の新規メンバーを自動的に追加する

「(ワークスペース名) に参加するメンバーを自動的に追加する」をオンにすると、今後ワークスペースに招待されたメンバーを自動的に作成するチャンネルに追加します。

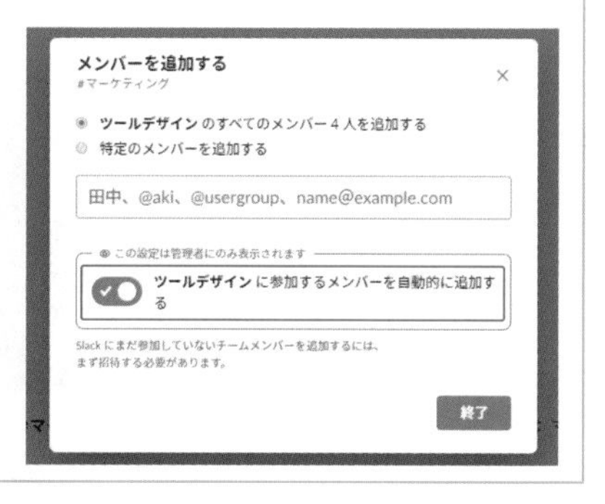

6 チャンネルが追加される。

07-02
SECTION

限定公開のチャンネルを追加する

招待したユーザーのみが使える「プライベートチャンネル」

チャンネルは通常、ワークスペースに参加しているユーザーには公開されますが、「プライベートチャンネル」を作成すれば、ワークスペースに参加しているユーザーの中で、そのチャンネルに招待したユーザーだけに公開されます。既存チャンネルのメンバー以外を追加する際は、ワークスペースに招待します。

プライベートチャンネルを作成する

1 「チャンネルを追加する」をクリック。

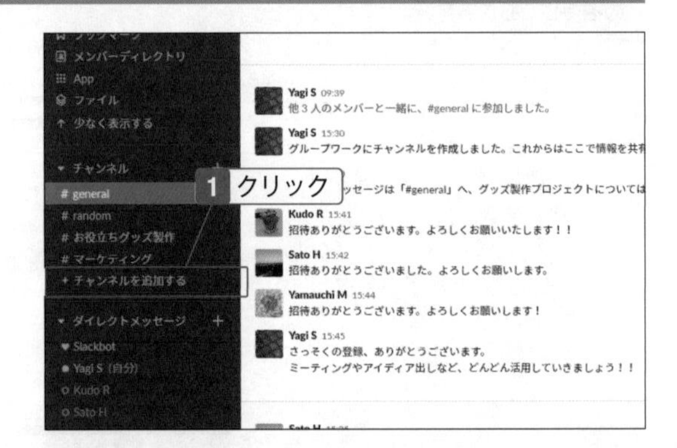

2 「チャンネルを作成する」をクリック。

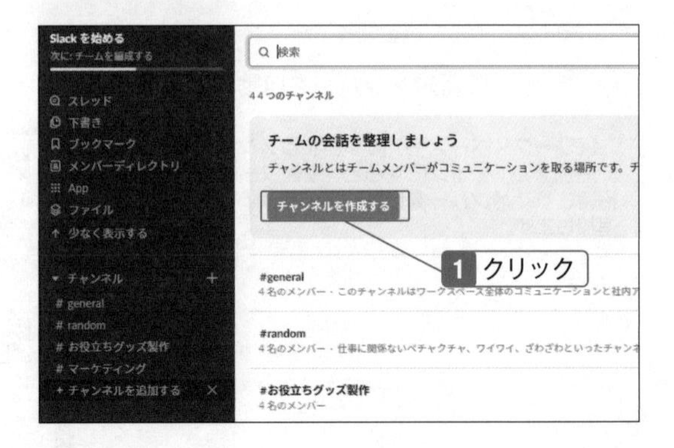

3 「プライベートチャンネルにする」をオンにすると画面が「プライベートチャンネルを作成する」に変わる。チャンネルの名前と説明を入力して、「作成」をクリック。

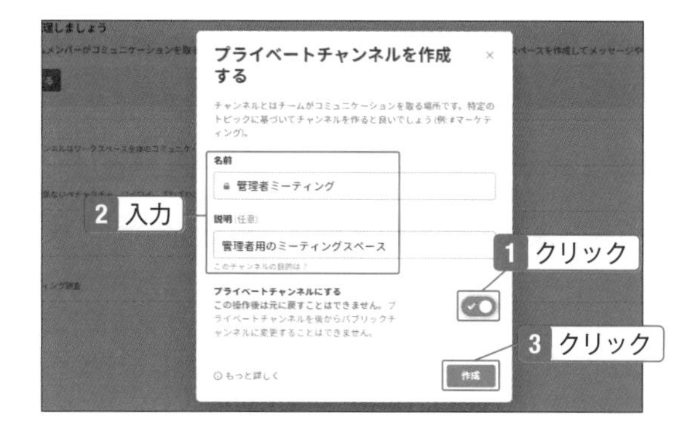

4 招待するメンバーを入力して、「終了」をクリック。

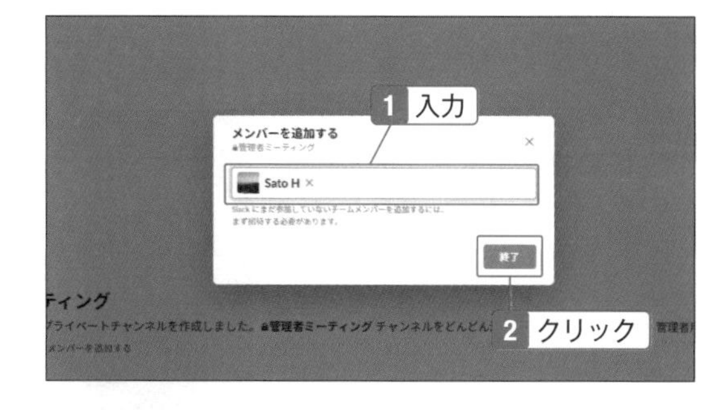

メンバーの入力

メンバーを入力するには、はじめに「@」を入力し、表示されるメンバーの一覧から選択します。

5 プライベートチャンネルが作成される。鍵のアイコンが付いているのを確認。

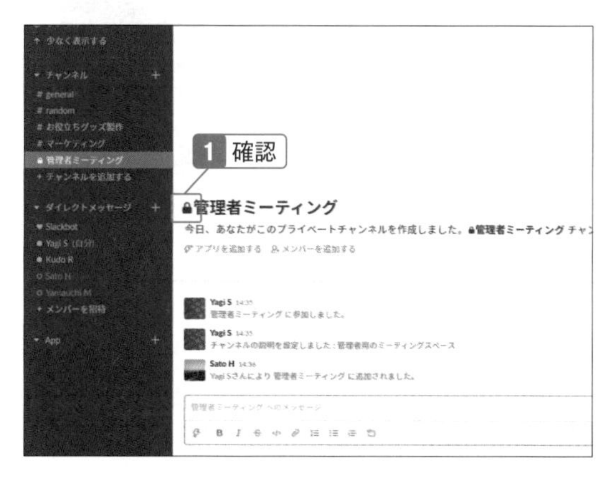

プライベートチャンネルへの投稿

プライベートチャンネルに投稿するときは、必ずプライベートチャンネルを表示した状態でメッセージを入力します。公開されているチャンネルでは他のチャンネルを表示していても「#マーケティング」のように投稿するチャンネルを指定して投稿できますが、プライベートチャンネルは「#」ではじまるチャンネルの指定ができません。

07-03
SECTION

プライベートチャンネルに変更する

チャンネルを特定のメンバーだけが参加できる状態にしたいときに

通常のチャンネルは「パブリックチャンネル」と呼ばれ、ワークスペースの誰でも参加できる状態です。これを「プライベートチャンネル」に変更すると、招待したユーザーだけ参加できるチャンネルになります。ただし、プライベートチャンネル変更すると、パブリックチャンネルには戻せません。

プライベートチャンネルに変更する

1 プライベートチャンネルに変更するチャンネルを表示して「詳細」をクリック。

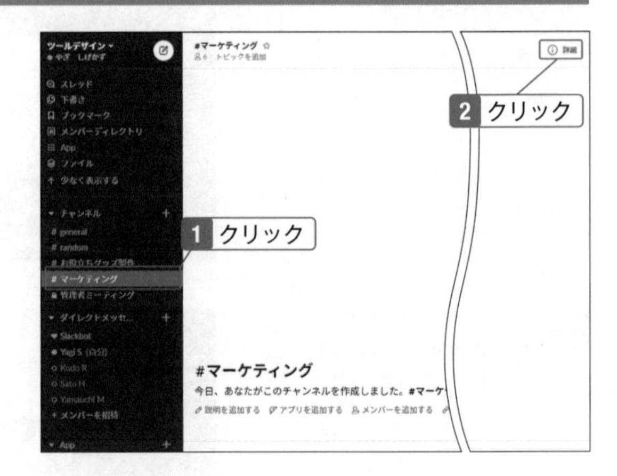

2 「…」(その他) をクリック。

3 「その他のオプション」をクリック。

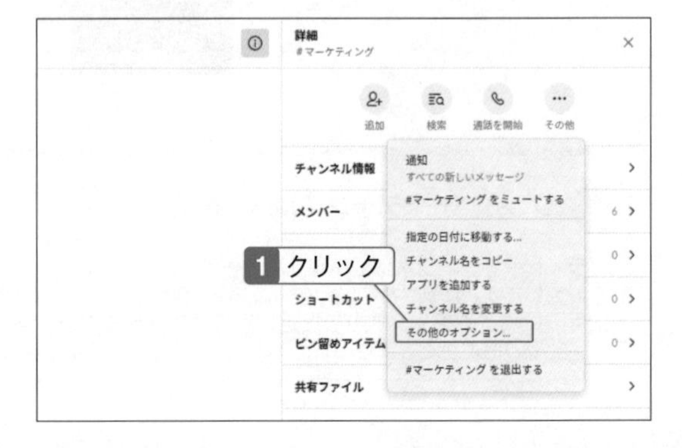

4 「プライベートチャンネルに変更する」をクリック。

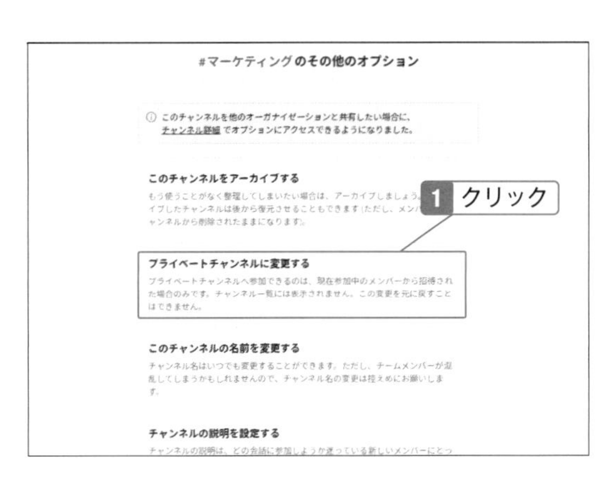

パブリックチャンネルには戻せない

パブリックチャンネルをプライベートチャンネルに変更することはできますが、プライベートチャンネルをパブリックチャンネルに変更することはできません。

5 「プライベートに変更する」をクリック。

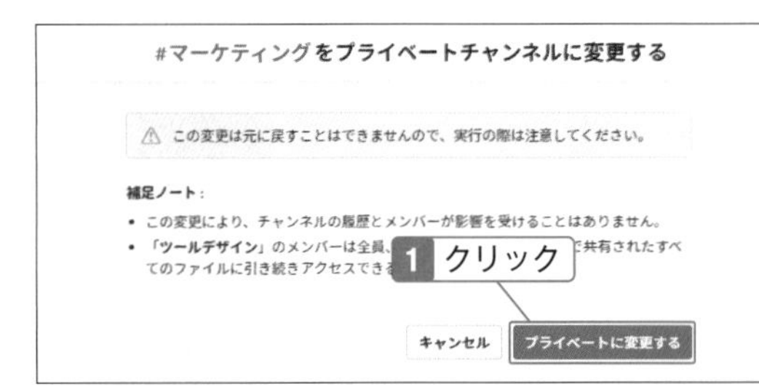

6 「プライベートに変更する」をクリック。

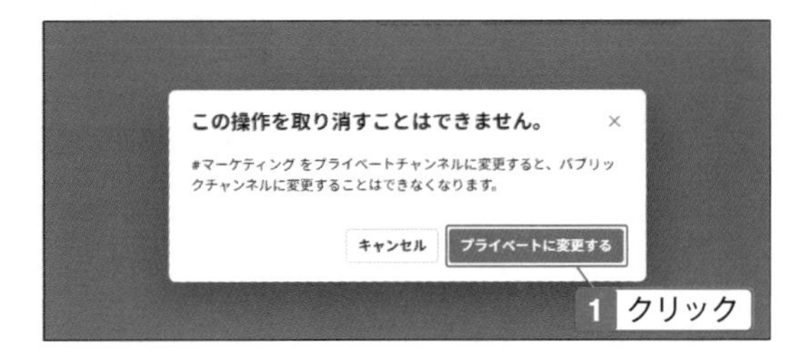

7 プライベートチャンネルに変更される。

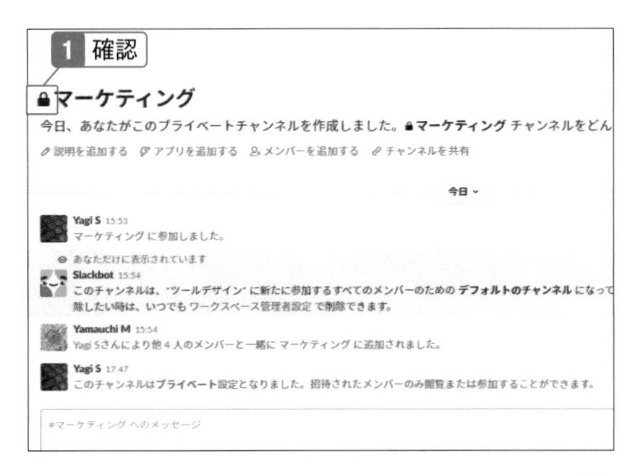

07-04 SECTION

チャンネルの情報を変更する

チャンネルの目的や内容を表示すれば、新規で参加したメンバーも分かりやすい

チャンネルにはトピックと説明を登録できます。それぞれチャンネルで話されるテーマや内容などを登録しておくと、ユーザーがチャンネルの内容を把握しやすくなります。「トピック」には主にチャンネルをの目的を、「テーマ」にはそこで話される主な議題などを設定します。

チャンネルの情報を編集する

1 チャンネルを表示して「詳細」をクリック。

2 「チャンネル情報」をクリック。

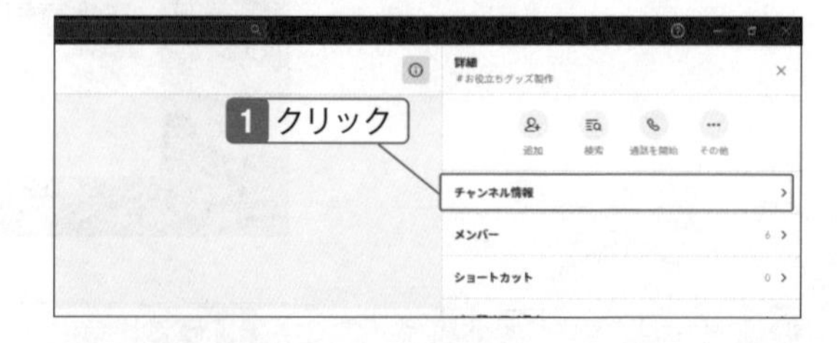

3 「トピック」の「編集」をクリック。

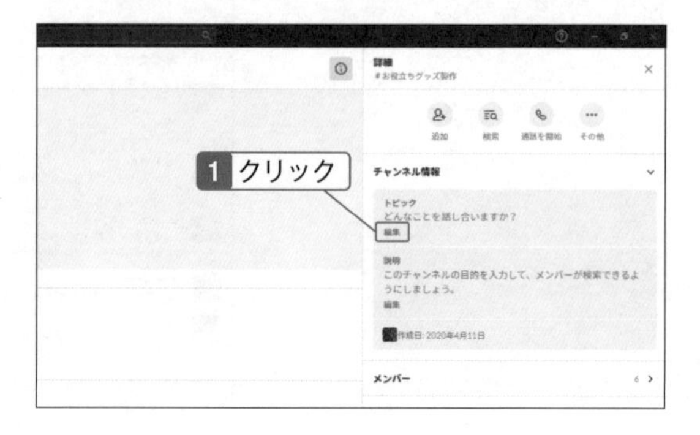

トピックの内容

トピックには、チャンネルの目的やテーマを表示します。

4 トピックを入力して「トピックを設定する」をクリック。

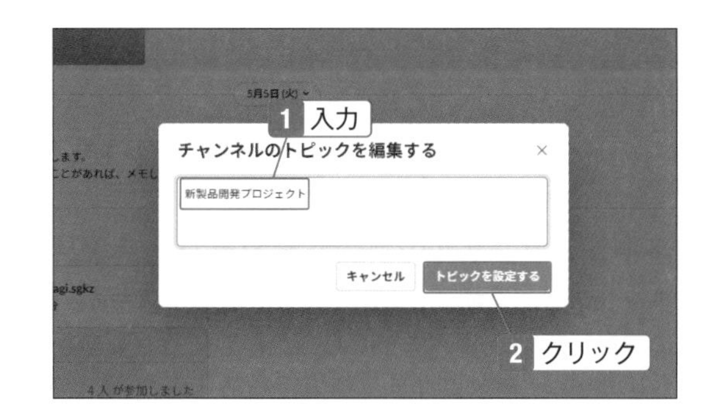

5 「説明」の「編集」をクリック。

説明の内容

説明には、チャンネルで行われる議題や具体的な内容を入力します。チャンネルのアピールポイントなどでもよいでしょう。

6 チャンネルの説明を入力して「説明を更新」をクリック。

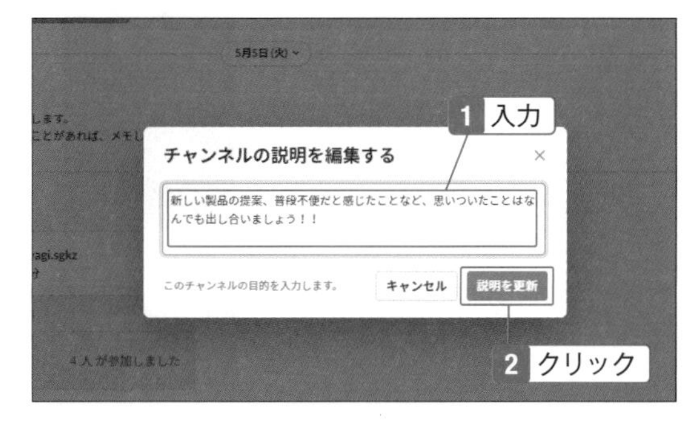

7 トピックと説明が更新される。

07-05
SECTION

チャンネルの名前を変更する

途中でチャンネルの目的が変わったときなどは、名前を付け替えられる

チャンネルの名前は、必要に応じて変更できます。ただし変更するときにはチャンネルに参加しているユーザーにあらかじめ知らせるなど、混乱させないような準備をしておきましょう。本来はあまり頻繁に名前を変えず、チャンネル作成時によく考えて付けるのが望ましいです。

チャンネルの名前を変更する

1 名前を変更するチャンネルを表示して「詳細」をクリック。

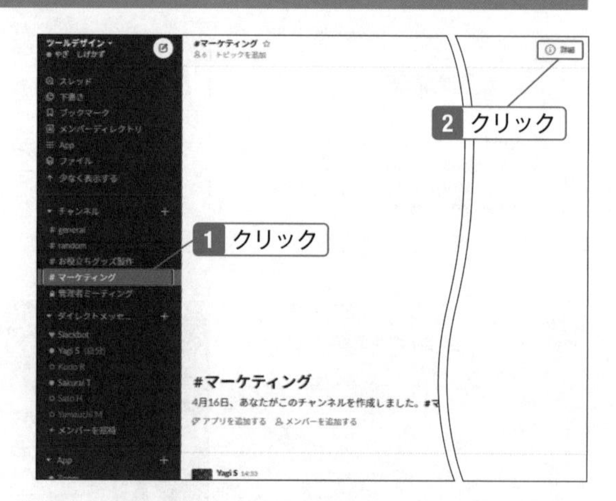

2 「…」(その他) をクリック。

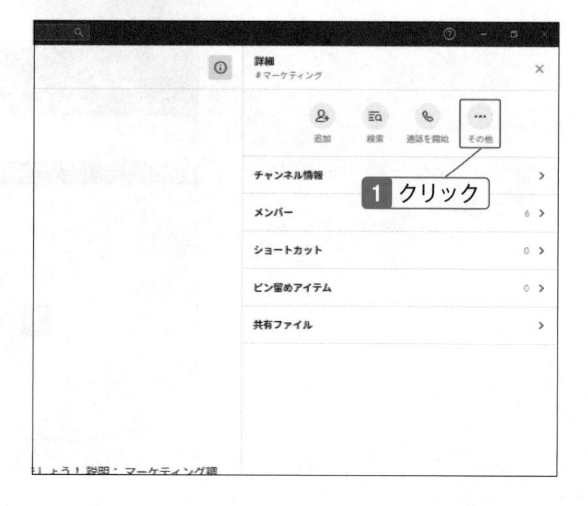

3 「チャンネル名を変更する」をクリック。

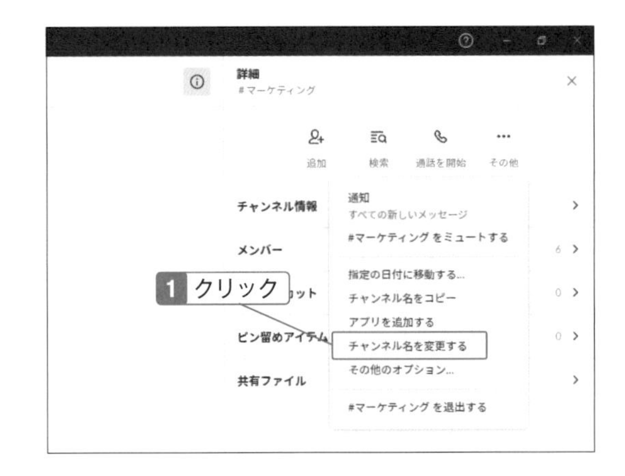

4 変更するチャンネルの名前を入力して「チャンネル名を変更する」をクリック。

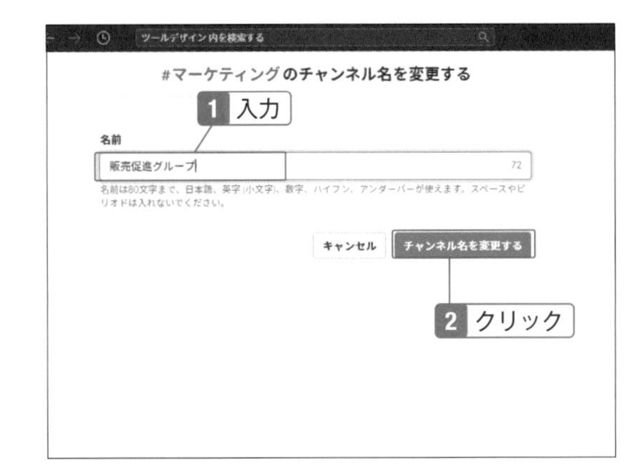

5 チャンネルの名前が変更される。

似た名前を避ける

チャンネル名はユーザーが議論の内容を把握するための大切なものです。似たようなチャンネル名が複数存在するといった混乱する状況を避けるようにしましょう。

07-06
SECTION

使わないチャンネルを保存する

使わないチャンネルはアーカイブして保存しておける

チャンネルはアーカイブして保存しておけます。アーカイブしたチャンネルはワークスペース内で表示されなくなりますが、いつでも必要な時に参照したり復元したりすることができます。「もう必要が無いが、後で確認するかもしれない」チャンネルなどはアーカイブし、チャンネルが増えすぎないよう整理しましょう。

チャンネルをアーカイブする

1 アーカイブするチャンネルを表示して「詳細」をクリック。

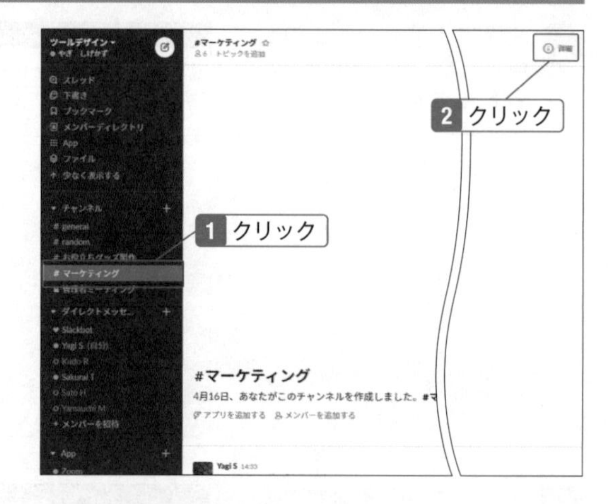

2 「…」(その他) をクリック。

アーカイブとは

「アーカイブ」(archive) とは、記録したものを保存することです。一般的には、使わないデータなどを更新できない状態にして保存しておきます。

3 「その他のオプション」をクリック。

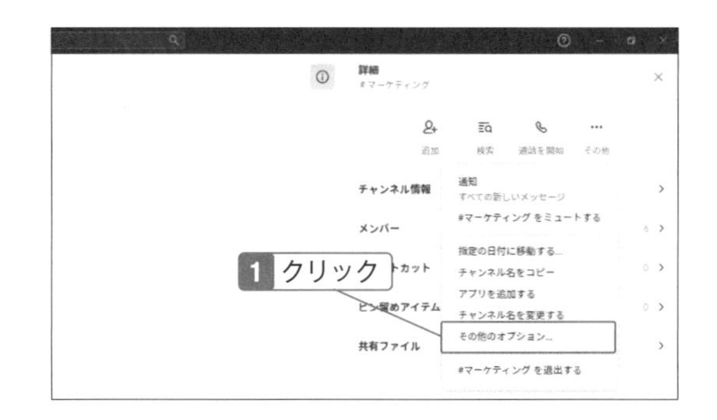

4 「このチャンネルをアーカイブする」をクリック。

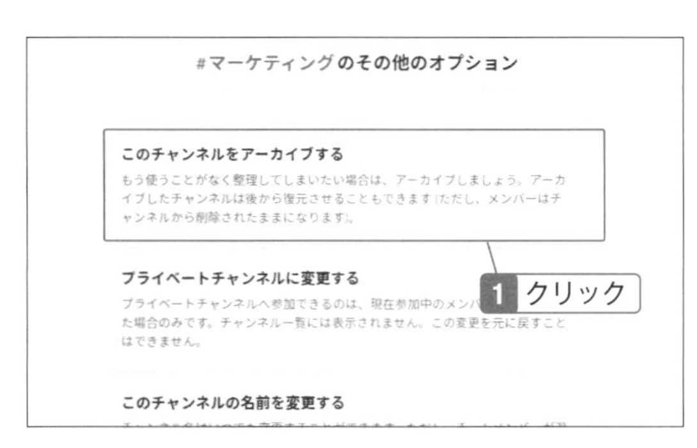

5 「はい。チャンネルをアーカイブします」をクリック。

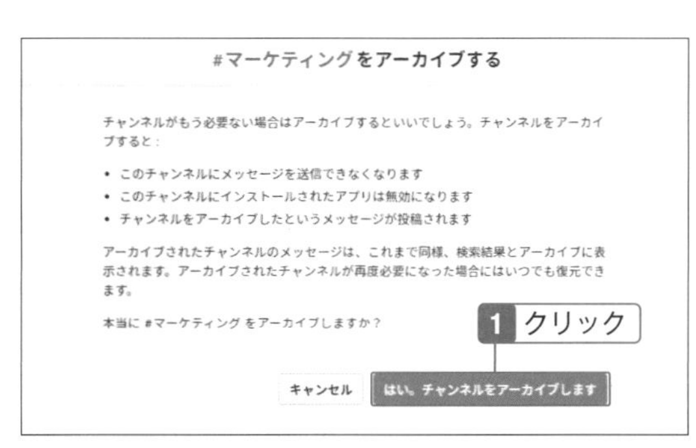

6 チャンネルが保存され、ワークスペースに表示されなくなる。

07-07
SECTION

アーカイブしたチャンネルを表示・復元する

アーカイブしたチャンネルを復元すると、再度メッセージのやり取りが可能になる

アーカイブして保存したチャンネルはワークスペースに表示されませんが、いつでも必要な時に参照できます。やり取りをする必要がなく、内容を確認するだけであれば、復元せず表示し、チャンネル利用を再開する場合は、復元してメッセージをやりとりできる状態にするといった使い分けができます。

アーカイブしたチャンネルを表示する

1 「チャンネル」の「+」をクリック。

2 「チャンネル一覧」をクリック。

3 「フィルター」をクリック。

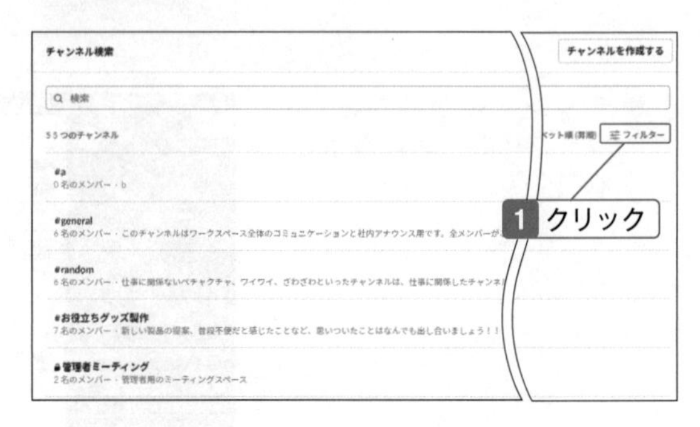

4 「すべてのチャンネルタイプ」をクリック。

5 「アーカイブしたチャンネル」をクリック。

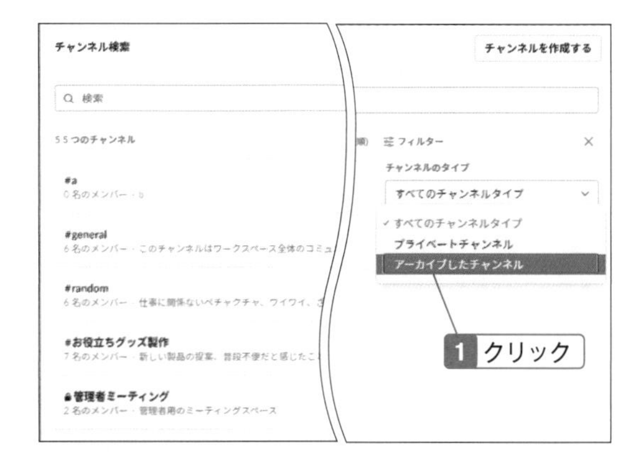

6 アーカイブしたチャンネルが表示される。内容を表示するチャンネルをクリック。

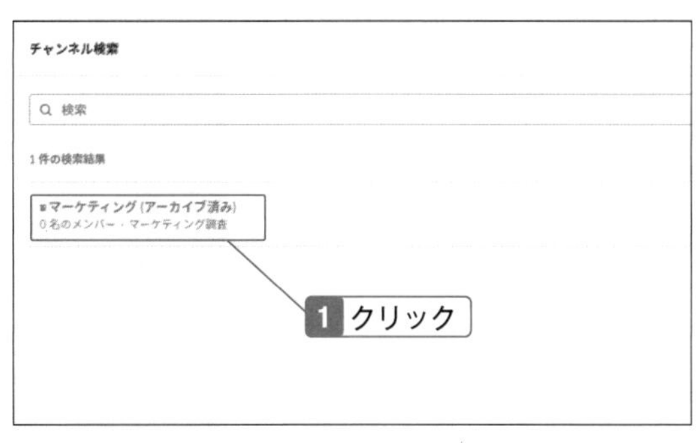

チャンネルの内容が表示される。

ONE POINT 表示するだけでは使えない

アーカイブしたチャンネルを表示すると、内容の確認はできますが、メッセージの送信などはできません。メンバーで使えるようにするには復元します。

アーカイブしたチャンネルを復元する

1 アーカイブしたチャンネルを表示して「復元する」をクリック。

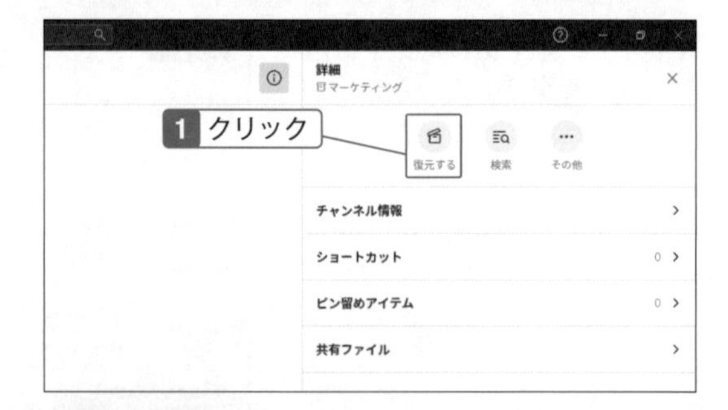

チャンネルが復元される。

ONE POINT 復元したチャンネルのメンバー

チャンネルを復元すると、アーカイブ時に参加していたメンバー全員が再びチャンネルに参加した状態になります。

07-08
SECTION

チャンネルを削除する

削除すると戻せないので、必要になる可能性があればアーカイブしよう

使用しないチャンネルは削除することができます。ただし削除すると元に戻せないので、十分に確認してから削除してください。ビジネスにおいては、記録として保存しておき後で確認するケースもよく発生するので、よほどのことがない限り、削除はせずに「アーカイブ」を利用するのが望ましいでしょう。

チャンネルを削除する

1 削除するチャンネルを表示して「詳細」をクリック。

2 「…」(その他) をクリック。

「その他のオプション」をクリック。

ONE POINT 特別な理由がなければ削除しない

チャンネルの削除は元に戻せない操作です。ビジネスではすべて記録しておくことが推奨されるので、特別な理由がない限り削除はせず、「アーカイブ」を利用してください。

4「このチャンネルを削除する」をクリック。

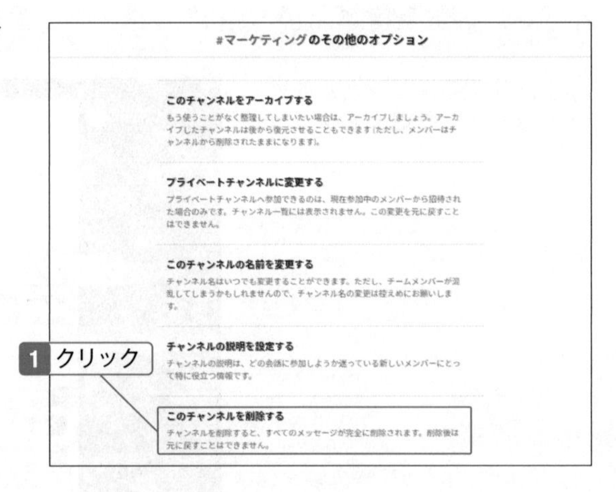

5「チャンネルを削除する」をクリック。

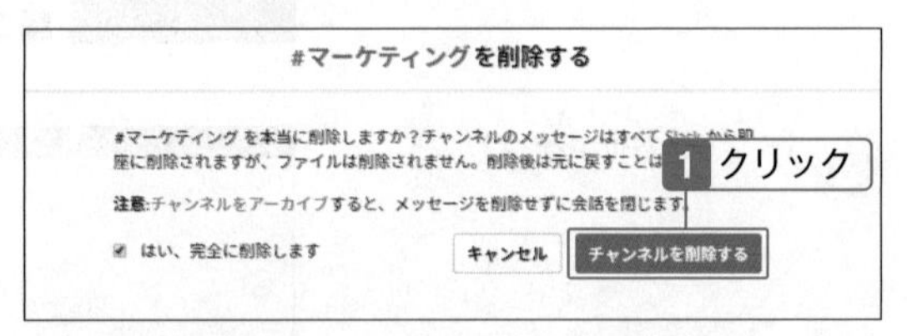

6 チャンネルが削除される。

チャンネルの権限を設定する

メンバーがそれぞれ行える招待やチャンネル作成について、権限の範囲を変えられる

ワークスペースでは、ユーザーがそれぞれメンバーを招待したり、新しいチャンネルを作成したりできます。この権限を変更することで、ユーザーがチャンネルを管理できる範囲を変更できます。権限には「オーナー」「管理者」「ゲスト」などいくつか種類があり、できることの範囲が違います（SECTION07-13）。

チャンネルの権限を変更する

1 名前をクリック。

2 「設定と管理」をクリック。

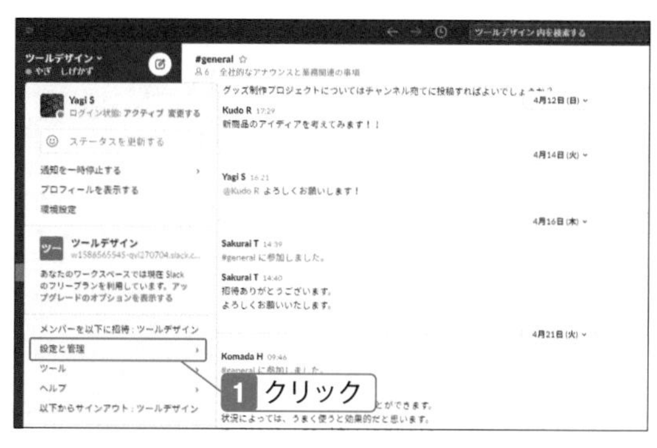

3 「ワークスペースの設定」をクリック。

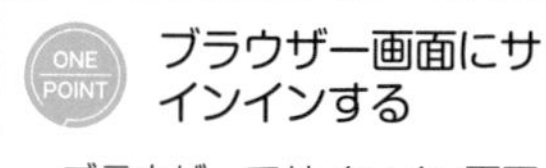

ブラウザー画面にサインインする

ブラウザーでサインイン画面が表示された場合は、サインインします。

4 「権限」タブをクリック。

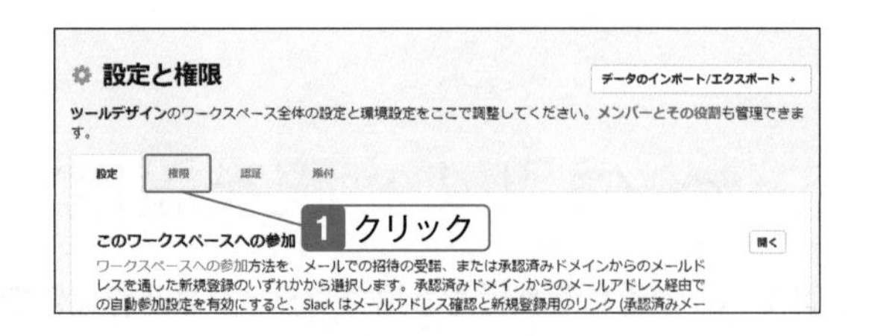

5 「チャンネル管理」の「開く」をクリック。

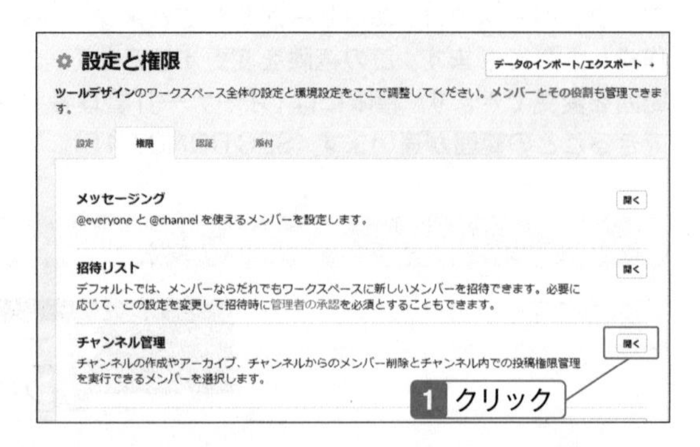

6 「チャンネル管理」で必要な権限の範囲を設定して「保存」をクリック。

権限の選択肢

それぞれの項目で設定できる権限の範囲は次のようになります。この中で表示される選択肢は項目によって異なります。

- **全員**
- **ゲスト以外の全員**
- **ワークスペースの管理者またはオーナーのみ**
- **ワークスペースのオーナーのみ**

07-10
SECTION

アカウントを削除する

ワークスペースから退出するときは、アカウントを削除する

すべてのチャンネルに参加する必要がなくなり、ワークスペースから退出するときには、Slackのアカウントを削除します。アカウントを削除するとワークスペースには入れなくなります。なお、アカウントを削除しても、そのユーザーがSlackに投稿したメッセージなどは残されます。管理者に削除してもらうこともできます（SECTION07-17）。

アカウントを削除する

1 名前をクリック。

2 「プロフィールを表示する」をクリック。

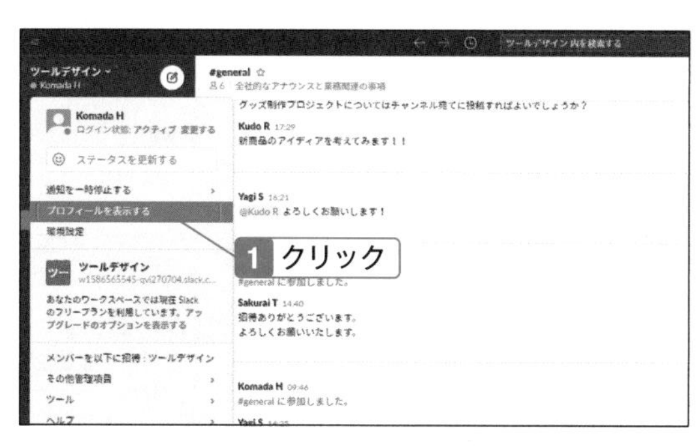

3 「その他」をクリックし、「アカウント設定」をクリック。

削除されたアカウントの復活

アカウントを削除しても、Slackにはメッセージなど投稿した内容は残されます。またオーナーや管理者であれば、削除したアカウントの情報を利用して復活することもできます。

4 ブラウザー画面が表示されるので、画面を下にスクロールする。

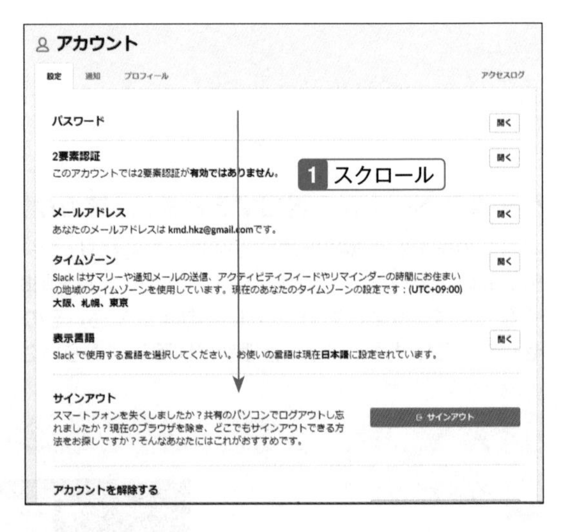

ブラウザー画面にサインインする

ブラウザーでサインイン画面が表示された場合は、サインインします。

5 「アカウントを解除する」をクリック。

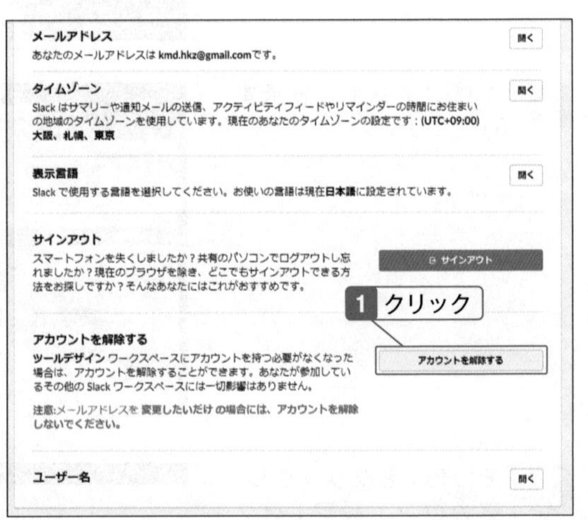

アカウント設定が表示されない

アカウント設定が表示されないときには、左側メニューの「アカウントとプロフィール」をクリックします。

6 メッセージを確認して、「はい、アカウントを解除します」をクリック。

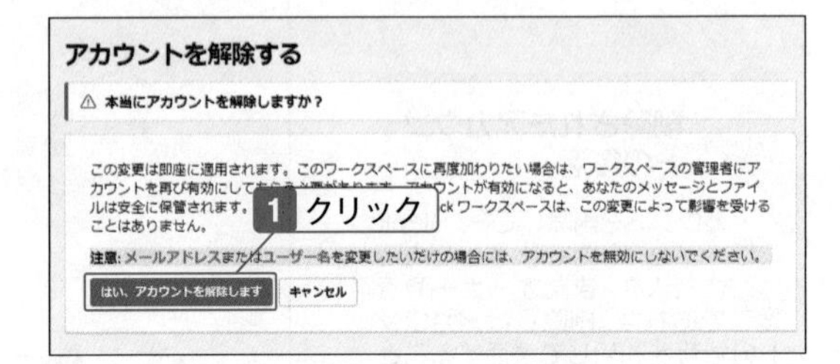

「はい、アカウントを解除します」のチェックをオンにして「アカウントを解除する」をクリック。

何度も確認する

不用意にアカウントを削除しないように、何度も確認が行われます。

8 アカウントが削除される。

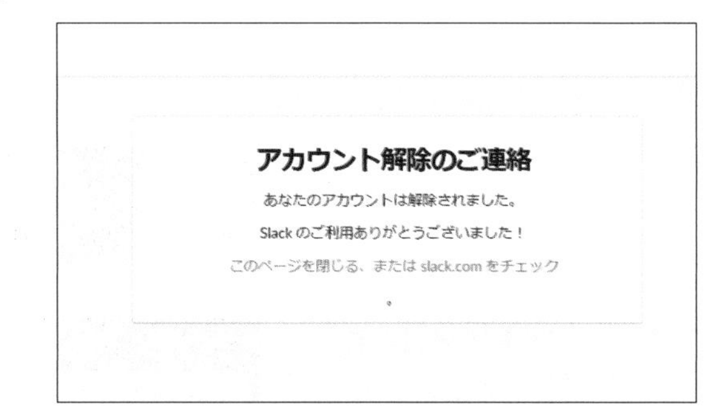

サインイン画面に戻る

アカウントを削除すると、アプリはサインイン画面になります。削除したアカウントではサインインできません。

削除されたアカウントの表示

削除されたアカウントのユーザーが投稿したメッセージには、「削除済みアカウント」と表示されます。

07-11 SECTION

メールアドレスを変更する

別のメールアドレスで通知を受け取りたいときは、登録を変更する

自分が使っているメールアドレスに変更があったときは、Slackの登録情報も変更します。Slackにサインインしたり通知を受け取ったりするためには、現在使用しているメールアドレスの登録が必要です。なお、Slackの登録情報の変更は、アプリではできないので、ブラウザーからサインインして操作します。

メールアドレスを変更する

1 名前をクリック。

2 「その他管理項目」をクリック。

3 「以下をカスタマイズ：(ワークスペース名)」をクリック。

ブラウザー画面が表示されるので、「アカウントとプロフィール」をクリック。

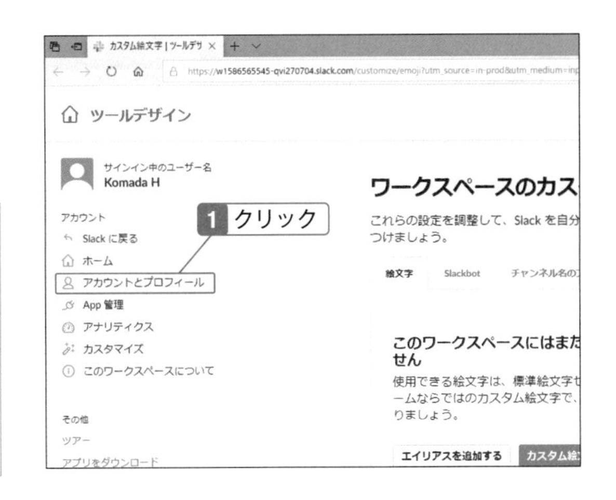

ONE POINT ブラウザー画面にサインインする

Slackの登録情報を変更するときは、アプリではできない操作が多くあり、ブラウザー画面で操作します。ブラウザーでサインイン画面が表示された場合は、現在のメールアドレスとパスワードを入力してサインインします。

5 「メールアドレス」の「開く」をクリック。

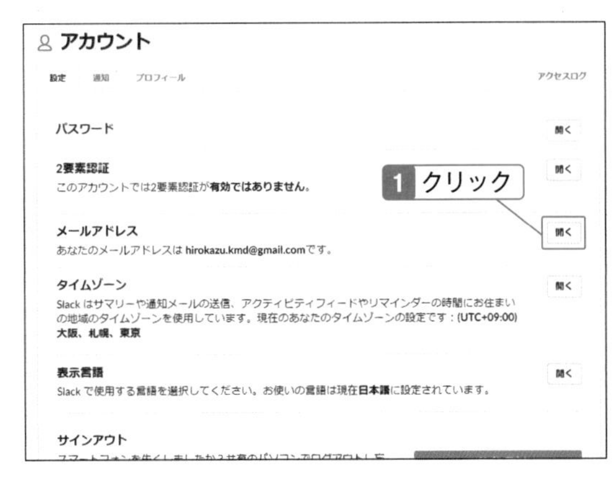

現在のパスワードと新しいメールアドレスを入力して、「メールアドレスを更新する」をクリック。

ONE POINT 現在のパスワード

「パスワード」には現在、ワークスペースにサインインするためのパスワードを入力します。

7 新しいメールアドレスに確認のメールが送信される。

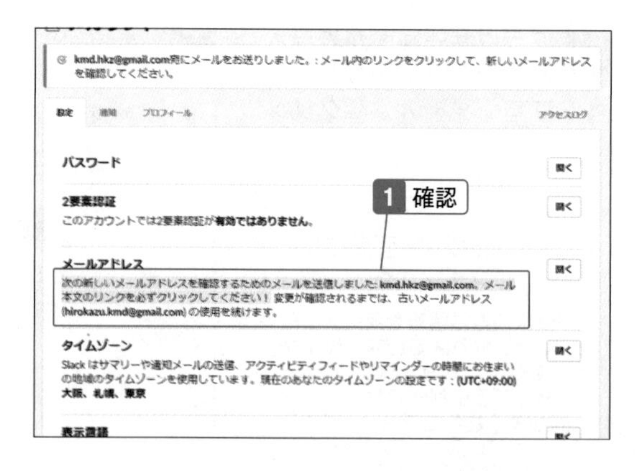

8 メールアプリでメールを確認して、「メールアドレスを確認する」をクリック。

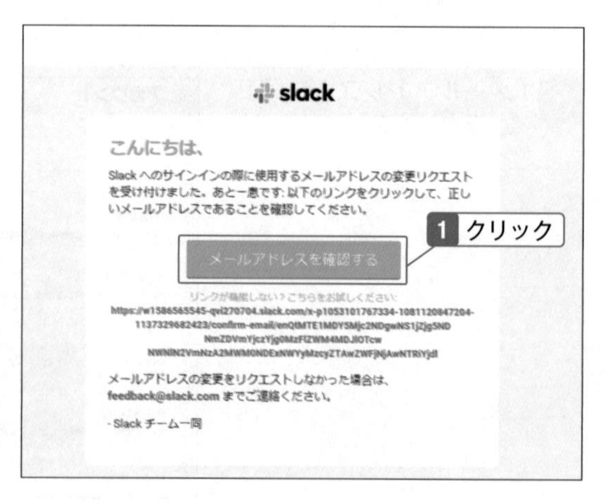

メールアドレスの有効性を確認

　メールアドレスを変更するときには、新しいメールアドレスが正しく利用できるか確認するため、メールが送信されます。そのメールを開いて確認することで、新しいメールアドレスが登録されます。

9 Slack画面が表示され、新しいメールアドレスが登録されていることを確認する。

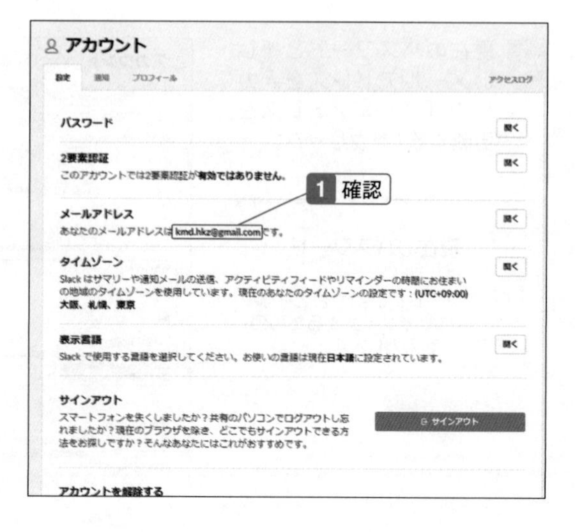

07-12
SECTION

メンバーを管理する画面を表示する

権限に関する設定は、ほぼブラウザーから管理画面を開いて行うことになる

ワークスペースに参加しているメンバーに対して、オーナーや管理者は権限の設定や登録の削除などを行うことができます。これらの各種操作はすべて、メンバー管理画面を表示して行います。スマホやデスクトップアプリからは行えないので、ブラウザーからアクセスして操作します。

ブラウザーでメンバー管理画面を表示する

1 名前をクリックし、「設定と管理」→「メンバーを管理する」をクリック。

2 ブラウザーが起動して、Slackのメンバー管理画面が表示される。

メンバー管理

名前	アカウント種別	料金・お支払いのステータス
Kudo R	通常メンバー	非アクティブ
Sakurai T	ワークスペースの管理者	非アクティブ
Sato H	通常メンバー	非アクティブ
Yamauchi M	通常メンバー	非アクティブ
Komada H	—	解除済みアカウント
やぎ しげかず (自分)	プライマリーオーナー	非アクティブ

ブラウザー画面にサインインする

ブラウザーでサインイン画面が表示された場合は、サインインします。

07-13
SECTION

ユーザーの権限を変更する

管理者と一般ユーザーを切り替えることができる

招待したユーザーがワークスペースに参加すると一般ユーザーの「メンバー」として登録されます。これを「管理者」に変更すると、ほかのユーザーのメッセージを削除したりチャンネルを管理したりできるようになります。なおSlackでは、「オーナー」に設定された人が、全ての権限を持っています。

ユーザーの権限を変更する

1 ワークスペースの名前をクリックしてメニューを表示する。

2 「設定と管理」→「メンバーを管理する」をクリック。

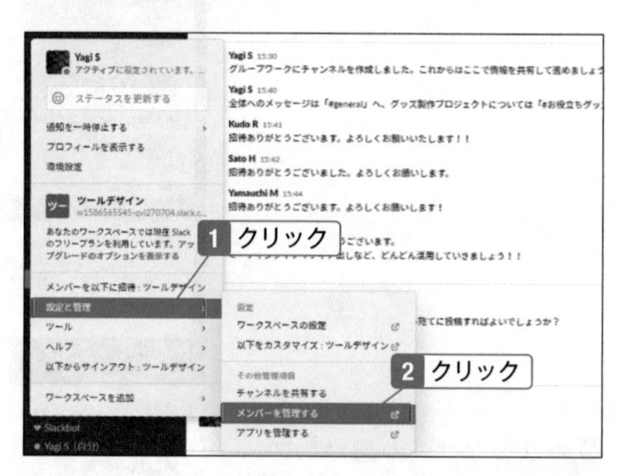

3 ブラウザーが起動してSlackの設定画面が表示される。

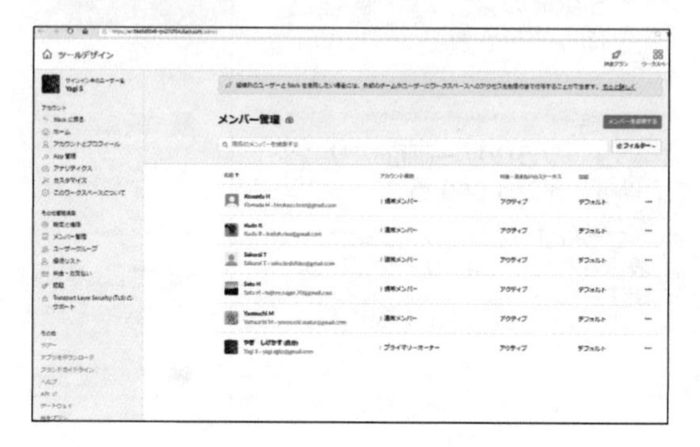

ユーザー権限の設定はブラウザーで

ユーザー権限の設定はアプリではできません。アプリでメニューを選択するとブラウザーが起動し、設定画面が表示されます。

4 権限を変更するユーザーの「…」(メニュー) をクリックして「アカウント種別を変更する」をクリック。

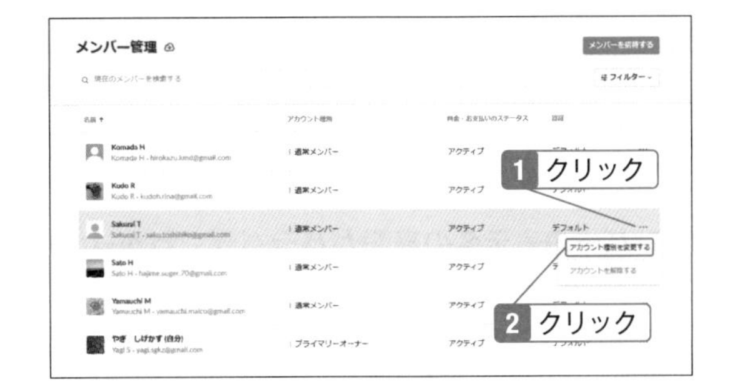

5 アカウントの種類を選択して「保存する」をクリック。

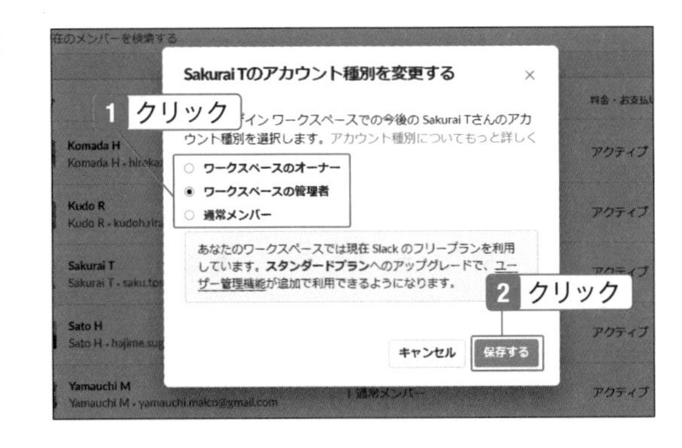

6 ユーザーの権限が変更される。

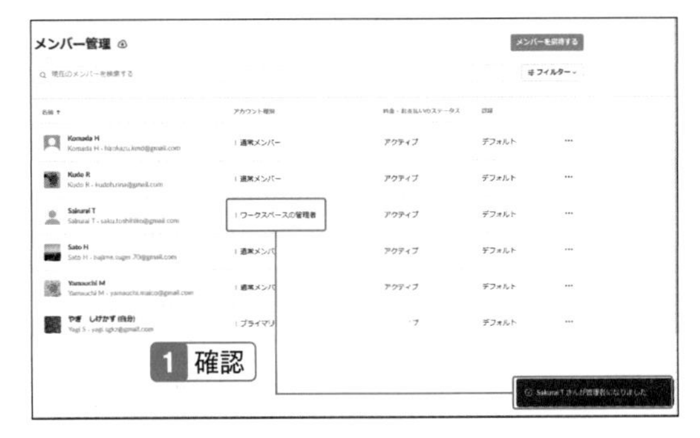

「ゲスト」の利用は有料プラン

アカウントの「ゲスト」は有料プランで利用できます。ゲストは招待したチャンネルだけしか参加できないなど、機能が多く制限されているアカウントです。

全権限を持つ「オーナー」

権限には「通常メンバー」「ワークスペースの管理者」「ワークスペースのオーナー」の3種類があります。このうち「ワークスペースのオーナー」は、全権限を持つユーザーで、一般的にはワークスペース全体を管理するユーザーに与えられます。したがって通常はワークスペースを作成したユーザーが「オーナー」になりますが、例えばオーナーを交代するときなどに、ほかのユーザーを「オーナー」にします。

07-14
SECTION

メンバーの情報を編集する

メンバーの表示名の表記がバラバラでわかりづらかったら、管理者が変更できる

オーナーや管理者は、ワークスペースに参加しているメンバーの情報を編集できます。名前や表示名の表記をワークスペース内で統一させたい場合などに利用します。操作はアカウントの設定画面（SECTION07-12）で行います。なお、メンバーのメールアドレスは管理者が設定できず、本人でないと変更できません。

メンバーの情報を編集する

1 アカウントの設定画面で設定を変更するアカウントの「…」（メニュー）をクリック。

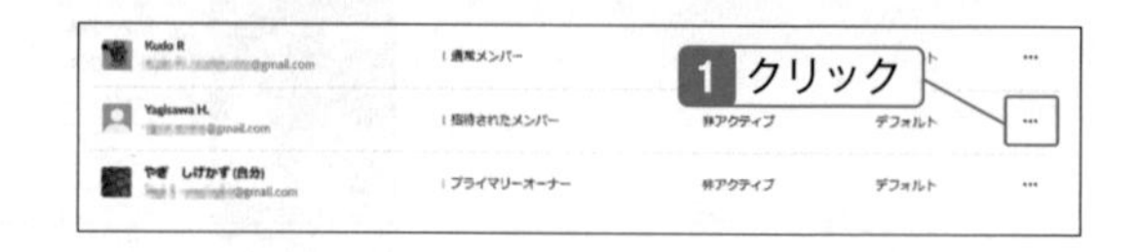

2 「情報を編集する」をクリック。

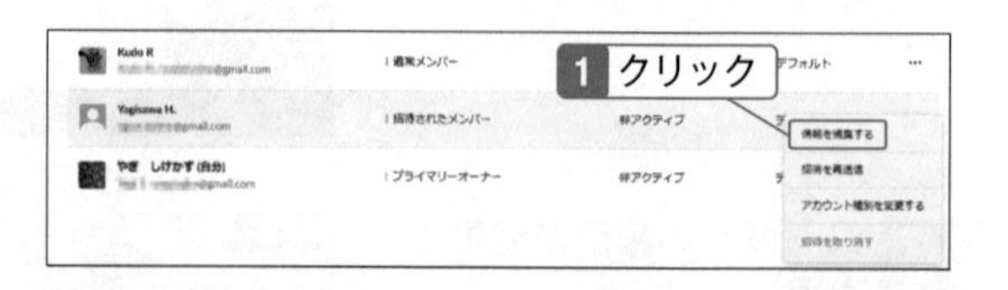

3 メンバーの情報を編集して、「保存する」をクリック。

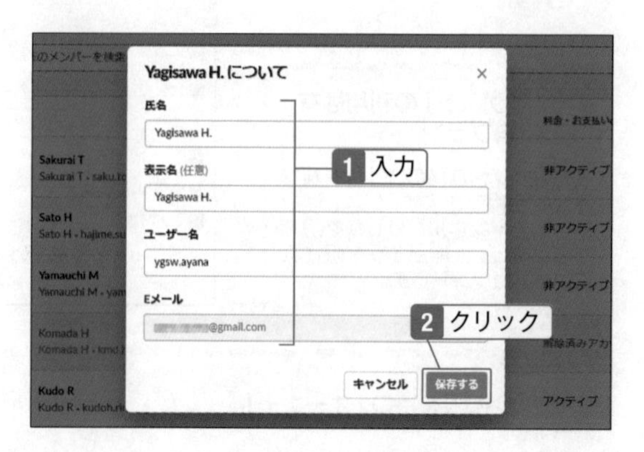

メールアドレスは変更できない

メンバーの情報を編集するときに、メールアドレスは変更できません。メールアドレスの変更は、ユーザー本人が行います。

07-15
SECTION

メンバーの招待を取り消す

間違って招待したときや、招待しても何の反応もないときなどは取り消せる

招待したユーザーがチャンネルに参加しないままになっているときは、もしかしたら気づいていないのかもしれません。電話で直接連絡を取ってもよいのですが、一度招待を取り消して、再度招待すると通知が届くので気づくかもしれません。また、メールアドレスが誤っていて届いていないといったことも考えられますので見直してみましょう。

招待中のメンバーを取り消す

1 アカウントの設定画面で設定を変更するアカウントの「…」(メニュー) をクリック (SECTION07-14の手順1)。「招待を取り消す」をクリック。

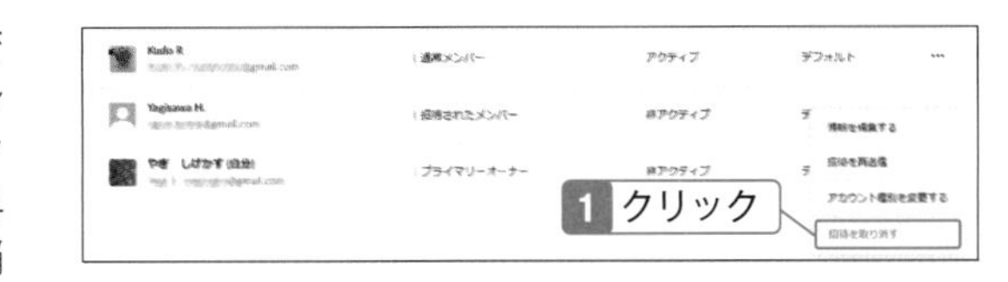

2 「解除する」をクリック。

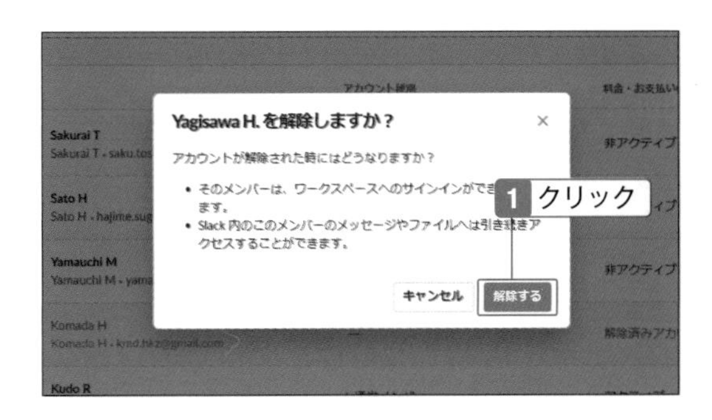

3 招待が取り消され、アカウントが削除される。

再度招待する

招待を取り消したメンバーはメニューから「アカウントを有効化する」をクリックすると、再度招待することができます (SECTION07-16参照)。

07-16
SECTION

削除したメンバーを再登録する

いったんワークスペースから抜けたメンバーを、再度追加できる

Slackでは、アカウントを削除したメンバーも情報が保存されています。アカウントを有効化することで再度登録され、ユーザーは削除前に使っていたメールアドレスとパスワードでサインインできるようになるので、新たに登録しなおしてもらう必要はありません。設定はアカウントの設定画面（SECTION07-12）で行います。

アカウントを有効化する

1 アカウントの設定画面で設定を変更するアカウントの「…」（メニュー）をクリック。

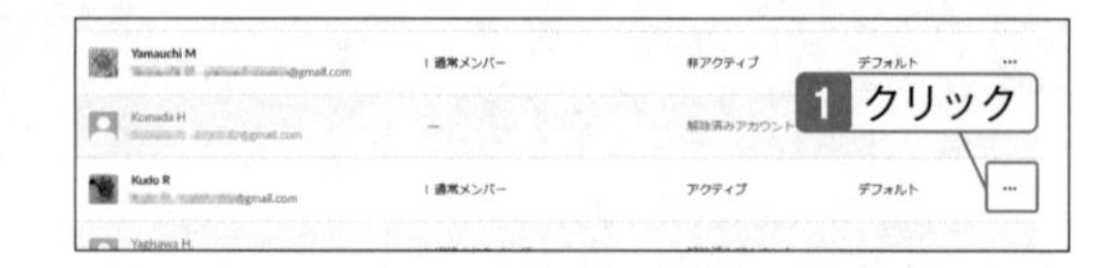

2 「アカウントを有効化する」をクリック。

ゲストとして有効化する

アカウントの「ゲスト」は有料プランで利用できます。ゲストは招待したチャンネルだけしか参加できないなど、機能が多く制限されているアカウントです。

3 アカウントが再登録される。

07-17
SECTION

他のユーザーのアカウントを削除する

実質的に使っていないメンバーが増えてきたら、管理者が整理できる

グループから抜けたメンバーや、退社したメンバーなど、ワークスペースに参加する必要がなくなったアカウントを管理者が削除することができます。自分で削除するのを忘れたメンバーや、ログインできなくなったメンバーの削除などにも利用できます。設定はアカウントの設定画面（SECTION07-12）で行います。

メンバーを削除する

1 アカウントの設定画面で削除するアカウントの「…」（メニュー）をクリック。「アカウントを削除する」をクリック。

2 「解除する」をクリック。

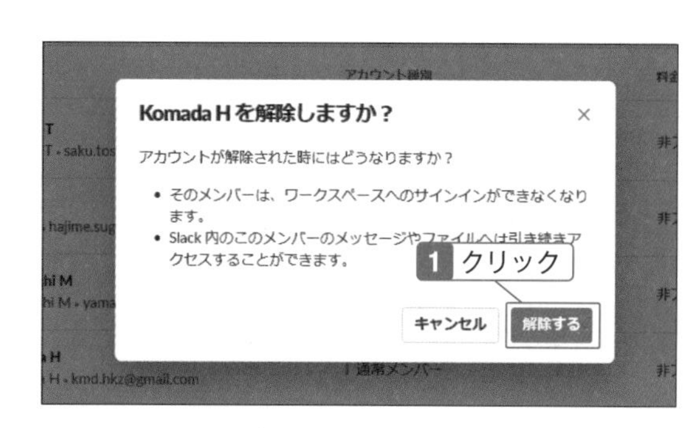

3 メンバーのアカウントが削除される。

削除されたアカウントの復活

アカウントを削除しても、Slackにはメッセージなど投稿した内容は残されます。またオーナーや管理者であれば、削除したアカウントの情報を利用して復活することもできます。

07-18
SECTION

ワークスペースのオーナーを譲渡する

自分がオーナーで、ワークスペースから退出するときは権限を譲渡すること

オーナーがワークスペースから退出するときに、オーナーが自分１人であれば事前にオーナー権限を他の誰かに譲渡しておく必要があります。オーナーはワークスペースのすべてを管理する「所有者」ですので、ワークスペースには必ず１人のオーナーがいるようにします。責任も大きいので、譲渡の際にはきちんと後任者に了解を得ましょう。

オーナー権限を譲渡する

1 アカウントの設定画面（SECTION07-12）で自分のアカウントの「…」（メニュー）をクリック。

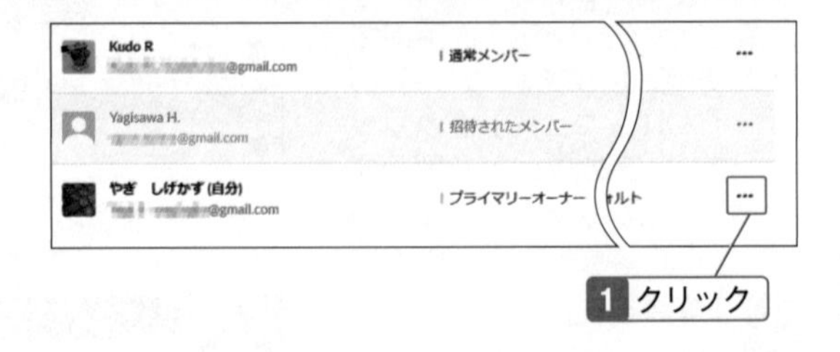

管理者または通常メンバーとしては残る

オーナーの権限を譲渡しても、同時にワークスペースを退出したりアカウントが削除されたりすることはありません。

2 「オーナーの権限を譲渡する」をクリック。

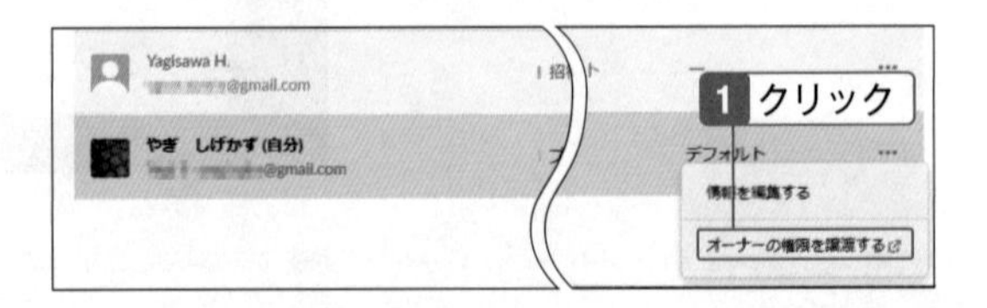

事前に合意を得る

オーナーはワークスペースのすべてを管理する「所有者」です。責任も多く抱えますので、譲渡するユーザーとはあらかじめ譲渡について話し合い、合意を得るようにしましょう。

3 「メンバーを検索」をクリックすると参加しているユーザーの一覧が表示されるので、譲渡するユーザーをクリック。

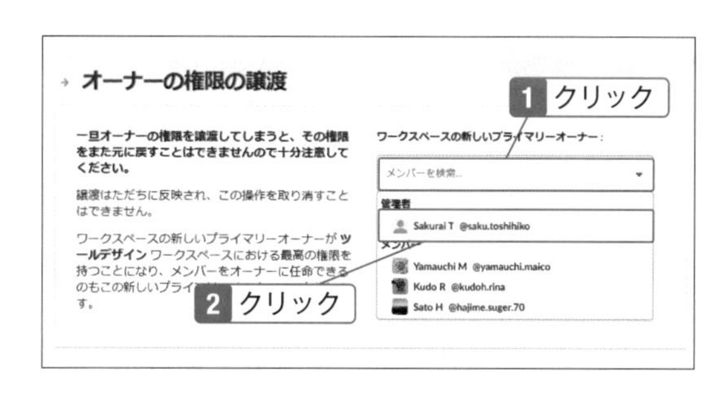

譲渡先は管理者がよい

　オーナーの権限を譲渡するときは、そのワークスペースの管理者から選択するとよいでしょう。特に理由がない限り、すでに管理者として参加しているユーザーがオーナーになることが自然です。

4 パスワードを入力して「ワークスペースのオーナーの権限を譲渡」をクリック。

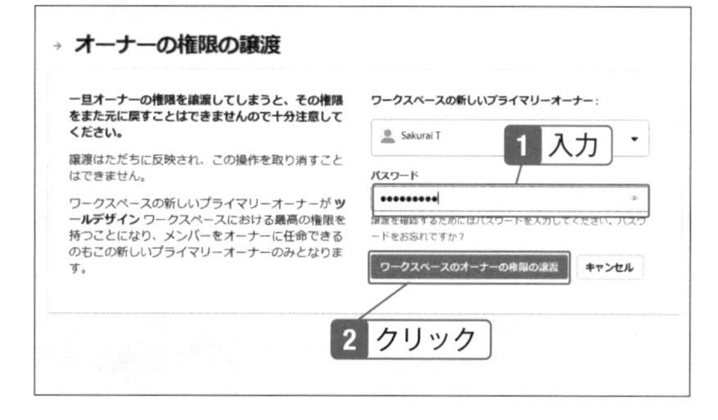

5 譲渡するユーザーを確認して、「オーナーの権限の譲渡」をクリック。

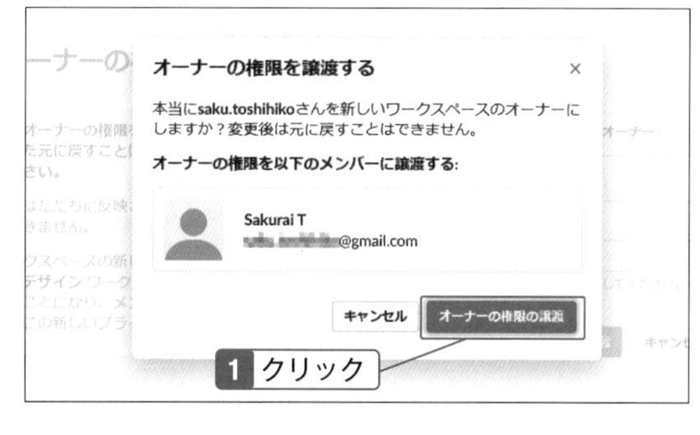

6 オーナーの権限が譲渡される。

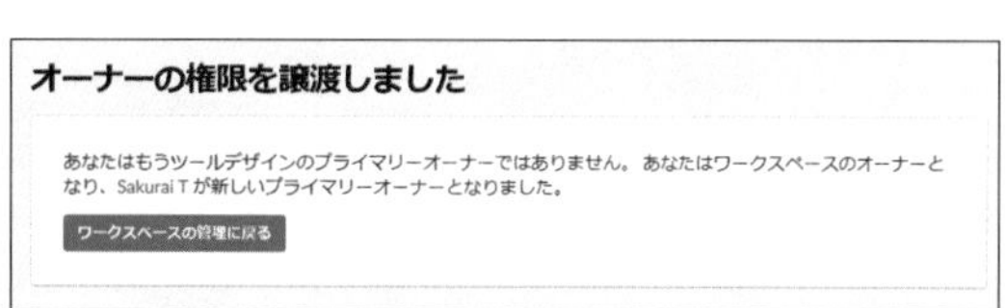

07-19
SECTION

有料プランに登録する

本格的に利用していくなら有料プランの利用も検討の価値あり

Slackは無料プランでも多くの機能を利用できますが、有料プランに登録すると、より高度な機能を利用できるようになります。企業や組織のビジネスで本格的に利用するなら、有料プランの利用も検討してみましょう。メッセージの保存件数の上限が増えたり、複数人でビデオ・音声のチャットができるようになったりします。

有料プランに登録する

1 名前をクリックし、「設定と管理」→「ワークスペースの設定」をクリック。

無料プランから移行する

有料プランに登録するときは、はじめに無料プランに登録してからアップグレードします。

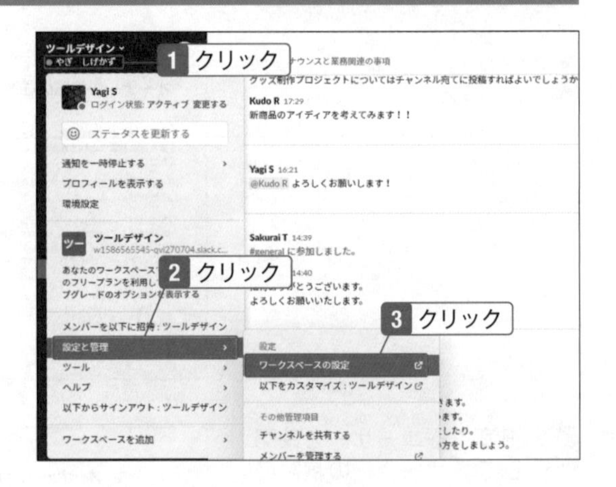

2 ブラウザーが起動したら「料金プラン」→「プランの比較」をクリック。

プランを比較する

「料金プラン」から各プランを選ぶこともできますが、プランを比較して選んだ方が確実です。

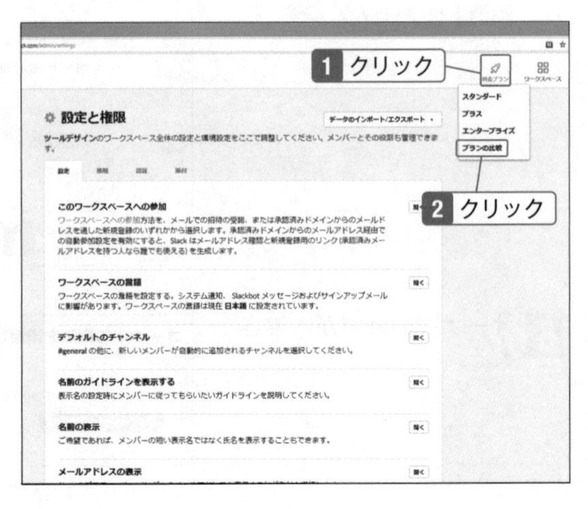

1つ上のプランにアップグレード

左側メニューの「その他管理項目」から「料金・お支払い」をクリックすると、1つ上のプランにアップグレードする画面が表示され、ここからアップグレードすることもできます。

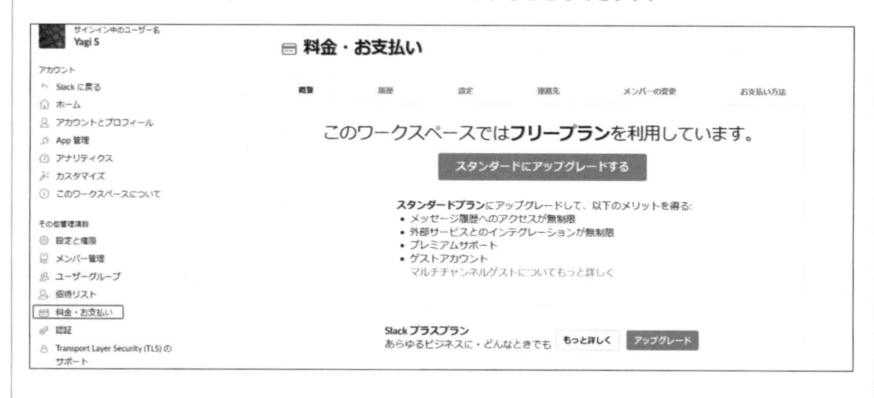

3 プランの比較表が表示される。利用するプランの「今すぐアップグレード」をクリック。

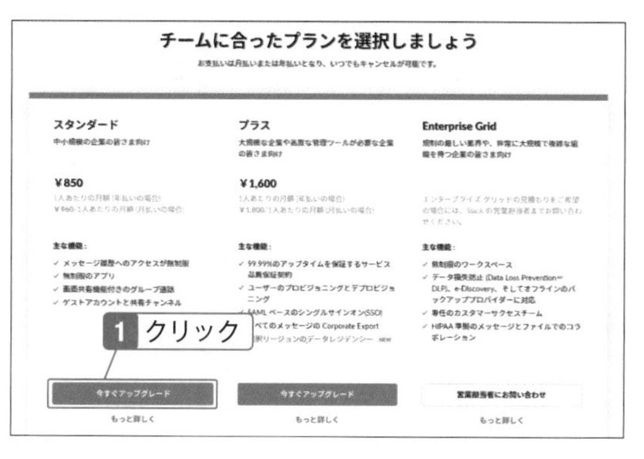

Enterprise Gridは別途問い合わせ

最上位のプランになるEnterprise Gridは担当者に問い合わせを行い、別途交渉を行います。

4 必要事項を入力し、「購入内容を確認する」をクリック。内容確認の画面が表示されたら「(プラン名) を購入する」をクリック。

市区町村 Chuo-ku
州、省、県 (任意) Tokyo
郵便番号 (任意) 100-0001
¥960 × アクティブメンバー：3人 × 1ヶ月 ¥2,880
消費税 (JCT) (10%) ¥288
本日の合計請求額 ¥3,168
2. お支払い方法
SSL 対応フォーム
カード払い 請求書払い
名前 Shigekazu Yagi
カード番号 1234 5678 9012 300
カード有効期限 12 / 25
CVV 999
郵便番号 (任意) 1000001
購入内容を確認する
1 クリック

入力は英文で

住所の入力に日本語は利用できません。英文で入力します。

07-20
SECTION

データをバックアップする

万が一に備え、ワークスペースのデータは定期的にバックアップしておこう

ワークスペースのデータはつねにサーバー上に保存されていますが、重要なやり取りやファイルなどは、万が一に備えてバックアップしておくこともできます。ワークスペース全体をバックアップすることも、直近一定の期間だけをバックアップすることもできます。バックアップしたいデータを選択して、エクスポートを行います。時間はそれほどかかりません。

ワークスペースをバックアップする

1 名前をクリックし、「設定と管理」をクリック。

2 「ワークスペースの設定」をクリック。

3 「データのインポート/エクスポート」をクリック。

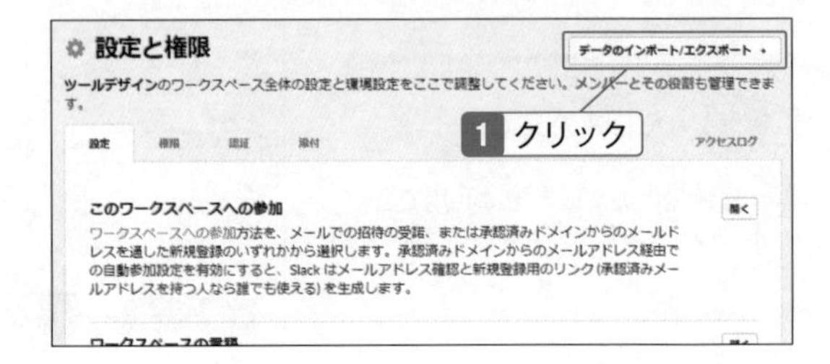

4 「エクスポート」をクリック。

インポートとエクスポート

「インポート」は「入力」、「エクスポート」は「出力」の意味で、それぞれ「データの取り込み」と「バックアップ」を示します。

5 バックアップするデータの範囲を選択して「エクスポート開始」をクリック。

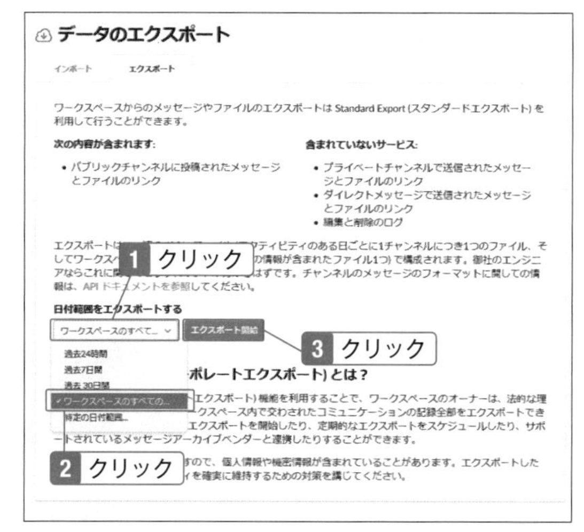

6 データのバックアップが進行する。バックアップが完了すると通知が表示される。

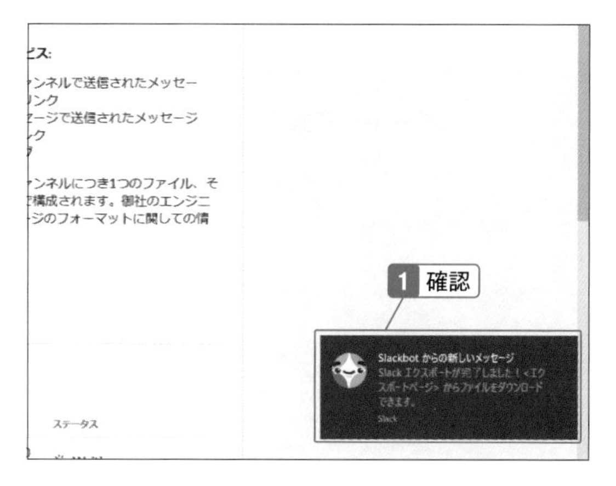

バックアップにかかる時間

バックアップにかかる時間は容量によって変わります。長く使い、大量のファイルが保存されているような場合には数十分かかることもありますが、通常は数秒〜数分で完了します。

7 バックアップファイルを表示するリンクがメールで届く。リンクをクリックして開く。

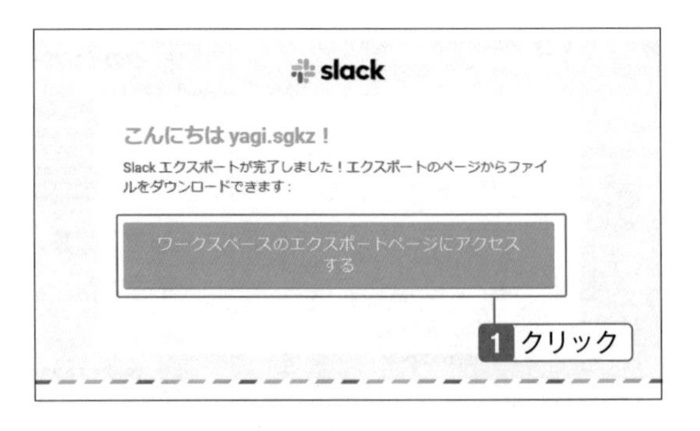

ONE POINT

Slackbotからも届く

バックアップをダウンロードするリンクは、Slackbotからのメッセージでも届きます。

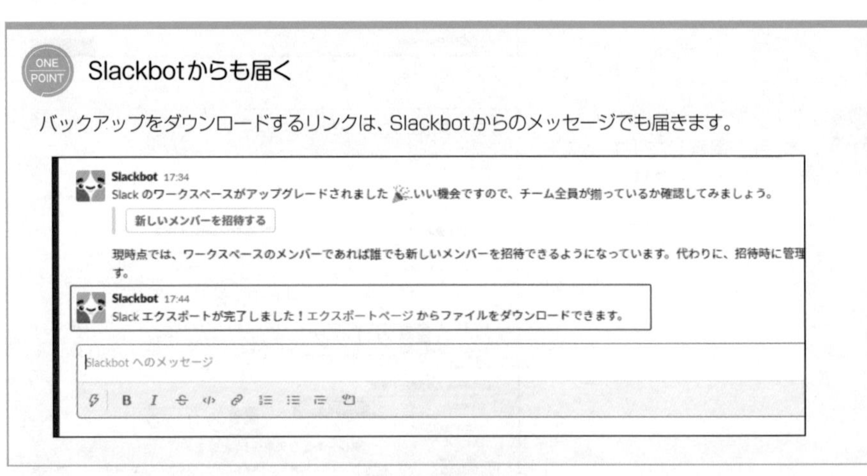

8 「ダウンロードを開始する」をクリックすると、バックアップをダウンロードできる。

ダウンロードしておく

バックアップしたファイルはダウンロードして、ハードディスクなどに保存しておきます。

07-21
SECTION

バックアップファイルから復元する

ワークスペースのバックアップデータをSlack上で復元する。部分的な復元も可能

バックアップしてハードディスクなどに保存しておいたワークスペースのデータを復元します。復元するときには、一部のユーザーだけを復元するなど、詳細な設定が可能です。なお、バックアップのファイルサイズが2GB以上の場合は、いったんGoogle ドライブなどインターネット上のファイルサービスにアップし、URLを取得する必要があります。

ワークスペースのデータを復元する

1 名前をクリックし、「設定と管理」→「ワークスペースの設定」をクリック。

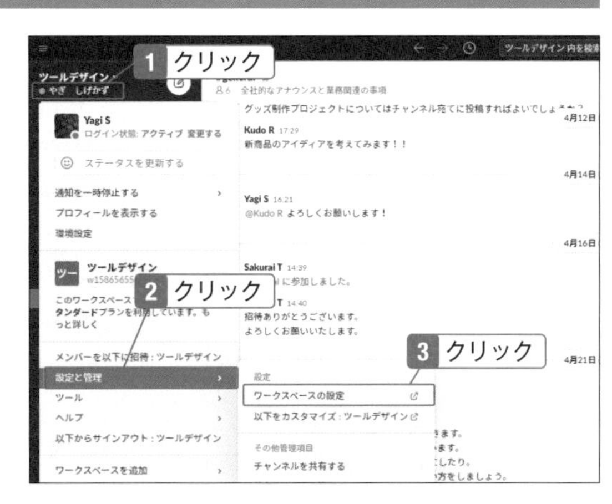

2 「データのインポート/エクスポート」をクリック。

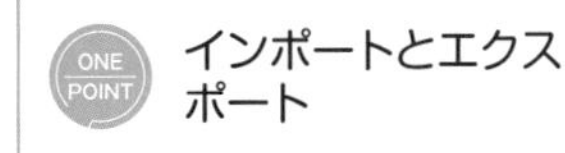

インポートとエクスポート

「インポート」は「入力」、「エクスポート」は「出力」の意味で、それぞれ「データの取り込み」と「バックアップ」を示します。

3 「インポート」タブの「Slack」で「インポート」をクリック。

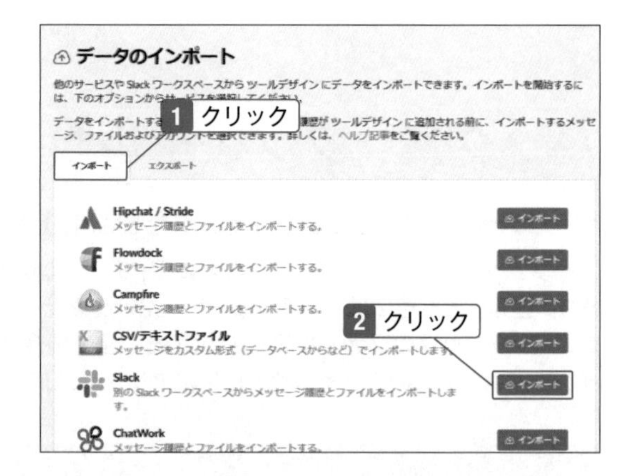

4 「次へ」をクリック。

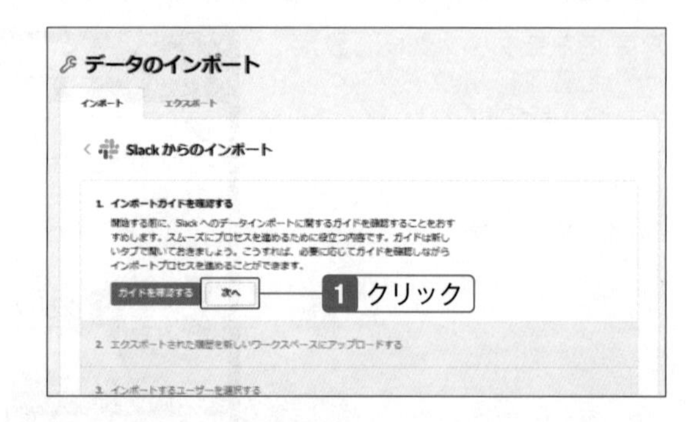

5 「直接アップロードすることができます」をクリック。

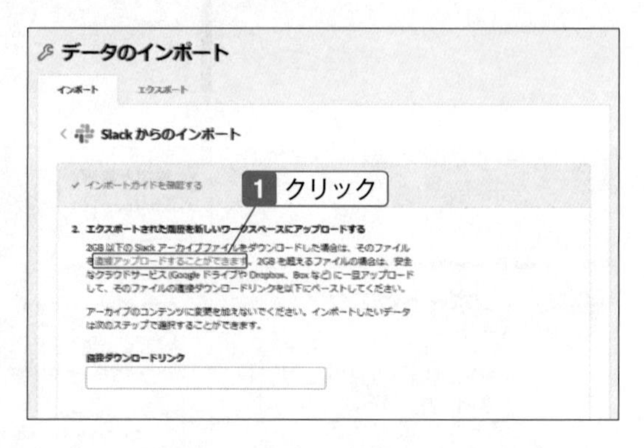

ファイルサイズが2GB以上の場合

ファイルサイズが2GB以上の場合は、直接アップロードすることができません。Googleドライブなどインターネット上のファイルサービスを利用し、ファイルのダウンロードリンクのURLを取得してから、「直接ダウンロードリンク」にURLを入力して「ファイルをアップロードする」をクリックします。

6 バックアップファイルを選択して「開く」をクリック。

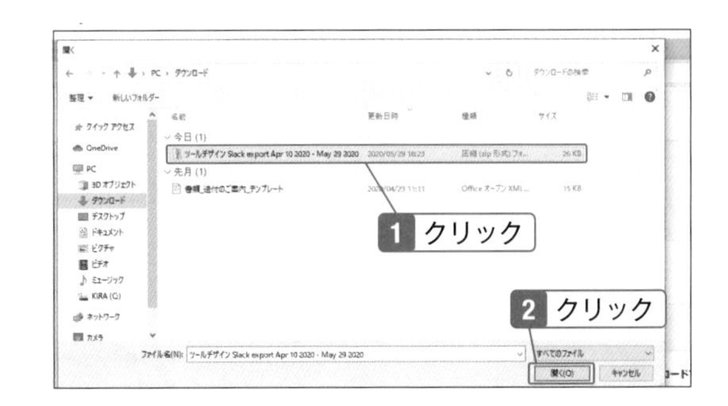

7 「次へ」をクリック。

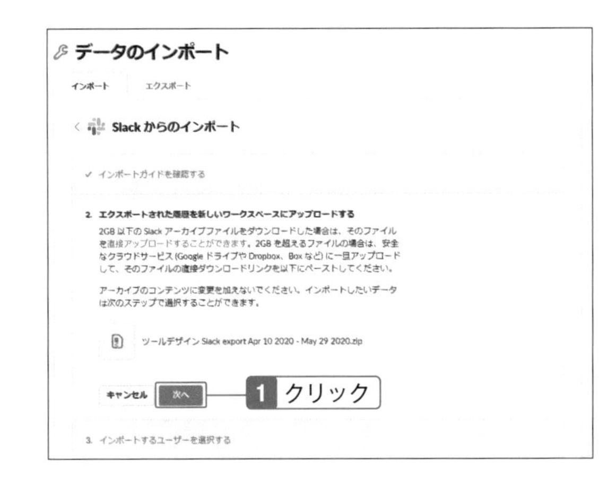

8 復元するユーザーの条件を選択して「次へ」をクリック。

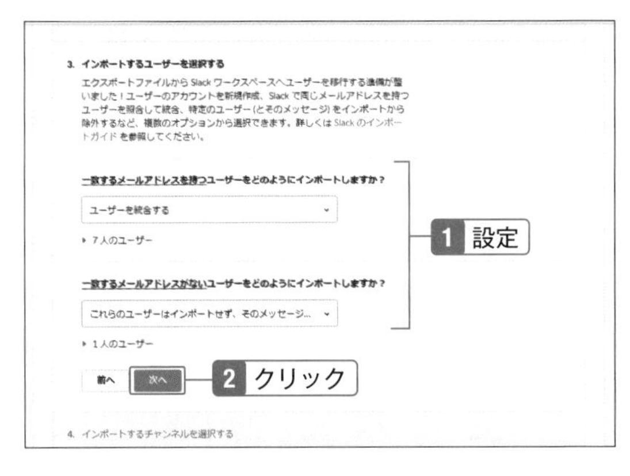

通常の復元での条件選択

復元するときの条件は、表示されている状態で「現在参加しているユーザーのすべての必要なデータを統合する」ようになります。通常はそのままで問題なく復元できます。

9 復元するチャンネルの条件を選択して「次へ」をクリック。

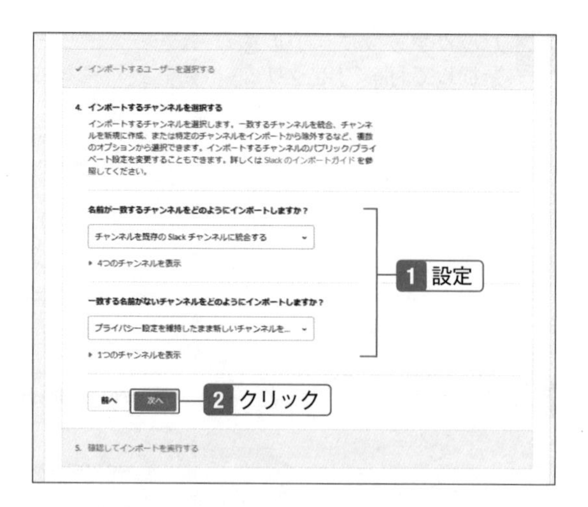

10 「インポート」をクリック。

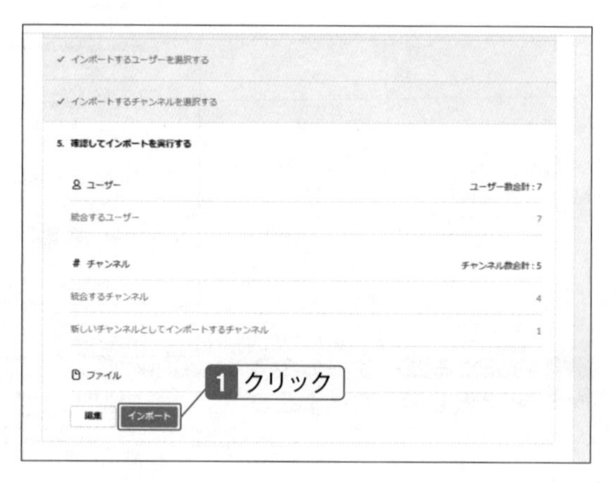

11 復元が完了すると「インポート状況：完了」と表示される。

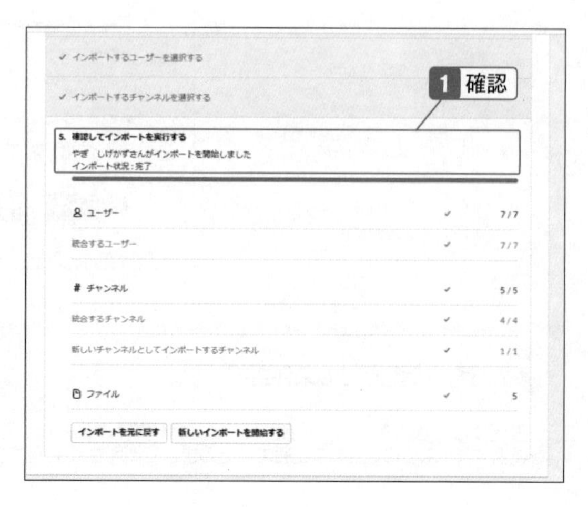

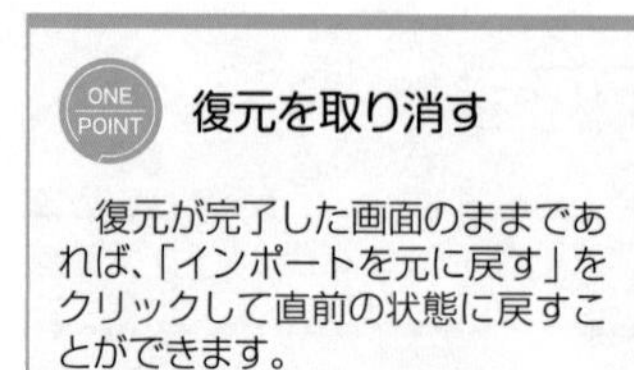

ONE POINT

復元を取り消す

復元が完了した画面のままであれば、「インポートを元に戻す」をクリックして直前の状態に戻すことができます。

Chapter

08

今さら聞けない リモートワークの超基本

「リモートワーク」や「テレワーク」。急速に広まったこのトレンドは、大きなイメージが沸くものの、具体的にどのようなものかまでは理解しきれていないかもしれません。突然「当社ではリモートワークを進めます」と言われても、実際に何をすればよいのでしょう。一方でリモートワークがこれから本格的に広まることに疑いはなく、今こそ「リモートワークとはそもそも何か」を理解して、勘違いのないベストな状態のリモートワーク環境を作り上げましょう。

08-01
SECTION

そもそも「リモートワーク」とは

「リモートワーク」と「テレワーク」は基本的に同じ意味

「リモートワーク」が推進されてしばらく経ちます。実際にはまだまだ普及しているとは言い切れない状況の中でも、リスク回避や経費節減など大きなメリットもあるリモートワークは大いに検討の価値があります。今後ますます進むリモートワークを正しく理解しましょう。

できることはリモートで

「リモートワーク」とは、「リモート」＝遠隔で、「ワーク」＝仕事（作業）する。この言葉の意味からもわかるように、離れた場所から仕事や作業をすることを一般的に示します。ひとことで「リモートワーク」といっても、特に具体的なルールや定義があるものではありません。

これまでの典型的な仕事スタイルでは、9時にオフィスに行って、タイムカードを記録し、机で書類の整理を行い、顧客の電話に対応し、営業は顧客先に出向き、会議室に集合して進捗を報告する……。これらの仕事（作業）は、ほぼすべて「自分がどこかに行く」ことが必要でした。

しかし、ITが進んだ今、果たしてすべて必要でしょうか？

そんな考えがリモートワークに結びつきます。

- **タイムカードはスケジュール管理アプリに記録する**
- **書類はメールやメッセージ管理システムで連絡する**
- **電話は会社で貸与する携帯電話を使う**
- **顧客とはテレビ電話で話す**
- **会議はネット会議で議論する**

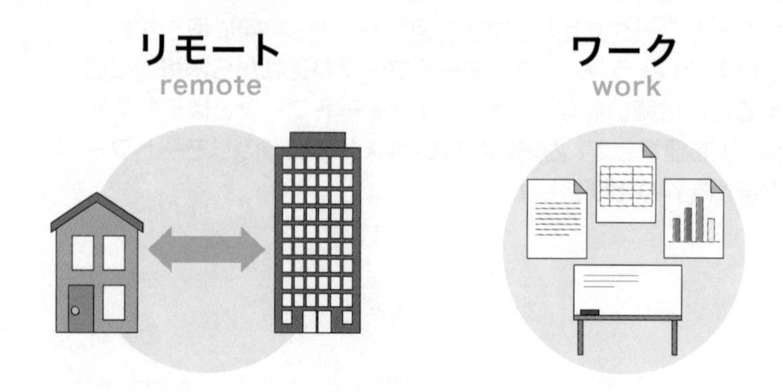

このように、ITを使えばほぼすべて「どこにいてもできる」仕事になります。
「いや、直接会わないと話が進まないんだよねぇ……」という声を聞きます。もちろん、人と人が直接会って生まれるコミュニケーションもあります。ただ時代の流れに合わせて、考え方を変えることも大切です。
本社で行う毎週の定例報告会に全国の支店から担当者が移動して集まる必要があるでしょうか？　報告の資料が配布されて内容を聞き、質疑を行うだけであれば、ネット会議でも十分できるはずです。一方で、開発した商品サンプルを試すような販売戦略会議では、その場にいないとできないこともあるでしょう。
「全部リモートに変える」ことはできません。「リモートでできること」と「リモートで代替できないこと」の境界線を上手に見直すと、「仕事の価値の最大化」が図れるはずです。

手軽に使えるシステムが普及

「システムが難しい」「システムの費用が高い」。そんな心配も今はもう必要ありません。以前なら数百万円をかけるようなビデオ会議も、今は無料からできます。インターネットやITの発達で、さまざまなことができるようになりました。しかも、誰でも簡単に使えるようになったことが、最大の特徴です。毎日スマホで使うアプリと同じような手軽さ、身近さで、ネット会議や情報共有が手軽に、身近になっています。さらに無料でもセキュリティが考慮されているアプリが増え、実際にビジネスシーンでも多用されています。

たとえばビデオ会議を無料のアプリで行えば、1日かけた出張の労力は2時間の会議だけの拘束になり、残りの時間を有効に使えます（出張会議後の楽しみが奪われるという意見はあるかもしれませんが……）。組織としても、1往復分の出張費用がゼロになります。人のリソースと組織のコストをざっくりと削ることができることが、リモートワークの大きなメリットの1つと言えるでしょう。

もちろん、「来月からすべてリモートワークで」なんていうことは到底できることではありません。まずはできそうなことから変えてみて、少しずつ慣れながら、リモートワークでできることを増やしていく。近い将来には多くの仕事や作業がリモートワークになるといわれています。今がまさにそこに向かうタイミングと言えます。

▲遠隔地の相手との打ち合わせでも、出張する必要がなくなる。

08-02
SECTION

リモートワークの活用例

リモートワークの２大活用は「ネット会議」と「情報共有／管理」

ひとえに「リモートワーク」といっても、構成する要素にはさまざまなものがあります。その中でも、「会議」と「情報共有」が、リモートワークの核をなす、代表的な活用場面です。なぜなら、この２つの要素をリモートワークにすることで、仕事のやり方が大きく変わるからです。

リモートワークの代名詞「ネット会議」

リモートワークと言えば「ネット会議」を思いつく人が多いことでしょう。実際にネット会議はリモートワークの代名詞のように語られるほど、リモートワークをはじめるときに「まずはネット会議から」のように取り組まれ利用されています。

「ネット会議」とは、一般的にインターネットを使った回線を利用した会議で、これまでの会議室に集う会議とはまったく異なり、会議の参加者はそれぞれの机のパソコンで議論します。それではメッセージアプリで文字を使って議論……？　これでは文字入力の時間がかかり、会話がうまく進みません。

そこで、もっと進化させて、声や映像をつないで、参加者を画面に表示しながら会議ができる仕組みを使います。一見、難しそうに見えますが、わかりやすく言えば「テレビ電話をみんなで一緒につなぐ」ようなものです。

▲「Zoom」を使ったビデオ会議。ネット会議は文字のやりとりや見えない声の通話よりも、顔を映し出したり、誰がいるか、誰が話しているかをはっきりさせることで、議論は圧倒的に進めやすくなる。

ネット会議の仕組みを使えば、会議室に集うこともなく、全国に散在する事務所、あるいはそれぞれの自宅からでも、集い話し合うことができます。会議の時間さえ合わせれば、どこにいてもはじめられます。
ネット会議はこれまでも、Skype（スカイプ）に代表されるメッセージアプリでできましたが、画面表示の遅延や人数制限の問題など、どこか使いにくいところもありました。そのため、本格的なネット会議には専用のシステムを構築するなど、大きなコストもかかっていました。

そこで今、「Zoom」が注目されています。Zoomは、ネット会議を手軽に、快適に利用できるシステムで、基本的なことは無料で十分に利用できます。また、ネット会議の仕組みを応用して、オンラインセミナーや、オンラインイベントなどにも利用されています。Zoomは世界で1000万ユーザーと言われていたものが、社会情勢の変化で一気に3億ユーザーを軽く超える規模になったとされています。急速な規模拡大にあわせて、これまで不安のあったセキュリティ対策も強化され、ますます幅広く利用されるようになっています。

▲ネット会議の仕組みは教育の場面でも大きな役割を果たしつつある。遠隔地でも同じ教育レベルを提供できる「リモート授業」は教育における大きなメリットの1つと言える。

情報を上手にまとめて共有するメッセージ管理

次に、リモートワークで重要な要素は情報の共有と管理です。かつての会社では書類が飛び交っていました。その書類をバインダーに整理して、ロッカーに保存していました。必要なときに必要な書類をすぐに取り出せるように管理することも、仕事の大切な要素です。

これがリモートワークになると、多くはメールやメッセージアプリでやりとりすることになりますが、「添付ファイルをどこに保存したか忘れた」とか「いつ誰かがあんなこと言ってたけどどこにあったっけ」、「そんな話は聞いてないよ」なんて体験はありませんか？　メッセージアプリでファイルを送り、保存期限が切れて「もう一度送ってください」と申し訳なくお願いした人もいるかもしれません。

仕事のやり取りがパソコン上で行われるようになると、情報が散在してしまったり、紛失してしまったりすることがしばしば見られます。整理が個人それぞれのパソコン上に任せられるため、どれが最新の情報かわからなくなったといったことも起こります。

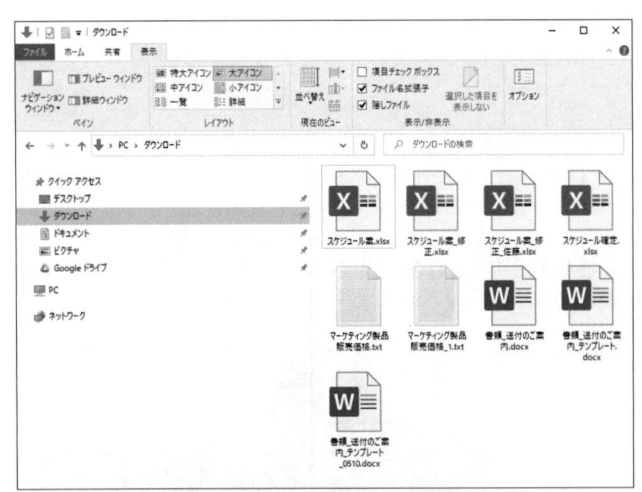

▲メールで届いた添付ファイルを保存して管理。いったいどれが最新のデータなのかわからなくなった経験はありませんか？

リモートワークでは、情報の整理と共有を上手に行わなければなりません。

そのため、これまでのメールのやり取りに使っていたメールアプリを止めて、仕事のやり取りを1つのアプリに統合することが考えられます。

本書で紹介する「Slack」はそんな情報の整理と共有に適したアプリで、グループでメッセージをやりとりしながら、情報を共有し、保存し、管理できるアプリです。これまでは「グループウェア」と呼ばれる専用の高価なシステムに組み込まれていたメッセージ機能を取り出し、進化させたようなアプリで、1つの組織の中でプロジェクトチームごとにメッセージをやりとりする、案件ごとにメッセージをまとめる、ファイルを最新の状態で共有するといった、役立つ機能が備わっています。

普段のメッセージはSlack、会議が必要になればZoom。そんな使い方をすれば、これまで行っていた普段の仕事のうち、決して少なくない部分が、リモートワークに移行できるはずです。

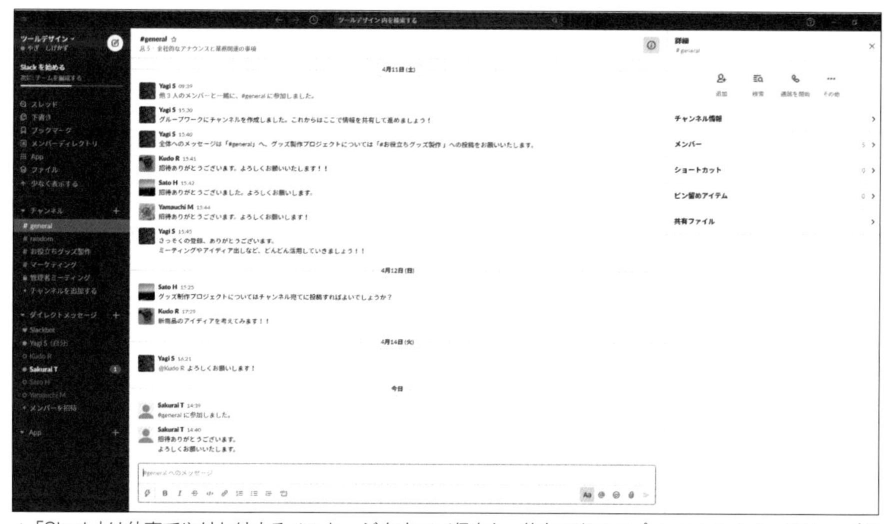

▲「Slack」は仕事でやりとりするメッセージをすべて保存し、共有できるアプリ。チャンネルでグループを分けて、それぞれの中でメッセージをやりとりするため、情報が散乱することなく整理できる。また、やりとりする情報は文字でもデータでもすべて共有され、保存されるため、参加する全員が常に同じ内容の新しい情報を持ち、いつでも過去の情報を引き出すことができる。

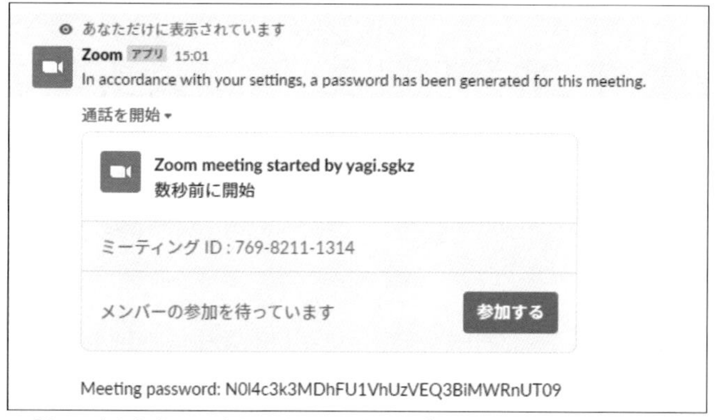

▲「Slack」から「Zoom」を連携して、グループでメッセージをやりとりする中で必要なときにビデオ会議を実施するといった効率的な利用方法にも応用できる。

08-03
SECTION

リモートワークで役立つこと

時間・経費・手間が節約でき、多くのメリットがある

リモートワークによって、さまざまなメリットがあります。時間の節約、経費の節約、仕事の効率化……。リモートワーク今、手軽に利用できるようになったからこそ、導入を進める意味があり、あらゆる分野で確実に流れはリモートワークに向かっています。

時間と費用の削減

リモートワークのメリットとして挙げられるのは、まずは何といっても時間と費用の削減でしょう。オフィスに通勤する時間、客先に出向く時間、交通費、会議費……これまで負担になっていたことが大きく軽減されます。

これまでの無駄な負担をリモートワークは削減してくれます。とは言ってももし、リモートワークの導入に莫大な費用がかかったら、導入する意味がなくなるかもしれません。リモートワークのシステム開発に数億円、稼働まで2年……そんな時代だったら、リモートワークを導入しようと思う企業はよほど余裕のある新しい物好きです。

今、普段私たちが持っているものを使って、すぐにリモートワークができるようになったからこそ、導入する意味があります。もちろんすべてを変える必要はありませんし、現実的に不可能なこともあります。ただ、毎日の仕事を振り返ってみて「わざわざ行く必要がない」ことはたくさんあるはずです。「慣例」や「慣習」にとらわれず、仕事のやり方を大きく変える機会を与えてくれるのがリモートワークです。

生産性の向上

時間と費用を削減したことで、生産性が向上します。生産に対する時間単価が下がるのは当然ですが、リモートワークによって生まれた時間と費用を別の生産に投資できるようになります。つまり、これまで1人の人が1日にできる仕事が増えます。これは決して過酷な重労働ではなく、今までどおりの作業ペースで、同じ時間だけ働けば、今までよりも多くの成果を得ることを示しています。

もっと身近な経験で例えるなら、会社に勤めている人は、だらだらと長く上司の話を聞くだけの会議にうんざりした経験が誰にもあるはずです。もしそれが、自宅で、必要な用件だけを話し合い、後でいい話や資料はメッセージで共有できるなら、精神的にも会議に積極的に参加しようと思いませんか？

仕事の生産性を向上させる手段は、よい環境でより効率化することです。リモートワークはその一役を担います。

決して会議後の「飲みニケーション」を否定するつもりはありません。リモートワークなら、節約した時間を使って、別の日にでもゆっくりと開催できますね。もっとも最近では、飲み会もリモートで行われているようですが……。

生産性が上がる

健康的な生活

新たなコミュニケーションのスタイル

時間に余裕ができる

リモートワークの不安

セキュリティや法律上の問題がよく話題になるけれど、実際は大丈夫？

リモートワークは、一般的にインターネットを使うため、セキュリティに不安を感じることもあります。また「もののやりとり」が直接ないため、押印文書など法律で定められている規定を守れるのか疑問に思います。

セキュリティ対策の向上

ネットと言えばセキュリティと聞こえるほど、密接な関係にあり、同時に重要な課題になります。それをビジネスの場面で利用するとなればさらに注意が必要になり、リモートワークでもセキュリティが導入の大きな障害になることも多くみられます。

しかし今、リモートワーク需要の急増に合わせて、アプリのセキュリティ対策など、日進月歩で進化しています。通信の暗号化や高度なパスワード設定をはじめ、さまざまなセキュリティ対策が施されています。

もちろん、会社の幹部だけでしか知りえないような機密会議をネット会議で行うことは推奨しません。一方で、これまでメールやメッセージアプリでやりとりしていた内容であれば、ネット会議でも同じ程度のセキュリティ対策は確保できます。以前に比べ、セキュリティを考慮した上でも、リモートワークでできることが格段に増えています。

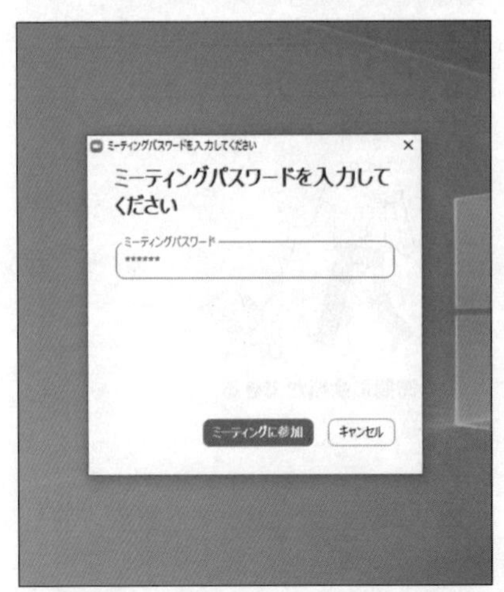

▲ビデオ会議の「Zoom」では、原則としてパスワードがなければ入室できない仕組みになっている。

情報電子化の流れ

もう１つ、実際のもののやりとりに関しても、リモートワークに合わせる流れがあります。代表例が文書で、押印が必要だったり、領収書の原本が必要だったり、これまでは何かとリモートワークに移行できない理由がありました。これらの問題はまだ過渡期ではあるものの、少しずつ進化しています。電子押印を認める文書も増えてきましたし、データとして発行する領収書も認められるようになってきました。また、組織がペーパーレス化にあわせて書類を電子化して保存することを公的に認める法律もあります（多少、手続きが面倒なのが難点です）。

このように、「実際のもの」がなくても、電子化された情報が効力を持つようになってきています。身近なところでは、現金を使わず電子決済やインターネットバンキングで決済できる店舗が増えていることも、電子化した情報が世の中で認められるようになったという意味では、リモートワークに深く関係しているといえるでしょう。

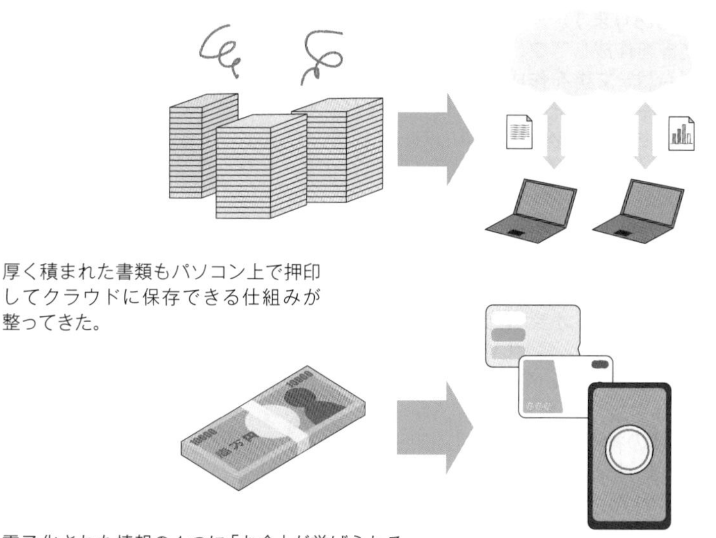

厚く積まれた書類もパソコン上で押印してクラウドに保存できる仕組みが整ってきた。

電子化された情報の１つに「お金」が挙げられる。電子マネーは実体のないお金でも、現在すでに多くの場所で通用している。

「ギガ死」

自分のスマホのテザリング機能を利用してビデオ会議やファイル送信を多用した結果、通信量が契約プランをあっという間に超えてしまうことが起きています。「ギガ死」と呼ばれるこの問題を解決するには、固定回線のインターネット接続や容量制限のないプランを利用するようにします。

リモートワークに必要な道具

パソコンとネットはもちろん必須。あとはコミュニケーションツール

リモートワークをはじめるにあたり、何をそろえればよいのでしょうか。今は特別なものはいりません。多くの場合、普段使っているもので最小限のリモートワークができてしまいます。その気になれば「明日から一部の業務をリモートワークにしよう」といったこともできてしまいます。

最低限は端末とアプリとネット回線

リモートワークにもいろいろありますが、ほぼ必要な道具と言えば、端末です。パソコンやタブレットで行う作業がほとんどです。またビデオ会議のように、最低限スマートフォンでできるものもあります。

例えば「自宅で文書を作成してプロジェクトチームで共有する」。これも立派なリモートワークです。この場合は、文書を作成できるパソコンやタブレットといった端末、それを共有するためのアプリ、通信するためのネット回線が必要になります。そして、リモートワークで行われることのほぼすべてが、この「端末」「アプリ」「ネット回線」を基本としています。つまり最低限、この3種類の道具さえあれば、リモートワークがはじめられます。

もちろん内容によって、対応するアプリが必要になりますし、会社で持ち出しを許可されている端末に限られる、会社で許可されているモバイルルーターを使う、ビデオ会議のためにWebカメラ内蔵のパソコンが必要といった、細かい条件の指定があることも多いのですが、いずれにしても「端末」「アプリ」「ネット回線」がリモートワークの三種の神器とも言えます。そしてこの3つの道具は、どれも今、身近にあるものです。つまり、それだけ誰でも簡単に、リモートワークができるようになっています。

これもリモートワーク？

リモートワークの定義は厳密に決められているものではありませんが、一般的には「オフィス以外の場所で業務を行うこと」と言えます。「テレワーク」や「在宅勤務」もリモートワークと同様のものです。
「今日は仕事が終わらないから持って帰って自宅でやります」……これもリモートワークには違いありませんが、本来、リモートワークと胸を張って言うならば「今日ははじめから自宅で作業する」ことです。

安定した通信環境を用意する

「いつでもつながっている状態」にするのがポイント

リモートワークでは、インターネット回線を多用します。インターネット回線がなければリモートワークは成り立たないといっても過言ではありません。そのため、いつでも安定してつながるような通信環境を用意しておきましょう。リモートワークでは、自宅以外の場所でも通信環境を意識しながら作業するとスムーズです。

基本は光回線やWi-Fiの利用

安定した通信環境といえば、自宅やオフィス、ホテルや公共施設で使われているインターネット回線が挙げられます。末端の接続ではWi-Fiが使われますが、その先は光ケーブルなどの高速で安定した固定回線がインターネットにつながっています。リモートワークは、できる限りこのような固定回線がある場所で行うようにします。

リモートワークでは、大きなサイズのファイルをダウンロード、アップロードすることもあります。ビデオ会議で動画を扱うこともあります。このようなときに、安定した固定回線はストレスのないリモートワーク環境を作ってくれます。

外出先はセキュリティ対策を考える

一方で、外出先など固定回線がない場所では、できるだけ安定した回線を使うことを意識します。外出先からの接続が多いのであれば、モバイルルーターなどを利用すれば、実用上で十分に安定したインターネット接続を使えます。あるいは、カフェやレストラン、駅などで利用できる会員制のWi-Fiを利用するのもよい方法です。

このとき、登録しなくても使える無料のWi-Fiサービスは避けましょう。誰でも利用できるWi-Fiを「フリーWi-Fi」と呼びますが、多くは厳密なセキュリティ対策が施されていません。特に登録が不要でパスワードも不要のWi-Fiサービスは、のぞき見ができてしまう可能性があります。ちょっとしたプライベートのメール程度であれば便利に使えるサービスですが、ビジネスのようにセキュリティ対策が求められる場面では使わないようにします。

▲外出先でもモバイルルーターを使えば安定した通信環境を利用できる。UQ WiMAX（https://www.uqwimax.jp/wimax/home/）

リモートワーク＝自宅とは限らない

リモートワークは「どこからでも」。環境も整ってきている

「リモートワーク」と言うと自宅で仕事をするようなイメージがありますが、リモートワークは必ずしも自宅で行うだけとは限りません。普段勤務しているオフィス以外の場所で行う仕事も、全国の営業所から参加するビデオ会議も、すべてリモートワークです。仕事ができるスペースを時間などで借りられる「サテライトオフィス」も浸透が進んでいます。

移動中でも仕事ができる

リモートワークと言えば自宅で行う仕事、この考えは間違いです。あえて言うなら、自宅からのリモートワークは、リモートワークの中の１つ「在宅ワーク」にあたります。リモートワークが示す範囲はもっと広く、今まで会社の机で行っていた仕事を他の場所から行うなら、すべてリモートワークと言えます。ただしそれが一時的なものではなく、日常的に行われていることが重要なポイントです。

最近ではリモートワークが推進され、自宅以外の場所でもリモートワークができる環境が整いつつあります。１日オフィスに行くことなく、出先で書類を作り、ビデオミーティングに参加する……このような仕事スタイルも増えてきました。

サテライトオフィスの利用

出先で仕事をしたくても、場所がない。カフェやレストランで仕事はしづらい。そんな経験は多いはずで、結局は会社に戻ってから仕事をすることになってしまいます。「出先で仕事がしたい」という要望に応えるかのように、最近増えているのが「サテライトオフィス」です。

「サテライトオフィス」は、仕事をする環境を整えた「会社外のオフィス」で、たとえばビルの中のフロアにパテーションで区切られたスペースをシェアして利用できるようにした場所があります。特定の会社のオフィスではないので、契約した会社の社員が入れ代わり立ち代わり訪れ、そのときだけの自分用の机として利用します。ネットカフェの仕組みをオフィスにしたような場所と言えばイメージできるかもしれません。

さらに最近では、駅などの公共の場所に電話ボックスより少し大きなスペースを設置し、短い時間単位で利用できるオフィススペースも登場しています。「リモートワーク」で仕事する環境は日に日に進化しています。

▲JR東日本の「駅ナカシェアオフィス」
https://www.stationwork.jp/

「時間の使い方」を変えてみる

リモートワークで大切な「時間の切り替え」。意識してメリハリをつけよう

リモートワークを経験した人の多くが「能率が落ちる」という実感を持つようです。普段と違うパソコンを使っていたり、机の使い勝手が違うといった理由もありますが、何よりも「だらけてしまう」ことが原因です。自宅ならば上司の監視がありません。それでも自分で仕事を管理できるようになれば、仕事の能率は必ず上がります。

オンとオフを切り替える

リモートワークがうまくできないという人の多くは、原因にオンとオフが切り替えられないことが挙げられます。特に自宅で仕事をする場合、普段の自宅での時間との区別がつきにくく、「ついだらけてしまう」という状態に陥りがちです。

これを解決する方法はたった1つで、「自分でオンとオフを切り替える」ことです。自宅だからといって、仕事をするときには普段の過ごし方をやめ、たとえばテレビを消す、仕事をする部屋に誰も入れないといったメリハリを作ります。もちろん、パジャマのままで仕事をするなんてことがあってはいけません。スーツを着る必要はありませんが、いつビデオ会議に呼ばれても大丈夫なくらいの身だしなみは整えて仕事に臨みましょう。

また、時間を上手に管理することも大切です。会社に出勤していた時は、「出社」「午前の作業」「昼休み」「午後の作業」「休憩」「夕方の作業」というように、毎日ほぼ決まった流れがあるはずです。たとえ日々の業務内容が異なる仕事でも、おおまかな流れは同じはずです。自宅でもこのように、しっかりと時間を組み立てて、「昼休み」や「休憩」を上手に取りながら仕事すると、だらけることがなくなります。「ついついネットしたくなる」と思っても、「自宅が会社」と心得て取り組みましょう。ネットしながら、テレビを見ながら、家族と話しながら、趣味の本を読みながら、そんな「ながら運転」は仕事でも御法度です。

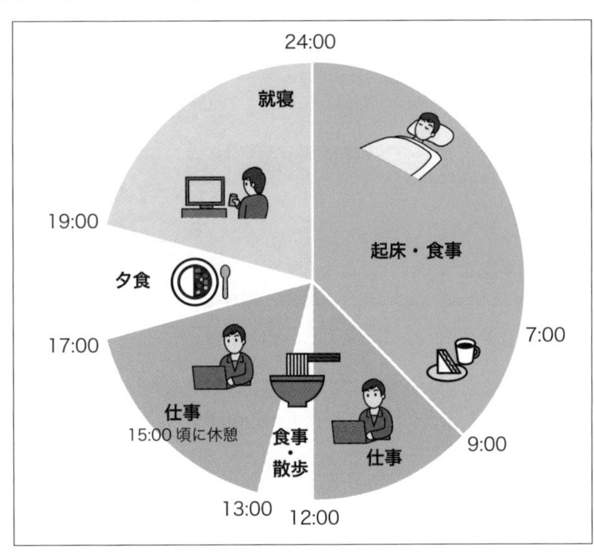

用語索引

■Zoom

英数字

あ行

か行

さ行

た行

な・は行

ま行

ら行

■Slack

記号・英数字

あ行

か行

さ行

た行

は行

ま行

や・ら行

わ行

※本書は2020年6月現在の情報に基づいて執筆されたものです。
本書で紹介しているサービスの内容は、告知無く変更になる場合があります。あらかじめご了承ください。

■著者

八木　重和（やぎ　しげかず）

テクニカルライター。学生時代からパソコンや当時まだ黎明期のインターネットに触れる機会を持ち、一度サラリーマンになるもおよそ2年で独立。以降、メールやWeb、セキュリティ、モバイル関連など幅広い執筆活動を行う。同時にカメラマン活動やドローン空撮にも本格的に取り組む。

■イラスト・カバーデザイン

高橋 康明

Zoom&Slack完全マニュアル

発行日　2020年　7月14日　第1版第1刷
　　　　2020年 10月20日　第1版第3刷

著　者　八木　重和

発行者　斉藤　和邦
発行所　株式会社　秀和システム
〒135-0016
東京都江東区東陽2-4-2　新宮ビル2F
Tel 03-6264-3105（販売）　Fax 03-6264-3094
印刷所　三松堂印刷株式会社　Printed in Japan

ISBN978-4-7980-6209-9 C3055